3D 创意魔法书

高勇　孙洪波　孙婉　谢琼　编著

机 械 工 业 出 版 社

本书是新形态创新教育教材，是应用移动互联数字技术引领教育教学改革的成果。

本书共12节，内容包括模型探秘、3D魔法、科技之门、模型渲染、万能挂钩、奇趣七巧板、创想华容道、炫彩悠悠球、益智孔明锁、飞舞竹蜻蜓、轻便剥橙器、LED相框。全书图文并茂、寓教于乐、激发灵感、创新思维，内容和形式上都做了很大的创新。本书配套有助教网站、教学视频等教学资源，内容直观、易懂。

本书可作为中小学、职业教育创新教育相关课程的教材，也可作为相关培训机构的培训教材。

图书在版编目（CIP）数据

3D创意魔法书 / 高勇等编著 .— 北京：机械工业出版社，2016.9（2022.1重印）
ISBN 978-7-111-54827-0

Ⅰ . ①3… Ⅱ . ①高… Ⅲ . ①立体印刷 – 印刷术 – 青少年读物
Ⅳ . ① TS853 – 49

中国版本图书馆CIP数据核字（2016）第217215号

机械工业出版社（北京市百万庄大街22号 邮政编码100037）
策划编辑：齐志刚　　责任编辑：王莉娜　黎　艳
责任校对：陈　越　樊钟英　封面设计：马精明
责任印制：单爱军
北京虎彩文化传播有限公司印刷
2022年1月第1版第3次印刷
184mm×260mm·13.25印张·338千字
6 001—7 000册
标准书号：ISBN 978-7-111-54827-0
定价：58.00元

编审委员会

委员

前言 PREFACE

随着时代的发展，“创客”“互联网 +”“政府和社会资本合作模式”等新概念首次进入我国的政府工作报告中，引发了海内外的关注。“3D 打印”“三维设计”“创客”“STEM”“虚拟现实”等新词、热词，不断出现在社会的各个领域中。

利用数字技术改变学生传统学习方式的变革，在我国基础教育阶段悄然兴起。“十二五”初期，北京市东城区教育委员会、东城区教育研修学院从基层学校的实际需求出发，针对“三维设计与 3D 打印技术”在中小学内的培养与使用做了深入的调研，并在实施区域教育精品特色发展战略目标下，按照全面育人的理念，从培养学生创新能力与实践能力的角度出发，启动了基于“三维创意设计与 3D 打印”的“创新课程”建设工作。

在北京市东城区教育委员会的支持与帮助下，2012 年 8 月，北京市东城区教育研修学院与广州中望龙腾软件股份有限公司进行校企合作，建立了北京市三维设计软件教师培训基地。2012 至 2013 学年，北京市东城区教育研修学院为市、区级高中技术学科教师开设了基于“三维设计软件及 3D 打印机硬件”的培训课程。2014 年初，北京市东城区首次将“三维设计与 3D 打印技术”引入中、小学的课堂教学中。

在引入的过程中，北京市东城区以国产的“三维设计软件”和“3D 打印技术”为依托，开发出了适合小学高年级、初中及高中学生使用的 A、B、C 三个版本的“三维创意设计”教材，并为教材中的每一个案例录制了自学微视频，为学生搭建了线上学习与交流的网站平台。

为了更好地满足低年龄段学生及入门学习者的学习需求，更大限度地调动学习者创新设计的积极性，缩短学习者在课上学习软件操作技能的时间，降低授课教师的备课难度，我们再次与中望公司携手为学生研发出了一款更加易用的三维设计软件——3Done，并依据研发完成的软件编写了这本学案型的《3D 创意魔法书》。本书以“自主探究”与“教师启发”相结合的混合型学习方式为手段，为学生创造了一套可以保藏学习者个性的教材，一系列可以再创作的课程。我们希望通过此类教材的编写，能够探寻出以学生为主体的课程研发策略。

《3D 创意魔法书》将会首先以“3D 打印与三维设计”的内容呈现给具备创新意识、渴望创新能力、期待创新思维、坚守创新人格的未来世界创造者们。后续，我们还将以更为先进的数字化技术为依托，通过更多技术的综合应用不断完善 3D 领域内的各项内容和各种学习方式。

中小学学生“创新教育”的发展与应用，将是未来教育实现“中国制造 2025”的一个不可或缺的重要组成部分。《3D 创意魔法书》的编写实践着教育目标从知识与能力的培养，逐步转向为对学生价值观的培养；实践着教育内容从以课程本位的思想逐步转向为学生本位的思想；实践着教育方式从全民教育逐步转向为全民学习。

这些转变将促使传统学校的教学模式发生根本性的转变，学生想学什么内容，未来我们就要提供什么样的课程；学生想怎样学，未来我们就要提供怎样的学习方式。学生将从教育的消费者变为教育的创造者；从教育的被评价者转变成为教育真正的主人！

编　者

目录

CONTENTS

第一节 模型探秘

- 3D侦探队
- 侦探大调查
- 侦探寻宝图
- 侦探奇遇记
- 侦探小报告
- 自我评价
- 能力拓展

3D侦探队

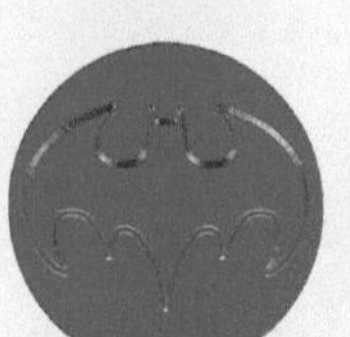

A. 蝙蝠侠

B. 钢铁侠

C. 蜘蛛侠

D. 超人

E. 闪电侠

F. 擎天柱

□我选择的徽章是：

□我的选择理由是：

□与我的徽章颜色相同的同学是：

我们就是今天3D侦探队的队员了！

□我来为我们的3D侦探队起个名字吧！

□我们选出的队名是：

□我们选择这个队名的理由是：

□我们选出的队长是：

□这是我自己设计的徽章：

侦探大调查

□我最喜欢的模型是：

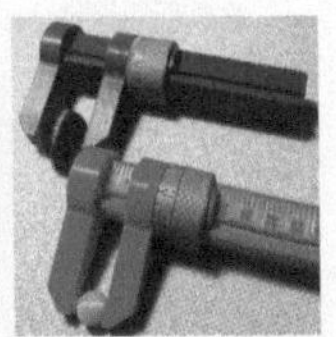

A. 人物类（ ） B. 动植类（ ） C. 教育类（ ）

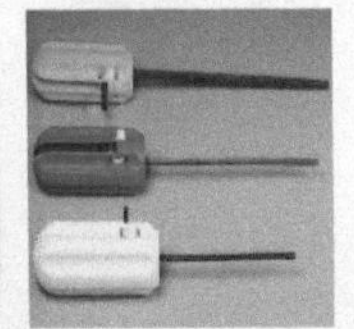

D. 艺术类（ ） E. 家居类（ ） F. 工具类（ ）

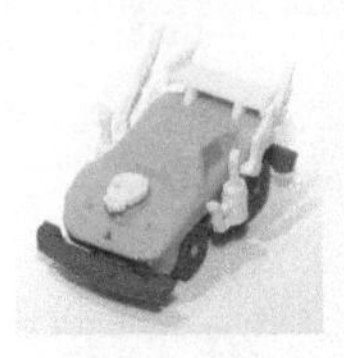

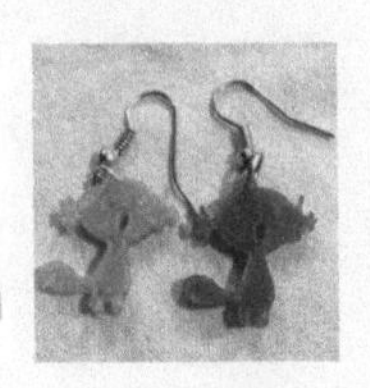

G. 玩具类（ ） H. 建筑类（ ） I. 时尚类（ ）

□我的选择理由是：

____

____

____

____

□让我来调查一下，其他同学都选择了哪些模型吧！

模型调查统计表

类型 / 姓名	人物	动植	教育	艺术	家居	工具	玩具	建筑	时尚
总计									

□我发现最受欢迎的模型是：

____

____

____

□我发现最不受欢迎的模型是：

____

____

____

侦探寻宝图

01 3DOne社区：www.i3done.com

Step01 打开浏览器，在搜索框内输入“3DOne社区”，用鼠标左键单击“百度一下”按钮进行搜索，如图 1-1 所示。

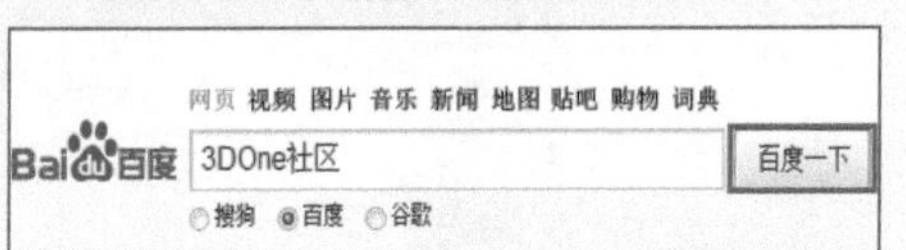

图 1-1

Step02 打开 3DOne 社区的官方网站，如图 1-2 所示。

图 1-2

Step03 用鼠标左键单击页面右上角的“注册”按钮注册新账户，如图 1-3 所示。

图 1-3

Step04 按照图 1-4 所示的提示步骤完成注册。

用手机号码注册　用邮箱注册　用昵称注册

手机号码　输入手机号码

学校　选择您的学校

验证码　输入验证码　发送验证码

登录密码　设置您的登录密码

确认密码　再次输入您的登录密码

我已认真阅读并同意 I3DOne注册协议

注册

图 1-4

Step05 用鼠标左键单击“登录”按钮，输入用户名和密码完成登录，如图 1-5 所示。

3D One 青少年三维创意社区　我未注册，现在就　注册

账号登录　微信登录　QQ登录

邮箱/手机/昵称

密码

保持登录7天

登录

忘记密码？还没有账号？立即去注册！

图 1-5

Step06 登录成功后，用鼠标单击头像→“个人中心”按钮，如图 1-6 所示。

图 1-6

Step07 网页自动跳转到个人中心页面，可完善个人信息，如图 1-7 所示。

个人信息

* 昵称　Wen

* 性别　男　女

* 身份　学生　老师　其他

* 学校　中望教育3DOne学院

年级　请选择年级

学号/教师号

真实姓名

生日

个性签名

保存

图 1-7

Step08 用鼠标左键单击网页菜单栏“ONE 空间”→“优秀模型”按钮，如图 1-8 所示。

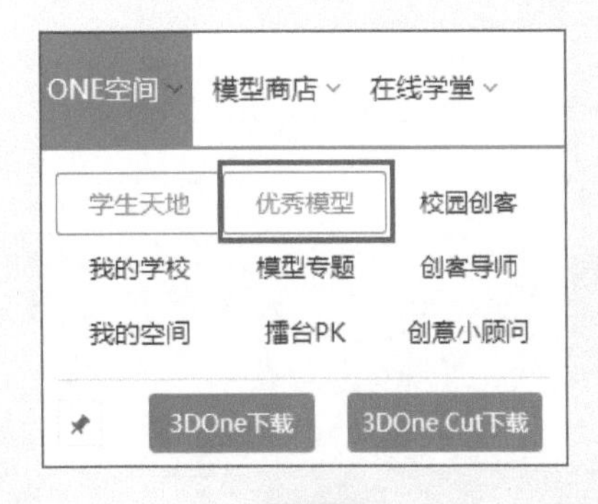

图 1-8

Step09 网页自动跳转到优秀模型下载页面，如图 1-9 所示。

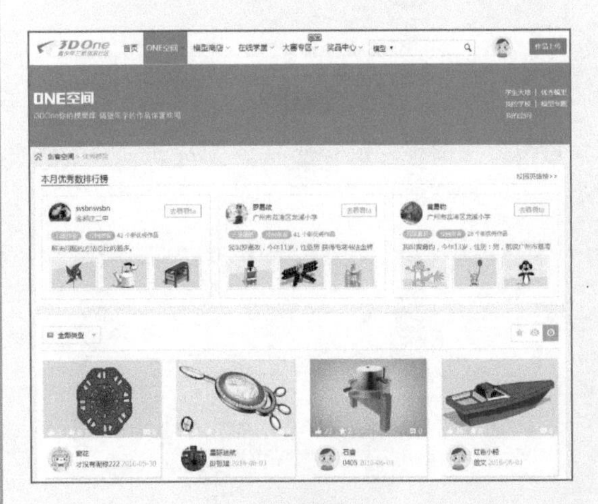

图 1-9

Step10 将鼠标移动至“全部类型”按钮上，弹出如图 1-10 所示的提示框，根据模型分类查找模型。

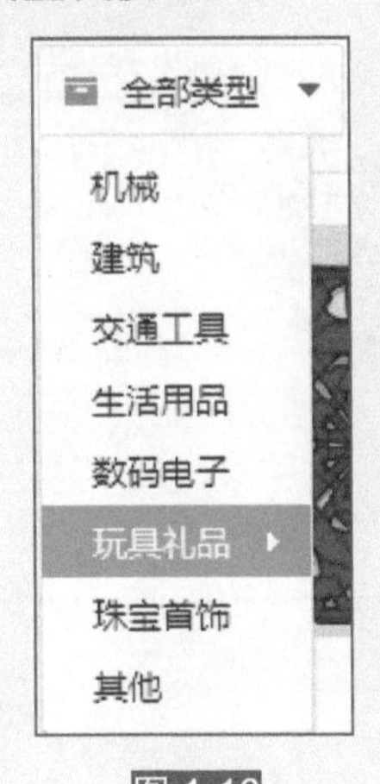

图 1-10

Step11 用鼠标左键单击模型分类“玩具礼品”，如图 1-11 所示。

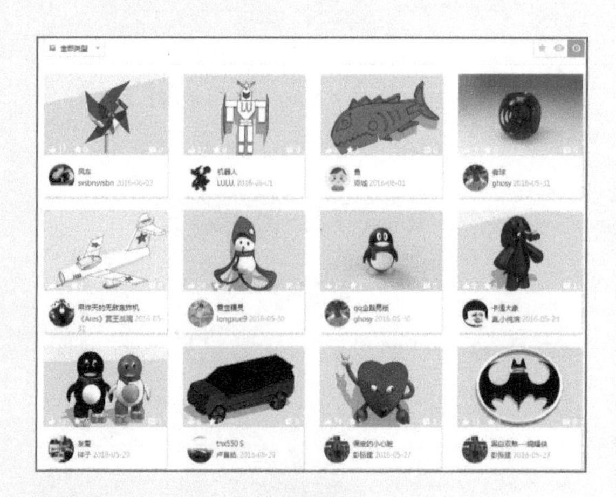

图 1-11

Step12 用鼠标左键单击模型图片按钮，如图 1-12 所示。

图 1-12

Step13 网页自动跳转到该模型的下载页面，如图 1-13 所示。

图 1-13

Step14 用鼠标右键在图片上单击一下，弹出如图 1-14 所示的提示框，用鼠标左键单击“图片另存为”命令。

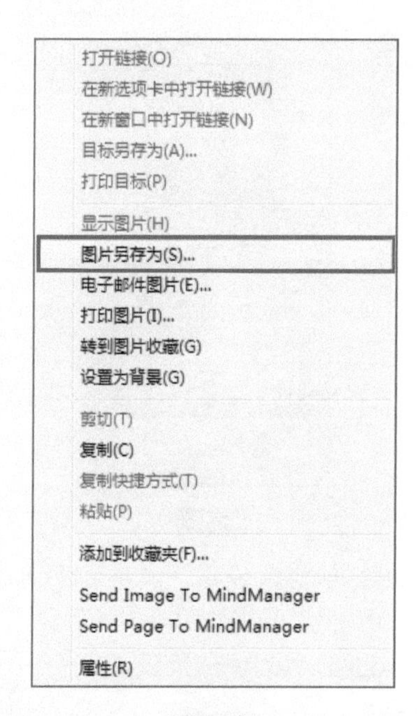

图 1-14

Step15 按照图 1-15 所示的提示步骤保存图片。

图 1-15

Step16 图片下载完毕。

Step17 用鼠标左键单击页面右侧的“立即下载”按钮，如图 1-16 所示。

立 即 下 载

图 1-16

Step18 弹出如图 1-17 所示的下载提示框，用鼠标左键单击“保存”按钮。

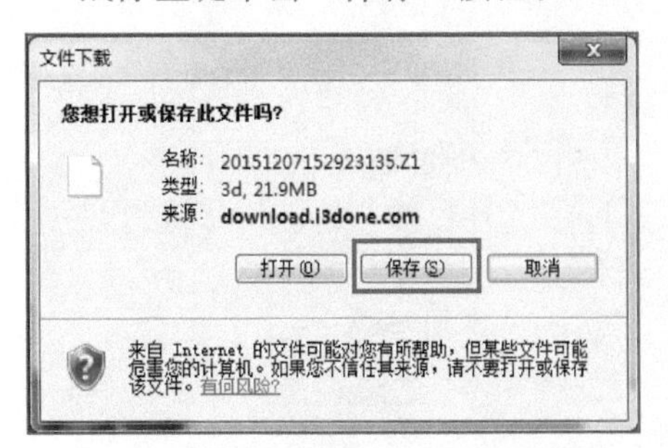

图 1-17

Step19 按照图 1-18 所示的提示步骤保存模型。

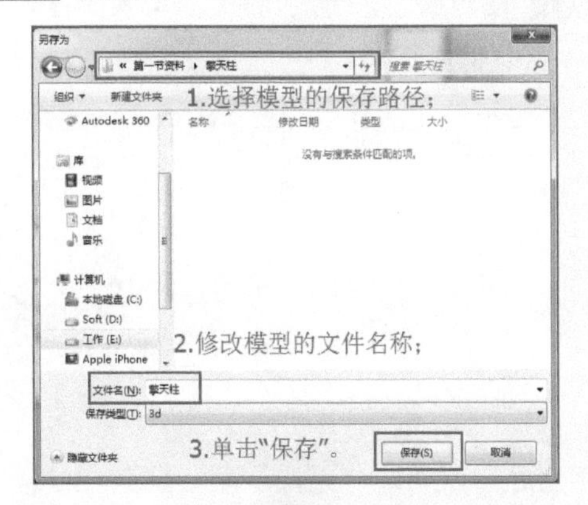

图 1-18

Step20 3DOne 模型下载完毕。

注：3D 打印机大多数只支持 STL 格式的模型文件。

下载 3DOne 软件导出 STL 文件的步骤如下：

Step01 用鼠标左键单击页面顶部菜单栏“ONE 空间”→“3DOne 下载”按钮，如图 1-19 所示。

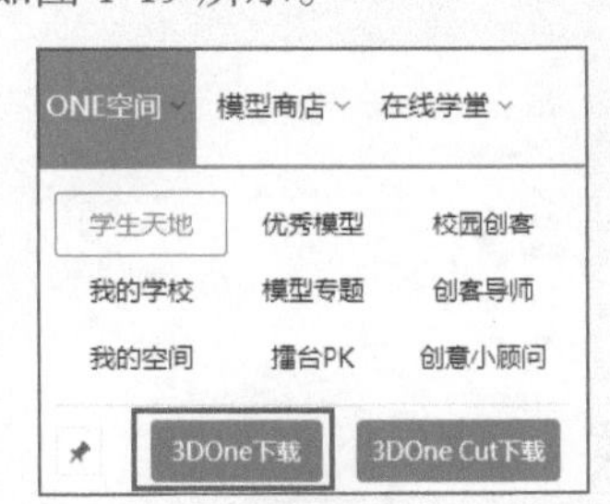

图 1-19

Step02 网页自动跳转到 3DOne 下载页面，选择相应版本进行下载，如图 1-20 所示。下载步骤请参考 3DOne 模型下载步骤。

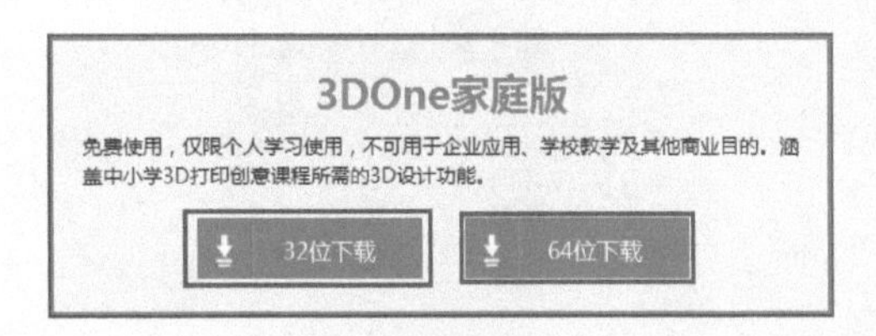

图 1-20

Step03 3DOne 家庭版软件下载完毕，用鼠标左键双击打开 3DOne 应用程序，开始安装，如图 1-21 所示。

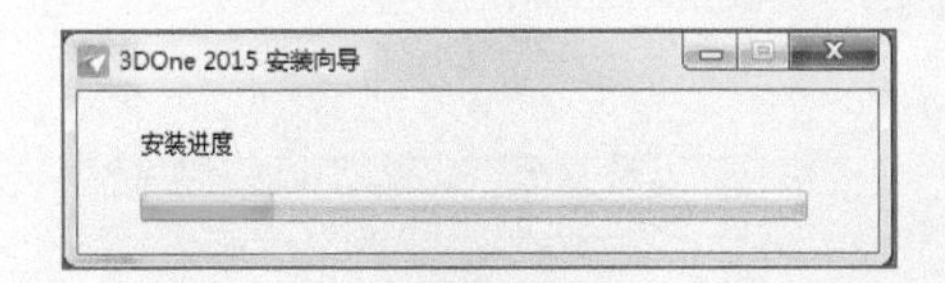

图 1-21

Step04 弹出如图 1-22 所示的安装提示框，单击“立即安装”按钮。

图 1-22

Step05 3DOne 软件安装完毕，单击“立即体验”按钮，如图 1-23 所示。

图 1-23

Step06 用鼠标左键单击软件菜单栏左上角的"3DOne"→"打开"命令，如图 1-24 所示。

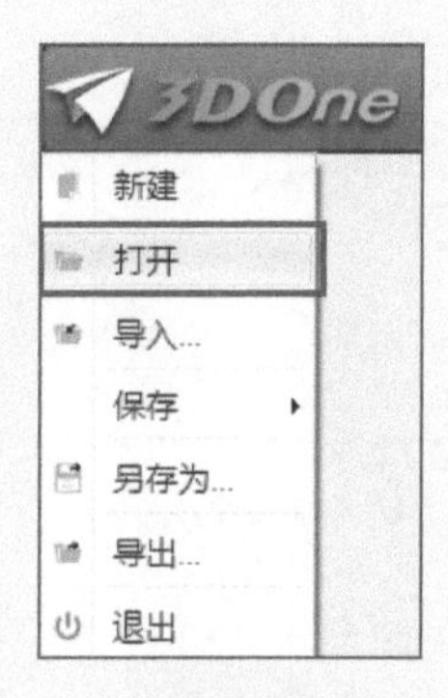

图 1-24

Step07 按照图 1-25 所示的提示步骤打开模型文件。

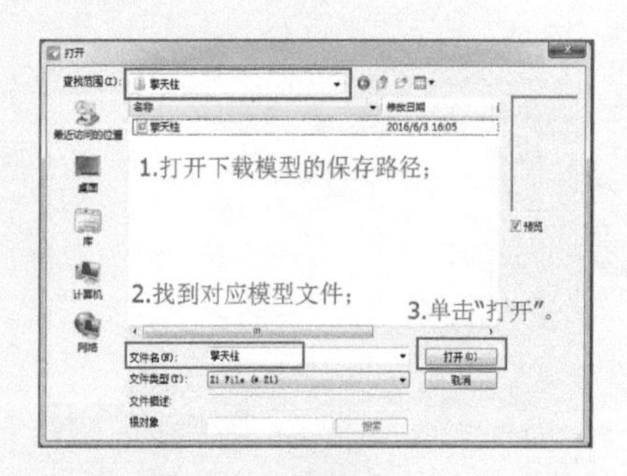

图 1-25

Step08 模型文件成功被加载到 3DOne 软件中，如图 1-26 所示。

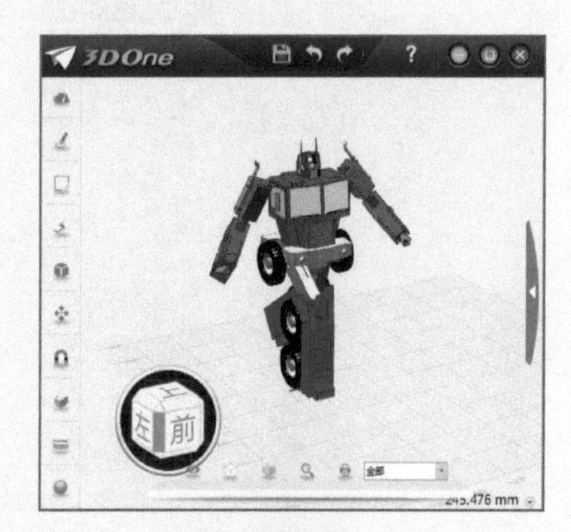

图 1-26

Step09 用鼠标左键单击软件菜单栏左上角的"3DOne"→"导出"命令，如图 1-27 所示。

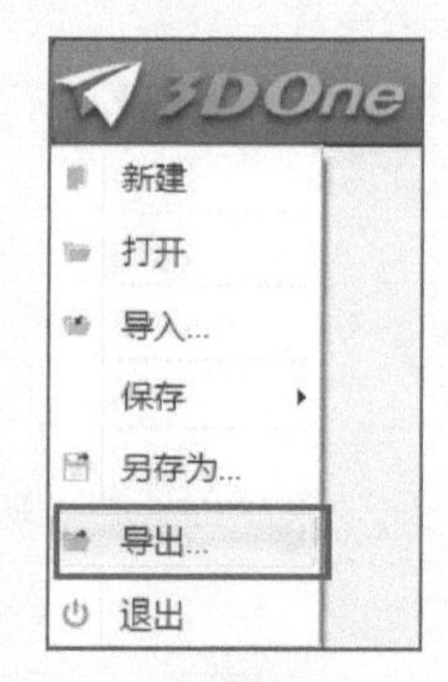

图 1-27

Step10 按照图 1-28 所示的提示步骤保存 STL 文件。

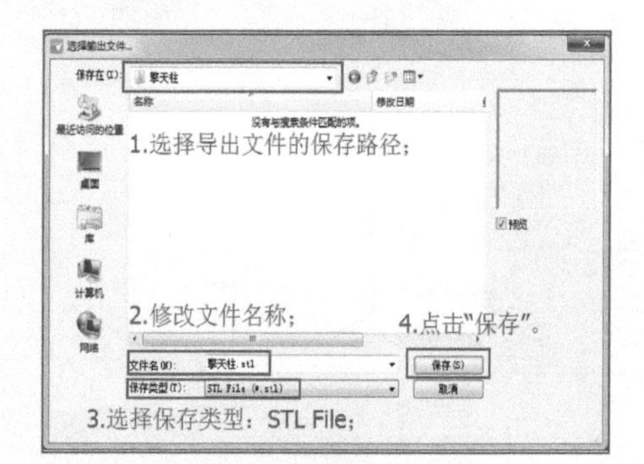

图 1-28

Step11 弹出如图 1-29 所示的提示框，用鼠标左键单击"确定"按钮。

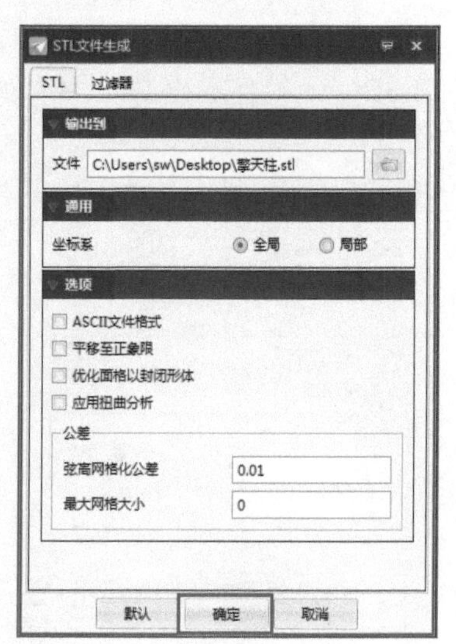

图 1-29

Step12 3DOne 成功导出 STL 格式的模型文件。

具体操作步骤请扫描下方二维码观看视频。

02 Thingiverse：www.thingiverse.com

Step01 打开浏览器，在搜索框内输入"Thingiverse"，用鼠标左键单击"百度一下"按钮进行搜索，如图 1-30 所示。

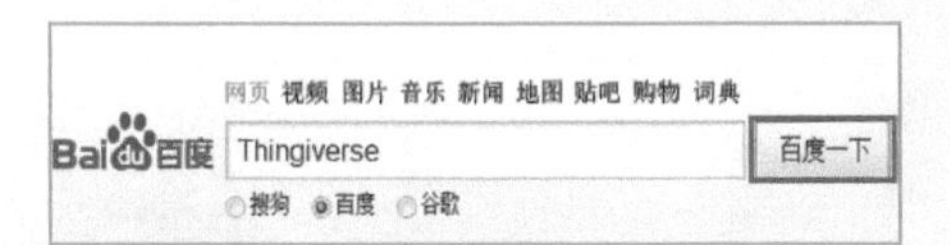

图 1-30

Step02 打开 Thingiverse 的官方网站，如图 1-31 所示。

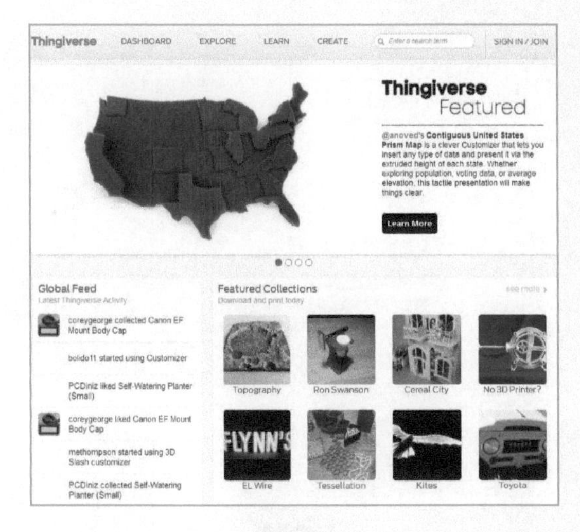

图 1-31

Step03 用鼠标左键单击栏目框"Featured Collections"→"see more"按钮，如图 1-32 所示。

图 1-32

Step04 网页自动跳转到模型的下载页面，如图 1-33 所示。

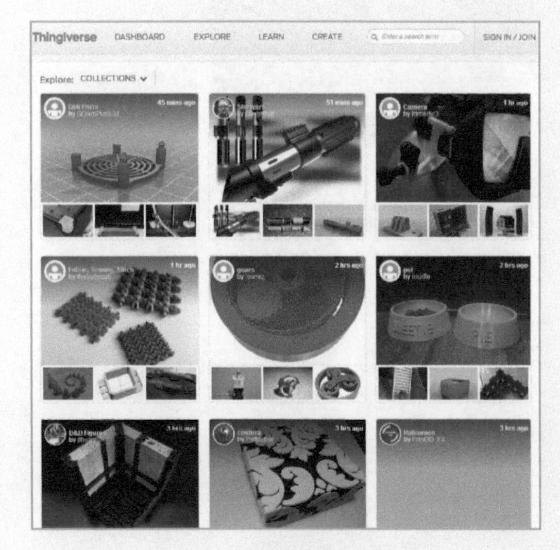

图 1-33

Step05 用鼠标左键单击"Explore"下滑按钮，弹出如图 1-34 所示的提示框，根据模型分类查找模型。

Step06 用鼠标左键单击图片，打开模型下载页面，如图 1-35 所示。

Step07 用鼠标右键在模型图片上单击一下，弹出如图 1-36 所示的提示框，用鼠标左键单击"图片另存为"命令。

图 1-34

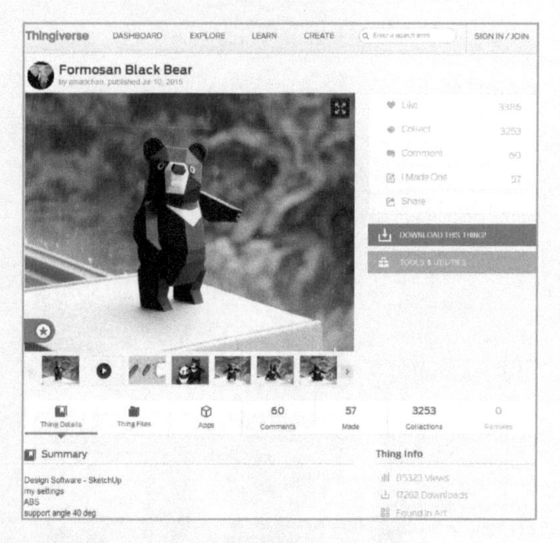

图 1-35

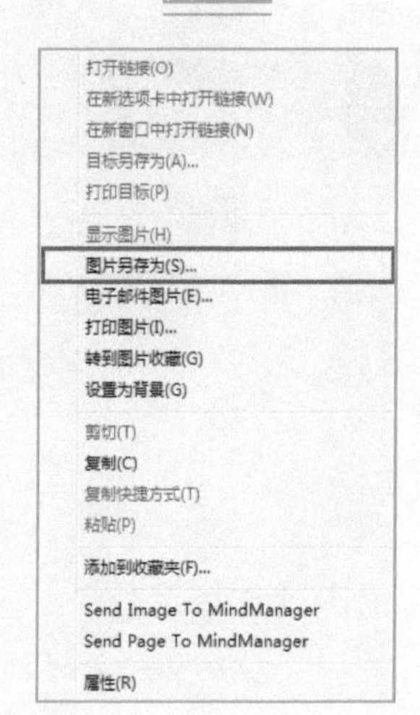

图 1-36

Step08 按照图 1-37 所示的提示步骤保存图片。

图 1-37

Step09 图片下载完毕。

Step10 用鼠标左键单击“Download All Files”按钮，下载所有模型文件，如图 1-38 所示。

图 1-38

Step11 弹出如图 1-39 所示的下载提示框，用鼠标左键单击“保存”按钮。

图 1-39

Step12 按照图 1-40 所示的提示步骤下载模型。

图 1-40

Step13 STL 格式的模型文件下载完毕。

具体操作步骤请扫描下方二维码观看视频。

03 3D 虎：www.3dhoo.com

Step01 打开浏览器，在搜索框内输入“3D 虎”，用鼠标左键单击“百度一下”按钮进行搜索，如图 1-41 所示。

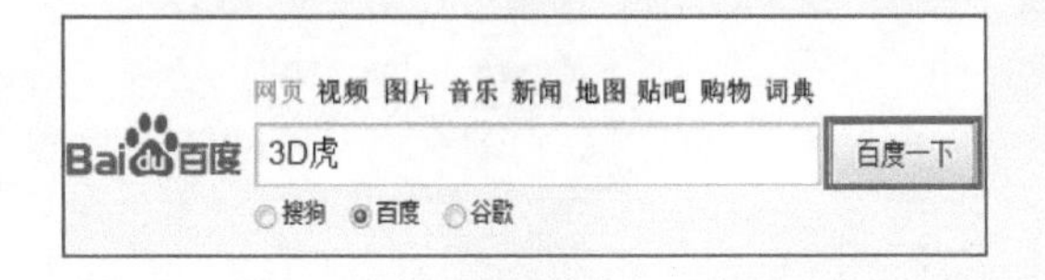

图 1-41

Step02 打开 3D 虎的官方网站，如图 1-42 所示。

图 1-42

Step03 用鼠标左键单击“注册”按钮，按照提示步骤注册 3D 虎新账号，如图 1-43 所示。

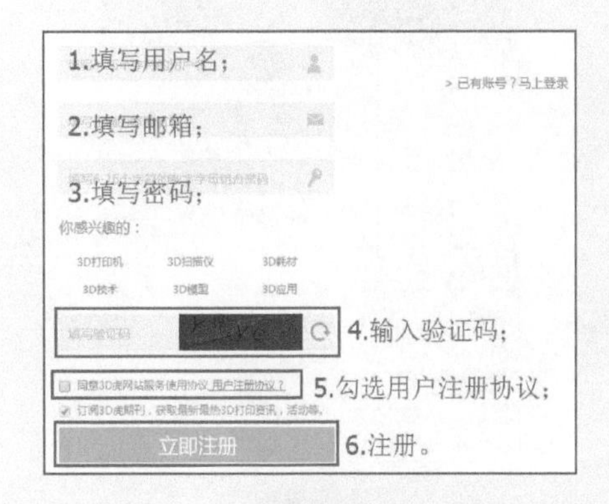

图 1-43

Step04 用鼠标左键单击“登录”按钮，按照提示步骤登录网站，如图 1-44 所示。

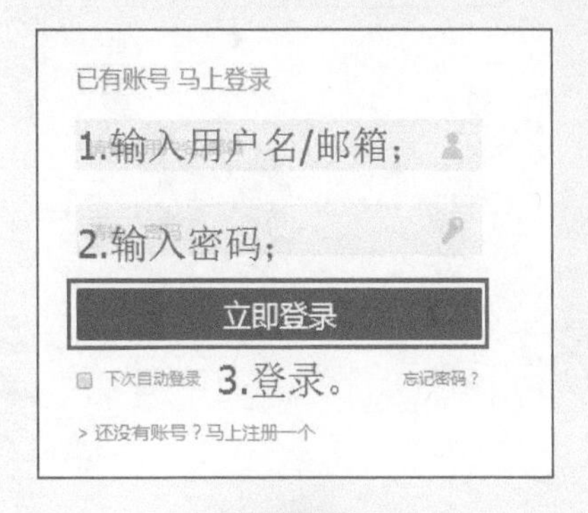

图 1-44

Step05 用鼠标左键单击网页菜单栏的“模型”

按钮，如图 1-45 所示。

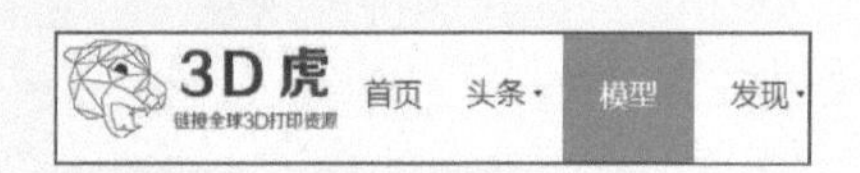

图 1-45

Step06 根据模型分类查找模型，如图 1-46 所示。

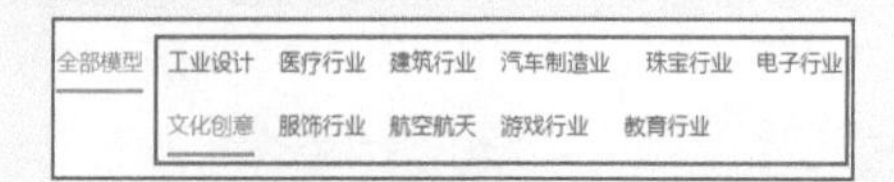

图 1-46

Step07 用鼠标左键单击模型图片或模型名称，如图 1-47 所示。

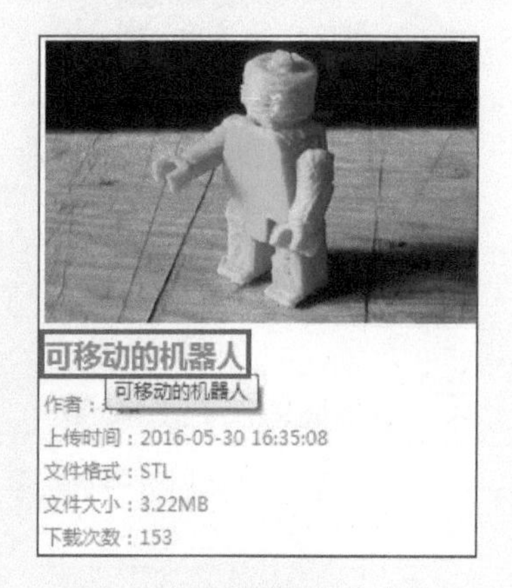

图 1-47

Step08 网页自动跳转到该模型的下载页面，如图 1-48 所示。

图 1-48

Step09 用鼠标右键在图片上单击一下，弹出如图 1-49 所示的提示框，用鼠标左键单击“图片另存为”命令。

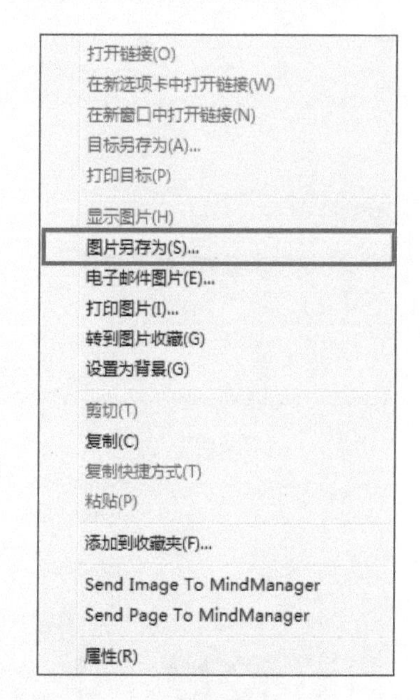

图 1-49

Step10 按照图 1-50 所示的提示步骤保存图片。

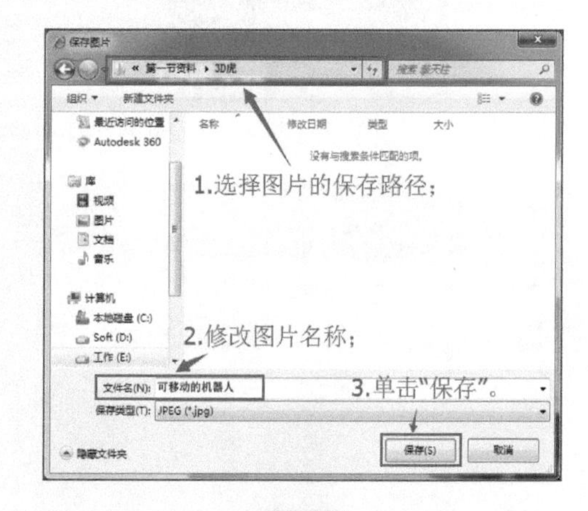

图 1-50

Step11 图片下载完毕。

Step12 用鼠标左键单击图片下面的“下载”按钮，如图 1-51 所示。

Step13 弹出如图 1-52 所示的下载提示框，用鼠标左键单击“保存”按钮。

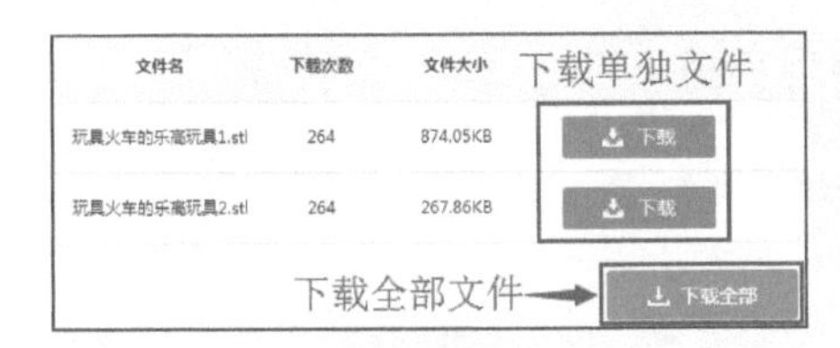

图 1-51

图 1-52

Step14 按照图 1-53 所示的提示步骤下载 STL 模型。

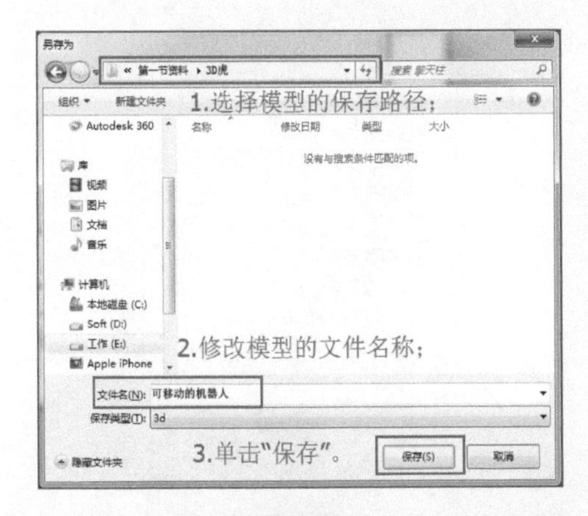

图 1-53

Step15 STL 格式的模型文件下载完毕。

具体操作步骤请扫描下方二维码观看视频。

04 打印虎：www.dayinhu.com

Step01 打开浏览器，在搜索框内输入“打印虎”，用鼠标左键单击“百度一下”按钮进行搜索，如图 1-54 所示。

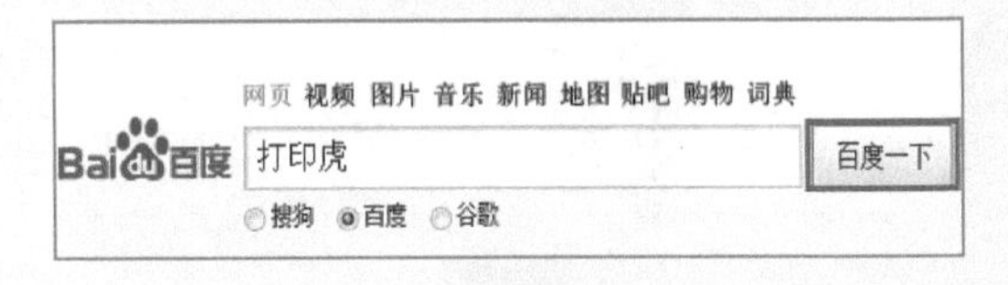

图 1-54

Step02 打开打印虎的官方网站，如图 1-55 所示。

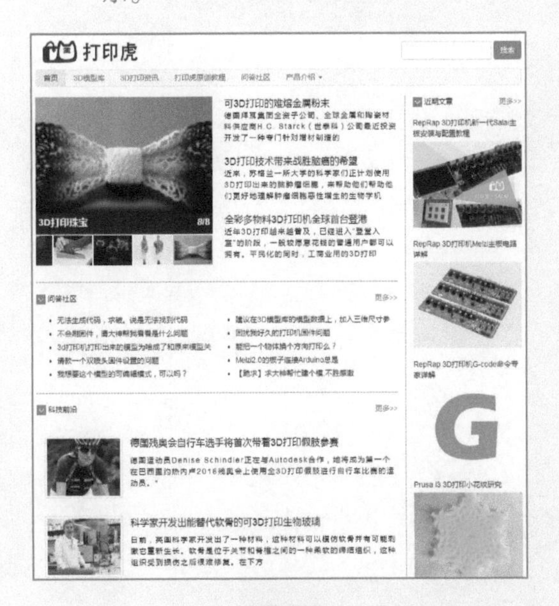

图 1-55

Step03 用鼠标左键单击网页菜单栏中的“3D 模型库”按钮，如图 1-56 所示。

图 1-56

Step04 网页自动跳转到模型下载页面，如图 1-57 所示。

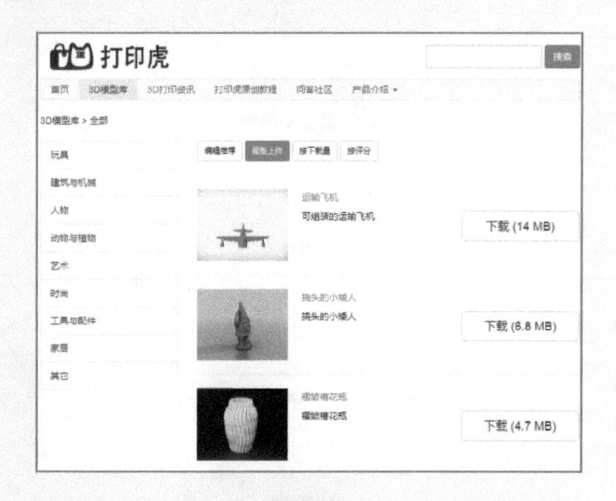

图 1-57

Step05 根据模型分类查找需要下载的模型，如图 1-58 所示。

图 1-58

Step06 用鼠标左键单击模型图片或模型名称，如图 1-59 所示。

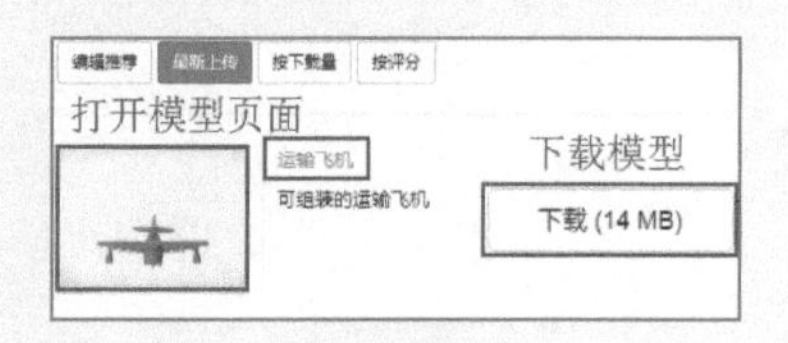

图 1-59

Step07 网页自动跳转到该模型的下载页面，如图 1-60 所示。

Step08 用鼠标右键在图片上单击一下，弹出如图 1-61 所示的提示框，用鼠标左键单击“图片另存为”命令。

图 1-60

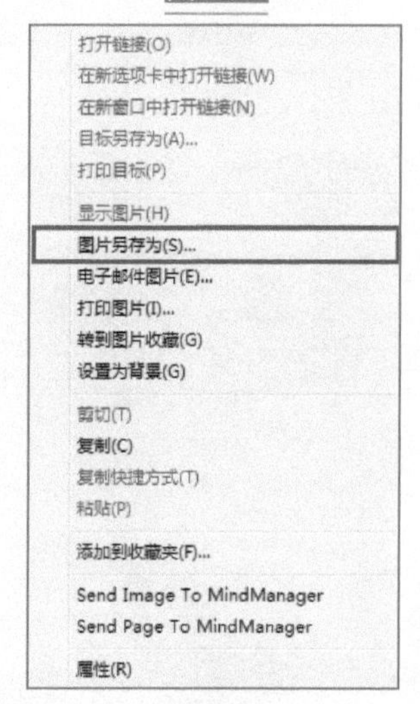

图 1-61

Step09 按照图 1-62 所示的提示步骤保存图片。

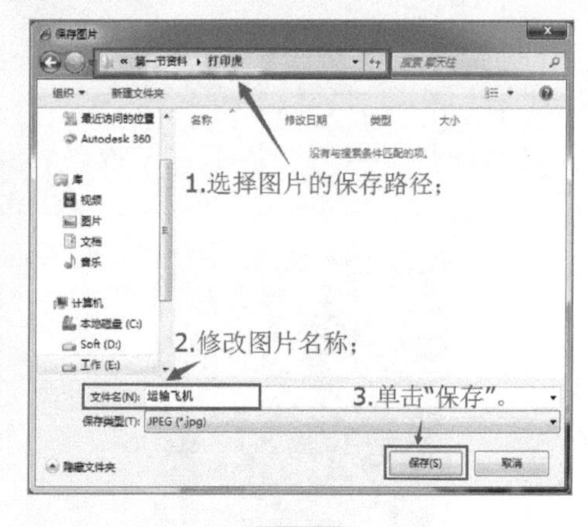

图 1-62

Step10 图片下载完毕。

Step11 用鼠标左键单击“下载”按钮，如图 1-63 所示。

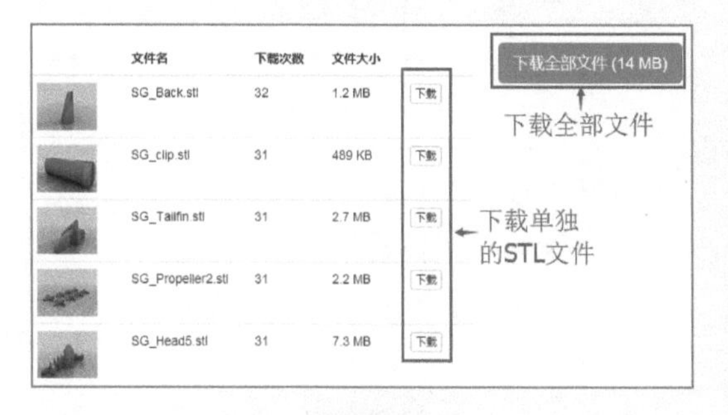

图 1-63

Step12 按照图 1-64 所示的提示步骤下载 STL 模型。

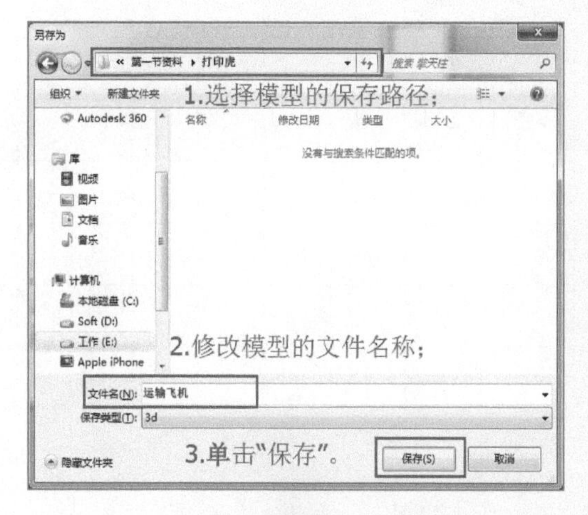

图 1-64

Step13 STL 格式的模型文件下载完毕。

具体操作步骤请扫描下方二维码观看视频。

侦探奇遇记

☐ 我寻找模型的网站是：

☐ 我选择这个网站的理由是：

☐ 我下载的模型草图是：

☐ 我下载这个模型的理由是：

□我们队其他队员下载的模型草图是：

侦探小报告

□请各队的侦探们上台给大家展示本队下载的模型。

大家好，我是______队的______。

我们队所有队员下载的模型是：

姓　名	模　型	理　　由

我们分别是在这些网站上下载的：

1. ______
2. ______
3. ______
4. ______
5. ______
6. ______

谢谢大家！

□让我来当一次小专家，为所有进行展示的同学打分吧！

优秀作品评分表

姓名	评分项目					总分
	语言流畅20分	肢体语言20分	图片清晰20分	理由充分20分	模型拓展20分	

□我评分最高的同学是：

______

□通过上述同学的发言，我学到了：

______

______

______

______

自我评价

□请同学们结合自己在课堂上的表现，填写下列表格进行自我评价。

自主测评表	
评分项目	评分等级
图片下载能力	☆☆☆☆☆
模型下载能力	☆☆☆☆☆
软件安装能力	☆☆☆☆☆
模型文件的转换能力	☆☆☆☆☆
认真完成课堂任务	☆☆☆☆☆
积极参与团队讨论	☆☆☆☆☆
对三维模型的兴趣	☆☆☆☆☆
	☆☆☆☆☆
	☆☆☆☆☆
	☆☆☆☆☆
	☆☆☆☆☆
	☆☆☆☆☆
	☆☆☆☆☆
	☆☆☆☆☆
	☆☆☆☆☆

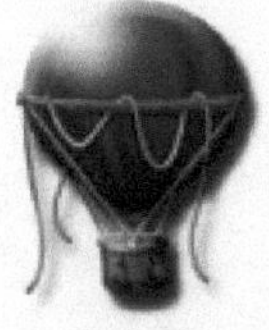

能力拓展

□请同学们将自己下载的模型和图片上传到3DOne社区。积攒虚拟币，可兑换奖品。

□请同学们想一想，怎么将模型文件都转换成适合3D打印的STL文件？

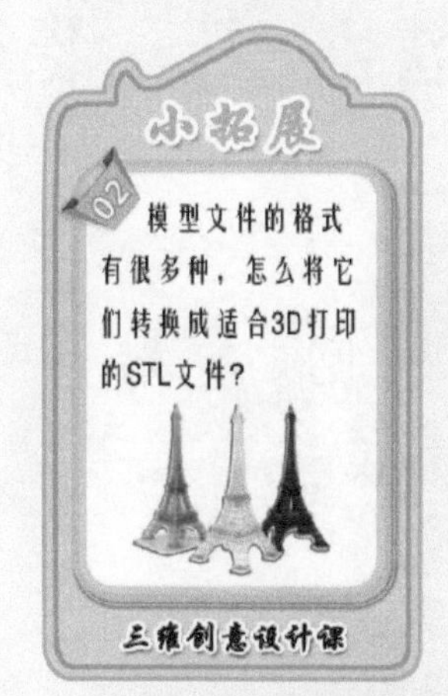

注：上传模型到3DOne社区的操作步骤请扫描下方二维码观看视频。

第二节 3D魔法

3D魔法团 → 魔法师装备 → 魔法大揭秘 → 我是魔法师 → 魔法师秘技 → 魔法大考验 → 魔法作品秀 → 自我评价 → 能力拓展

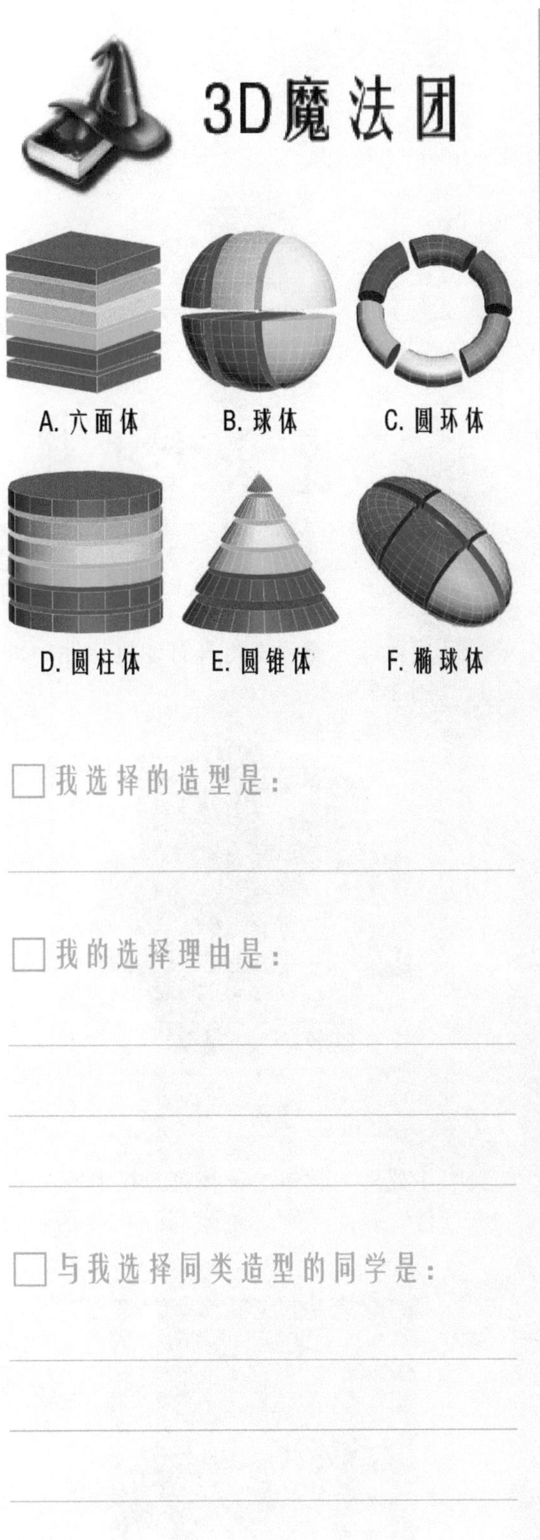

☐ 我选择的造型是：

☐ 我的选择理由是：

☐ 与我选择同类造型的同学是：

我们就是今天3D魔法团的团员了！

☐ 我来为我们的3D魔法团起个名字吧！

☐ 我们选出的团名是：

☐ 我们选择这个团名的理由是：

☐ 我们选出的团长是：

☐ 这是我自己设计的造型块：

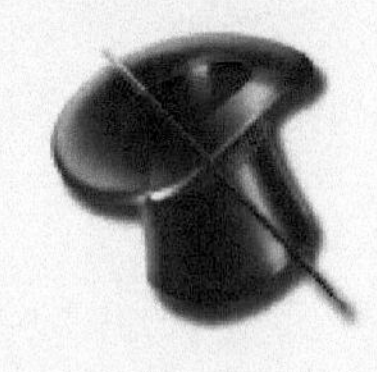

魔法师装备

□3D 打印机的工作原理如图 2-1 所示。

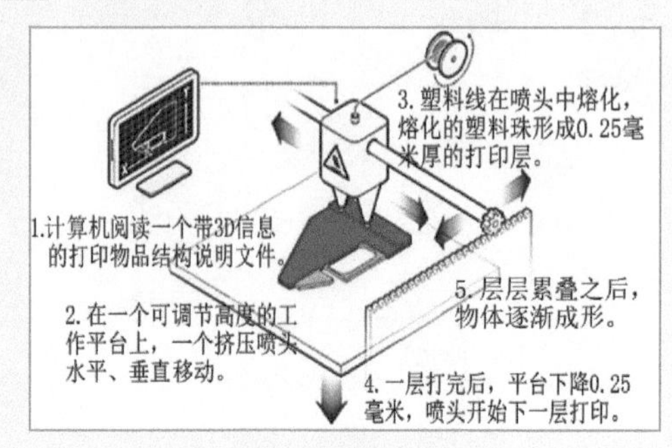

图 2-1

□3D 打印机的结构如图 2-2 所示。

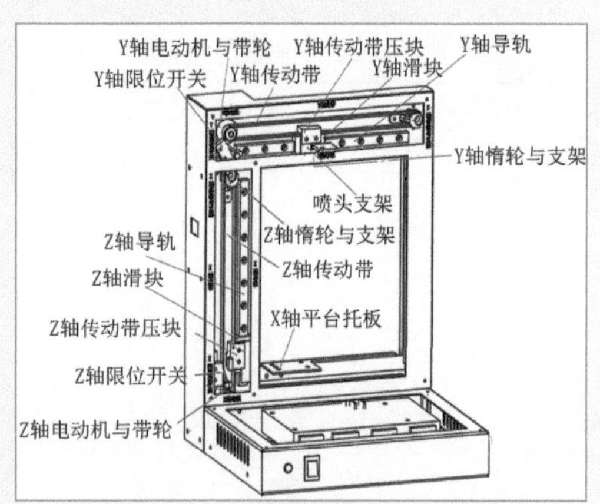

图 2-2

注：3D 打印机简介请扫描下方二维码观看视频。

□看完视频后，我知道了：

魔法大揭秘

□揭秘 3D 打印机的整体工作流程：

Step01 用鼠标左键双击打开打印机软件，如图 2-3 所示。

图 2-3

Step02 用鼠标左键单击选择菜单栏中的“文件”→“打开”命令，如图 2-4 所示。

UP! V2.17 www.PP3DP.com
文件 三维打印 编辑 视图
打开...
卸载
✓ 自动布局
保存
保存所有
另存为工程

图 2-4

Step03 按照图 2-5 所示的提示步骤打开模型文件。

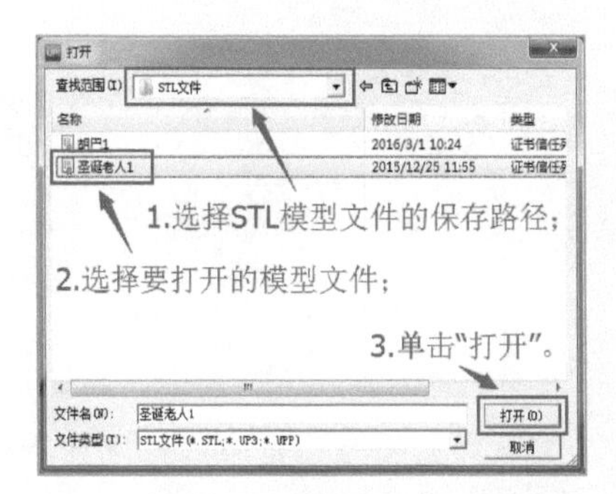

图 2-5

Step04 三维模型被成功导入到打印机软件中，如图 2-6 所示。

图 2-6

Step05 用鼠标左键单击选择菜单栏中的“三维打印”→“打印预览”命令，如图 2-7 所示。

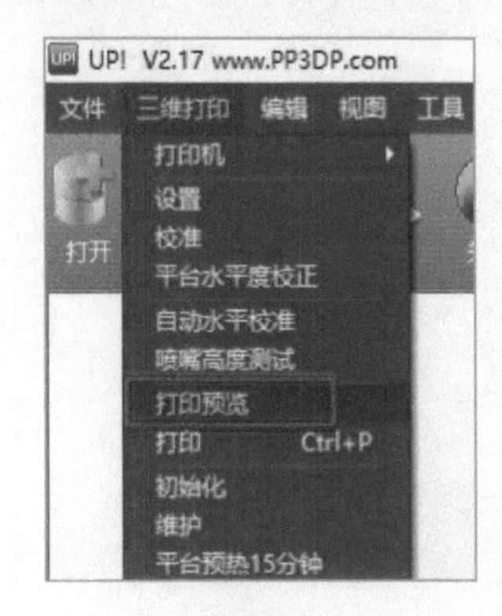

图 2-7

Step06 用鼠标左键单击“三维打印机”→“选项”按钮，如图 2-8 所示。

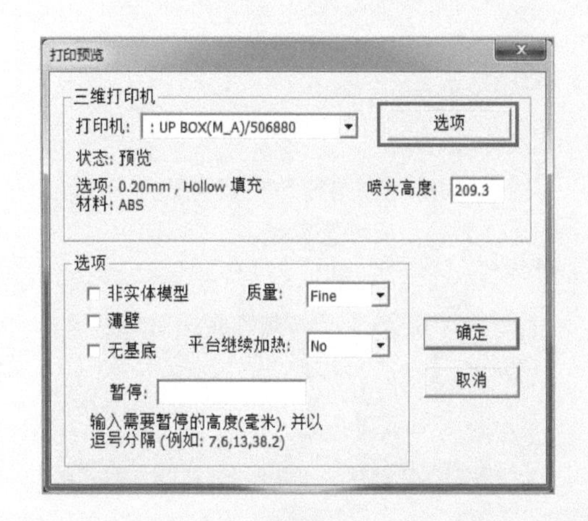

图 2-8

Step07 弹出如图 2-9 所示的提示框，对模型打印的各项参数进行调整后，单击“确定”按钮。

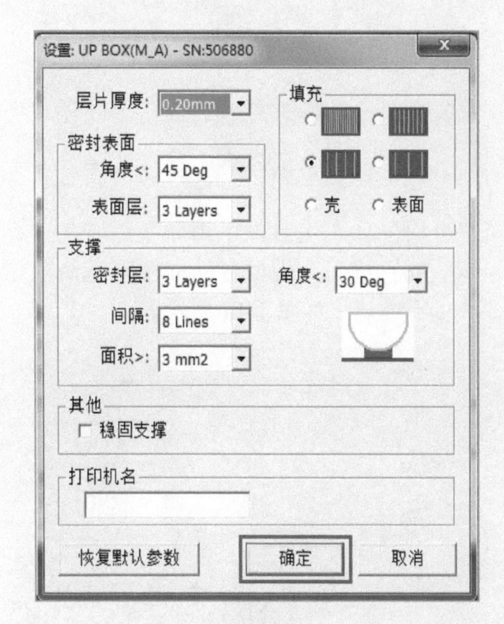

图 2-9

Step08 弹出如图 2-10 所示的时间预览框，预测模型的打印时间。

Step09 若模型的打印时间过长，用鼠标左键单击“缩放”按钮，可对模型大小进行调整，如图 2-11 所示。

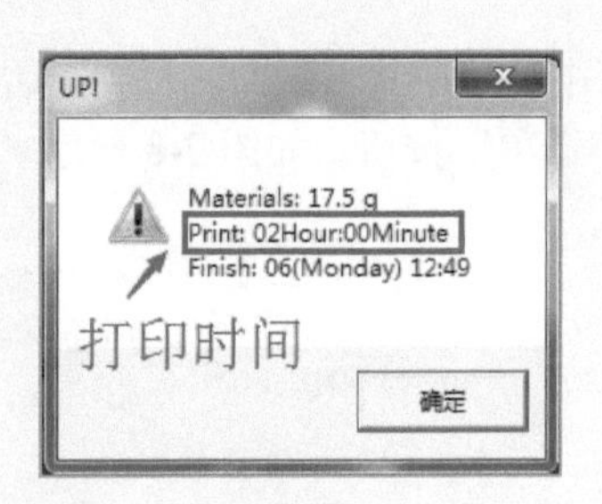

UP!
Materials: 17.5 g
Print: 02Hour:00Minute
Finish: 06(Monday) 12:49
打印时间
确定

图 2-10

旋转
缩放
1.0
沿X轴

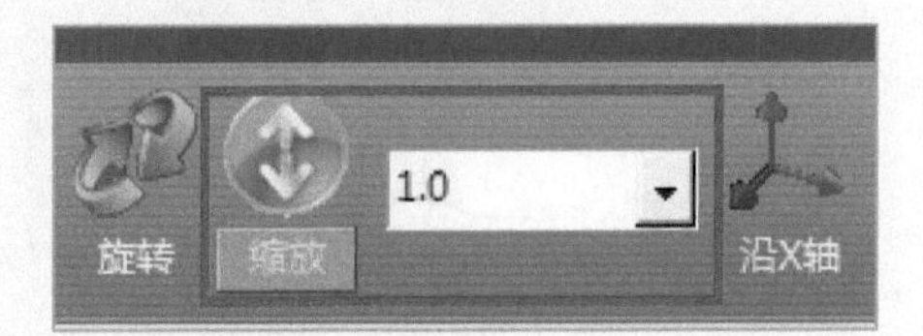

图 2-11

Step10 在“缩放”按钮右侧的输入框中输入缩放值“0.5”，如图 2-12 所示。

旋转
缩放
0.5
沿X轴

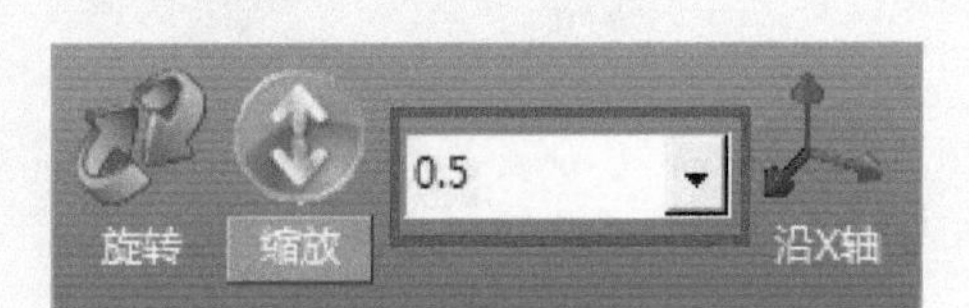

图 2-12

Step11 用鼠标左键再次单击菜单栏中的“缩放”按钮，模型自动在原有基础上进行缩放，如图 2-13 所示。

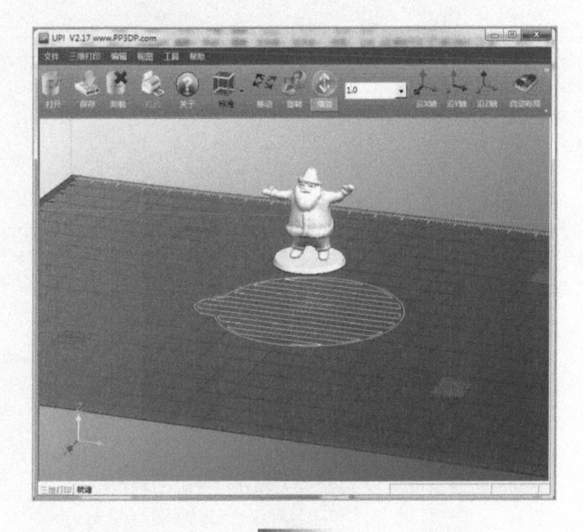

图 2-13

Step12 用鼠标左键单击菜单栏中的“自动布局”按钮，如图 2-14 所示。

沿X轴
沿Y轴
沿Z轴
自动布局
STOP
停止打印
自动布局

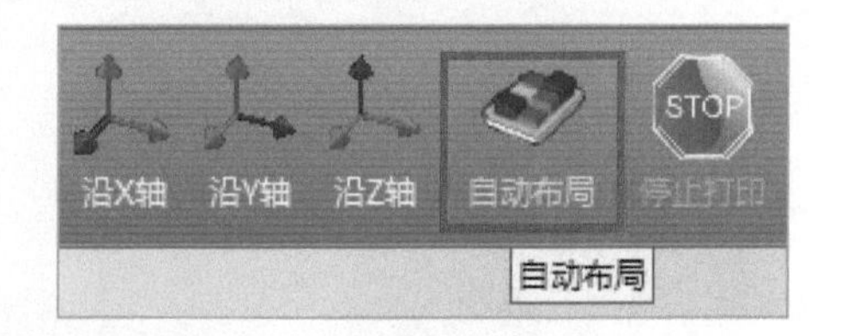

图 2-14

Step13 缩放后的模型自动在打印平台上进行重新布局，如图 2-15 所示。

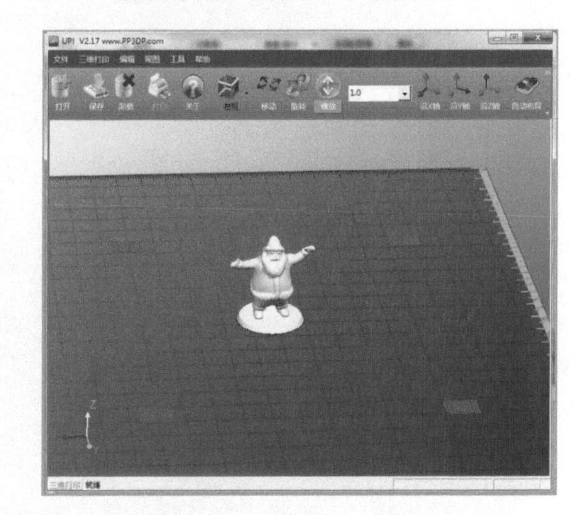

图 2-15

Step14 用鼠标左键选择“打印预览”，单击打印预览提示框中的“确定”按钮，如图 2-16 所示。

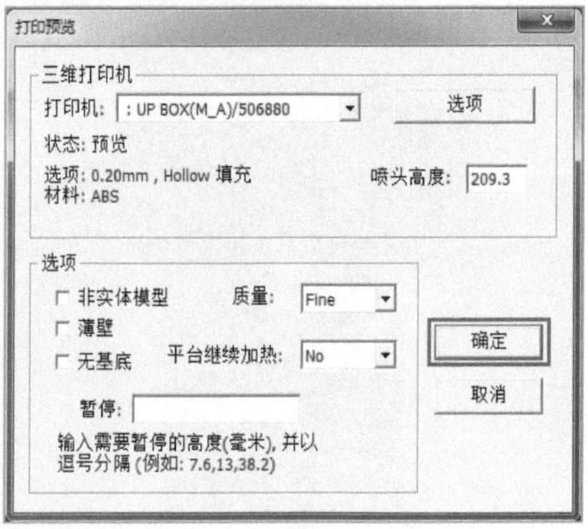

打印预览
三维打印机
打印机：: UP BOX(M_A)/506880
选项
状态：预览
选项：0.20mm , Hollow 填充
材料：ABS
喷头高度：209.3
选项
非实体模型
质量：Fine
薄壁
无基底
平台继续加热：No
确定
取消
暂停：
输入需要暂停的高度(毫米)，并以逗号分隔 (例如：7.6,13,38.2)

图 2-16

Step15 模型比例缩小后，打印时间也会相应缩短，如图 2-17 所示。

图 2-17

Step16 用鼠标左键单击菜单栏中的“打印”按钮，如图 2-18 所示。

图 2-18

Step17 弹出如图 2-19 所示的打印提示框，单击“确定”按钮，开始打印模型。

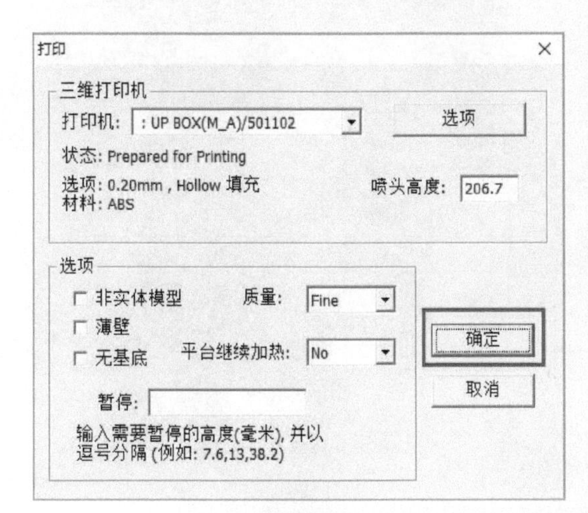

图 2-19

Step18 3D 模型打印完成。

具体操作步骤请扫描下方二维码观看视频。

我是魔法师

□ 我会将团队内所有成员的模型都导入打印软件中，尝试使用“缩小”“旋转”等命令，将所有模型都放入到同一平面内。

□ 我通过调整各项打印参数，将打印时间控制在 30 分钟以内，参数调整可参考图 2-20。

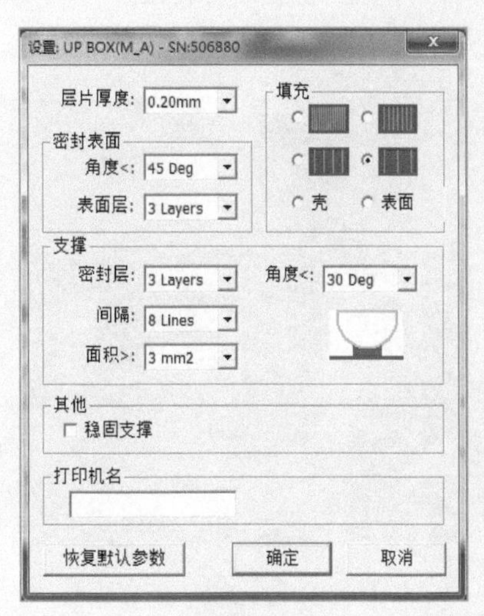

图 2-20

□ 开始打印吧！

魔法师秘技

秘技一：打印机调平。

在开始打印模型之前，需要对 3D 打印机进行适当的调整，调试打印机平台以及喷嘴高度。

Step01 连接好打印机电路，装上打印板，如图 2-21 所示。

图 2-21

Step02 将自动校准工具安装在打印机喷嘴上，如图 2-22 所示。

图 2-22

Step03 将两端数据线分别连接好，如图 2-23 所示。

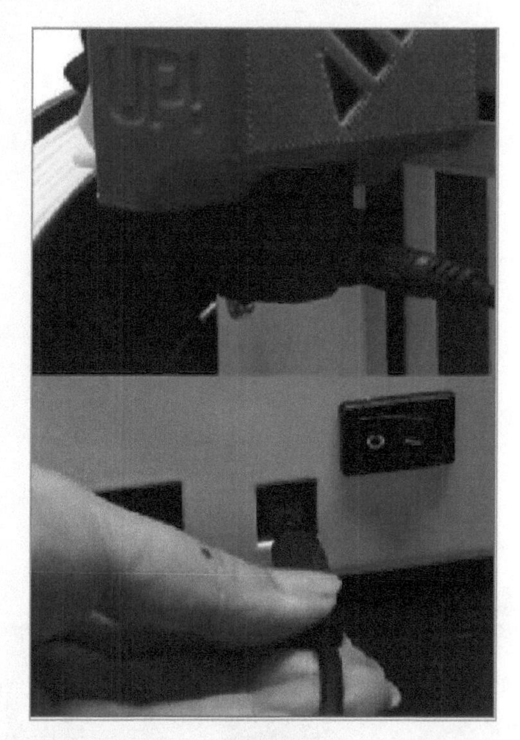

图 2-23

Step04 用鼠标左键选择“三维打印”→“自动水平校准”命令，如图 2-24 所示。

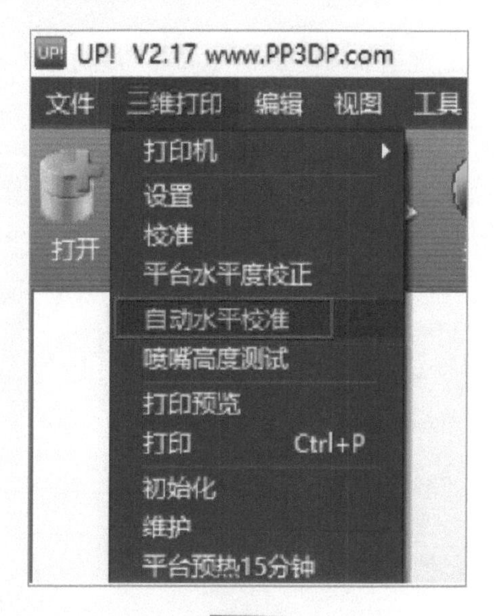

图 2-24

Step05 打印机开始自动校准，等待完成，如图 2-25 所示。

图 2-25

Step06 将数据线拔出后插入到平台后方的接口内，如图 2-26 所示。

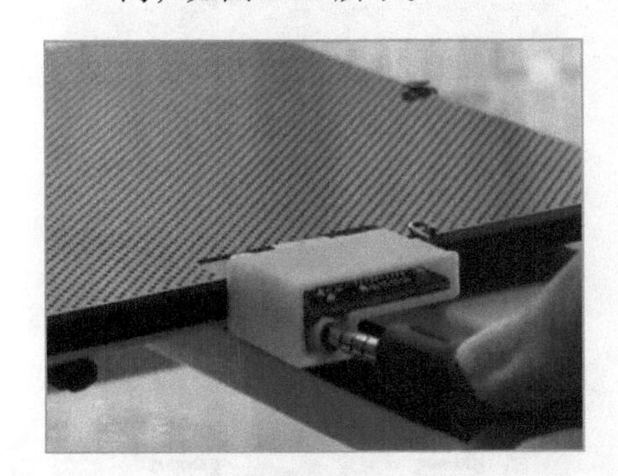

图 2-26

Step07 用鼠标左键选择“三维打印”→“喷嘴高度测试”命令，如图 2-27 所示。

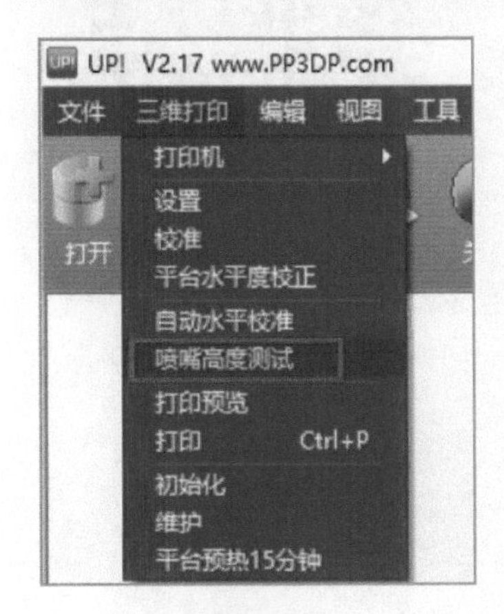

图 2-27

Step08 打印机调平操作完成。

秘技二：调整模型的开口方向。

Step01 在打印软件中打开模型文件：以猫头鹰笔筒为例，如图 2-28 所示。

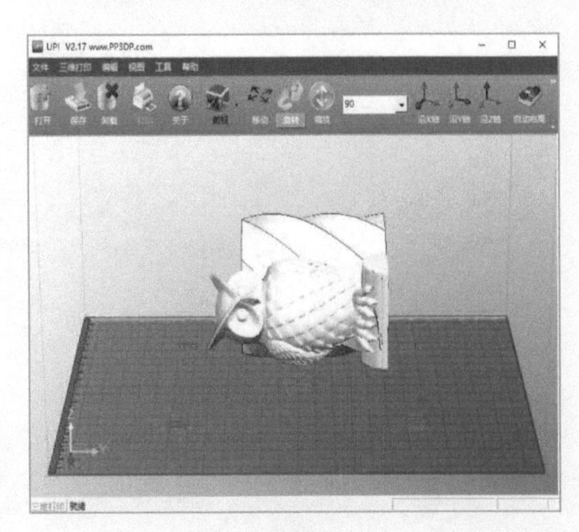

图 2-28

Step02 使用“旋转”命令，将笔筒的开口方向调整为向上，如图 2-29 所示，打印时可以减少模型的支撑量，节省打印材料。

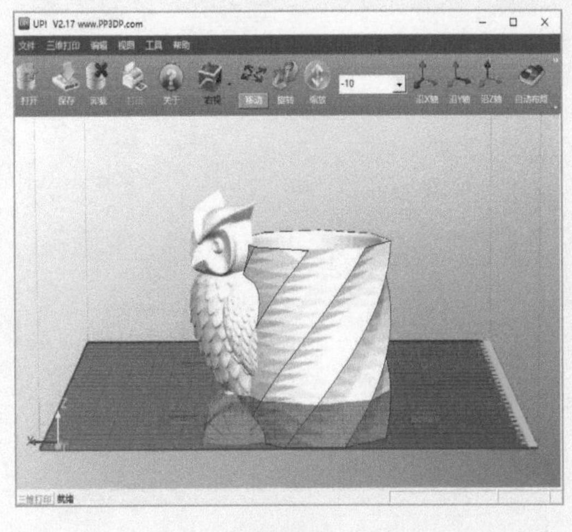

图 2-29

Step03 用鼠标左键单击菜单栏中的“自动布局”命令，模型自动在打印机平台上重新布局，如图 2-30 所示。

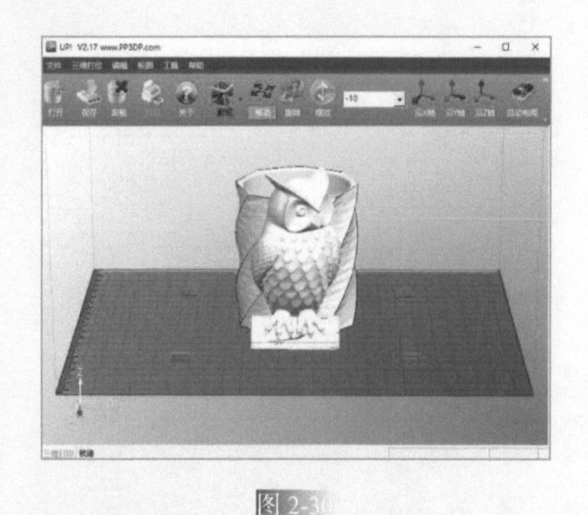

图 2-30

Step04 模型的开口方向调整完毕，开始打印。

□ 秘技三：打印空心薄壳物体。

打印人物类模型时，在设置选项中选择“三维打印”→“打印预览”→“设置”→“填充”→“壳”命令，如图 2-31 所示。打印出来的模型为空心实体。这样不仅能缩短模型的打印时间，还能节省打印材料。

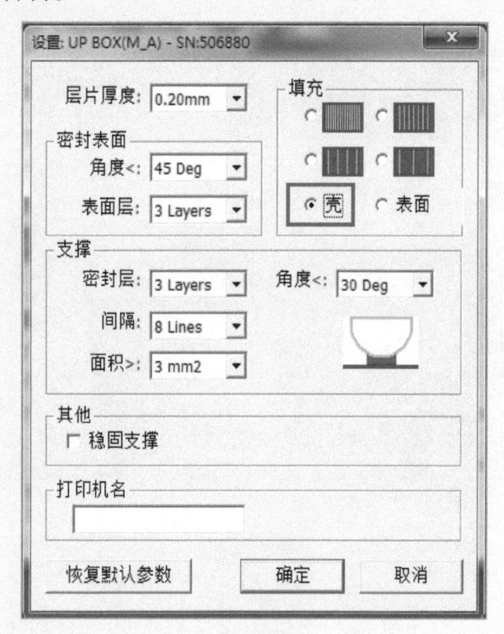

图 2-31

魔法大考验

□ 3D 打印机的类型还有很多种，让我们来分别认识一下吧！

1.FDM 打印机（图 2-32）

图 2-32

注：扫描下方二维码可直接观看视频。

2.SLA 打印机（图 2-33）

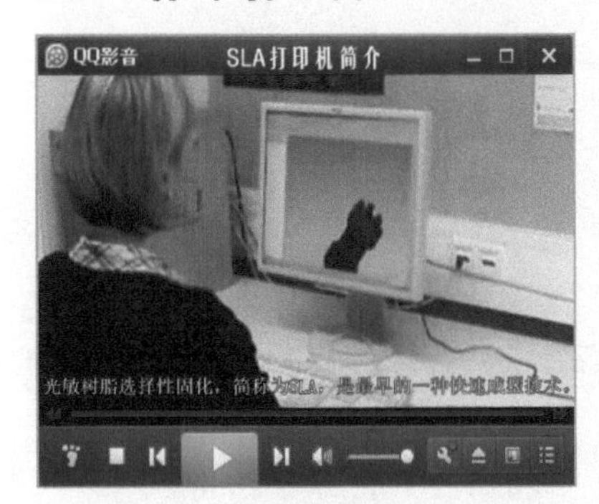

图 2-33

注：扫描下方二维码可直接观看视频。

3. SLS 打印机（图 2-34）

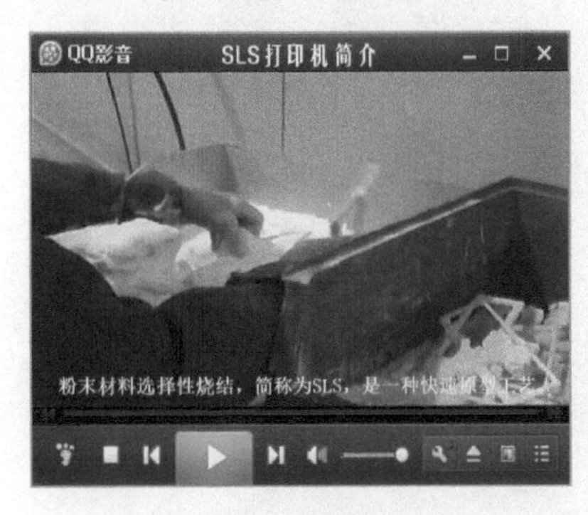

图 2-34

注：扫描下方二维码可直接观看视频。

4. LOM 打印机（图 2-35）

图 2-35

注：扫描下方二维码可直接观看视频。

5. 3DP 打印机（图 2-36）

图 2-36

注：扫描下方二维码可直接观看视频。

□让我来给大家分享我的自学体会！

大家好，我是______团的______。
我们团学习的3D打印机是：

____

其优点是：

____

____

____

____

其缺点是：

____

____

____

____

我的自学体会是：

____

____

____

____

谢谢大家！

□让我来当一次小专家，为所有进行展示的同学打分吧！

优秀作品评分表

姓名	评分项目					总分
	语言流畅20分	肢体语言20分	思路清晰20分	理由充分20分	总结归纳20分	

□我评分最高的同学是：

____

□通过上述同学的发言，我学到了：

____

____

____

____

魔法作品秀

□大家来看看我们团的打印作品吧！

大家好，我是_____团的_____。
我们团打印的模型分别是：

____

____

____

模型打印成功的有_____个；打印失败的有_____个。
我认为打印失败的原因是：

____

____

____

____

打印模型需要注意的事项有：

____

____

____

谢谢大家！

自我评价

□请同学们结合自己在课堂上的表现，填写下列表格进行自我评价。

自主测评表	
评分项目	评分等级
3D 打印机工作原理	☆☆☆☆☆
3D 打印机结构名称	☆☆☆☆☆
3D 打印机操作技巧	☆☆☆☆☆
认真完成课堂任务	☆☆☆☆☆
积极参与团队讨论	☆☆☆☆☆
对 3D 打印机的兴趣	☆☆☆☆☆
	☆☆☆☆☆
	☆☆☆☆☆
	☆☆☆☆☆
	☆☆☆☆☆
	☆☆☆☆☆
	☆☆☆☆☆
	☆☆☆☆☆
	☆☆☆☆☆

能力拓展

□请同学们想一想，3D打印机的应用领域有哪些?

小拓展

3D打印机是以数字模型文件为基础，运用粉末状金属或塑料等可粘合材料，通过逐层打印的方式来构造物体的。

思考：3D打印机的应用领域有哪些?

三维创意设计课

□3D打印机的应用领域有：

第三节 科技之门

3D设计组

观察体验馆

科学技术馆

3D打印馆

创新设计馆

三维创新馆

作品展览馆

自我评价

能力拓展

3D设计组

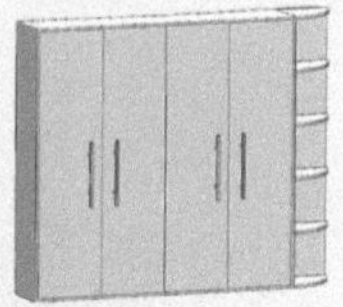

A. 生活用品

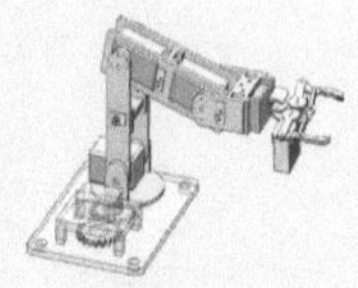

B. 机械结构

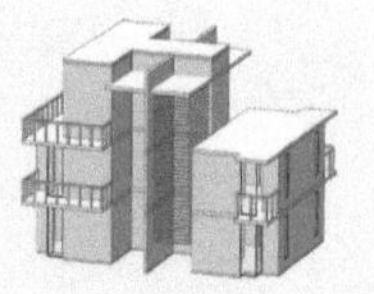

C. 建筑结构

D. 交通工具

E. 地理资源

☐ 我选择的资源模型是：

☐ 我的选择理由是：

☐ 与我选择的模型类型相同的同学是：

我们就是今天3D设计组的组员了！

☐ 我来为我们的3D设计组起个名字吧！

☐ 我们选出的组名是：

☐ 我们选择这个组名的理由是：

☐ 我们选出的组长是：

☐ 这是我自己设计的资源模型：

观察体验馆

□ 我会参考图 3-1 所示的名片，为自己的小组设计一张名片。

图 3-1

□ 我发现，名片的主要元素有：

____

____

____

____

□ 让我们来认识一下不同类型的三维软件都是如何来制作名片的！

1. 3Done（图 3-2）

图 3-2

注：扫描下方二维码可直接观看视频。

2. Sketch Up（图 3-3）

图 3-3

注：扫描下方二维码可直接观看视频。

3. 123D Design（图 3-4）

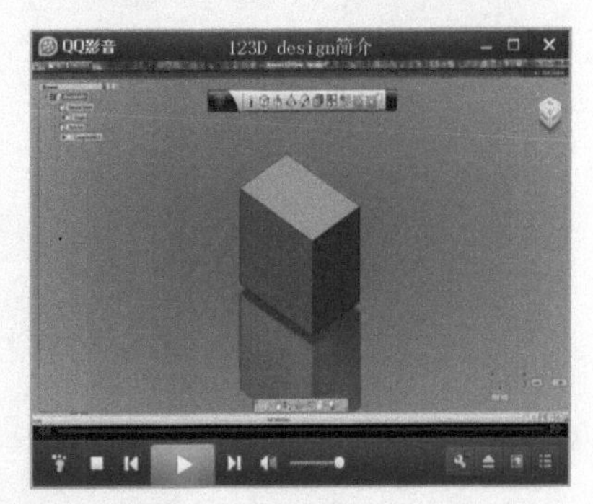

图 3-4

注：扫描下方二维码可直接观看视频。

4. Inventor（图 3-5）

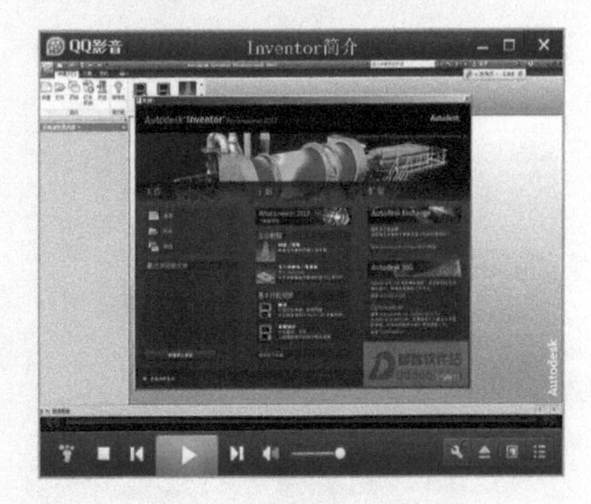

图 3-5

注：扫描下方二维码可直接观看视频。

□ 我发现不同软件的特点不同，分别为：

____

____

____

____

科学技术馆

□ 用“浮雕”功能制作名片：

Step01 在桌面空白处用鼠标右键单击一下，弹出如图 3-6 所示的提示框，用鼠标左键选择“新建”命令。

查看(V)
排序方式(O)
刷新(E)
粘贴(P)
粘贴快捷方式(S)
撤消 复制(U) Ctrl+Z
NVIDIA 控制面板
新建(W)
屏幕分辨率(C)
小工具(G)
个性化(R)

图 3-6

Step02 弹出如图 3-7 所示的提示框，用鼠标左键选择“Microsoft Word 文档”命令。

Step03 Word 文档新建完成，按“F2”键修改文档名称，如图 3-8 所示。

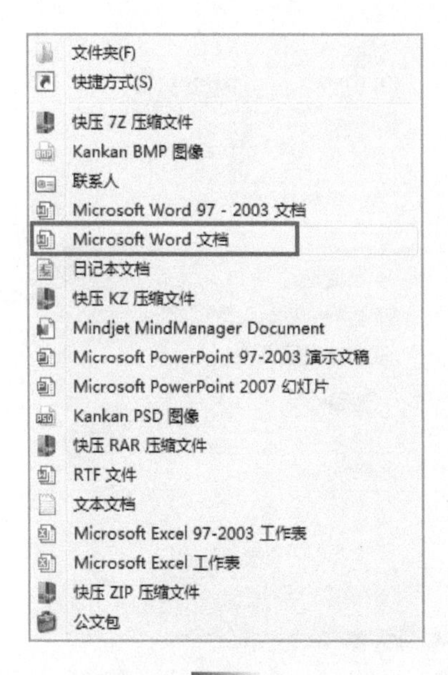

图 3-7

图 3-8

Step04 Word 文档的名称修改完毕，用鼠标左键双击打开文档，如图 3-9 所示。

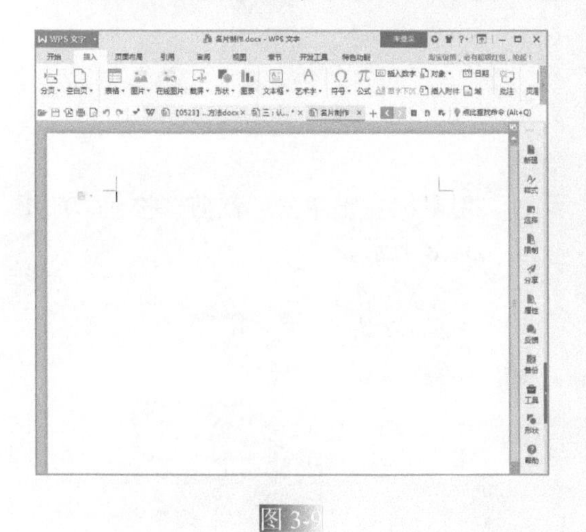

图 3-9

Step05 用鼠标左键单击菜单栏“插入”→“图片”→“来自文件”按钮，如图 3-10 所示。

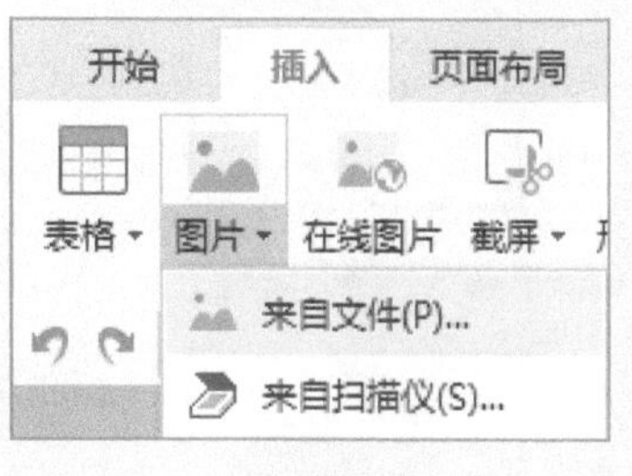

图 3-10

Step06 按照图 3-11 所示的提示步骤打开需要加载的 Logo 图片。

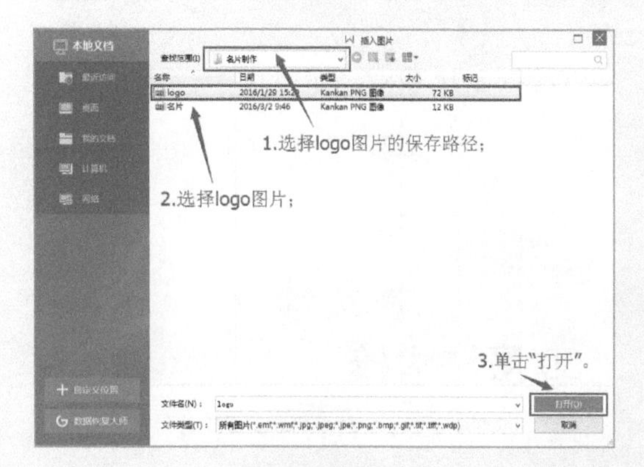

图 3-11

Step07 公司 Logo 图片则自动加载到 Word 文档中，如图 3-12 所示。

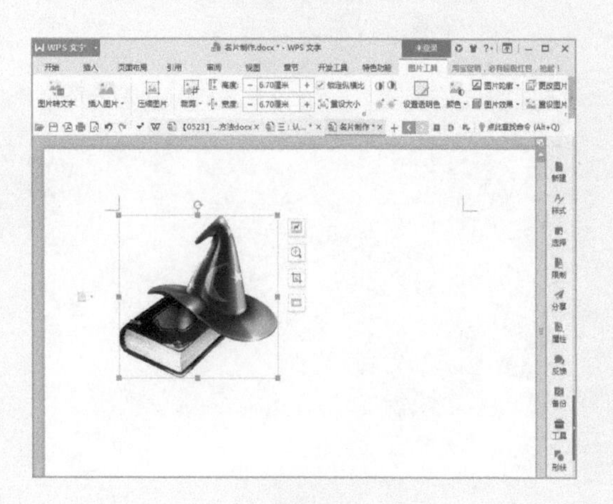

图 3-12

Step08 在裁剪区域内输入数值，修改图片大小，按 <Enter> 键确定，如图 3-13 所示。

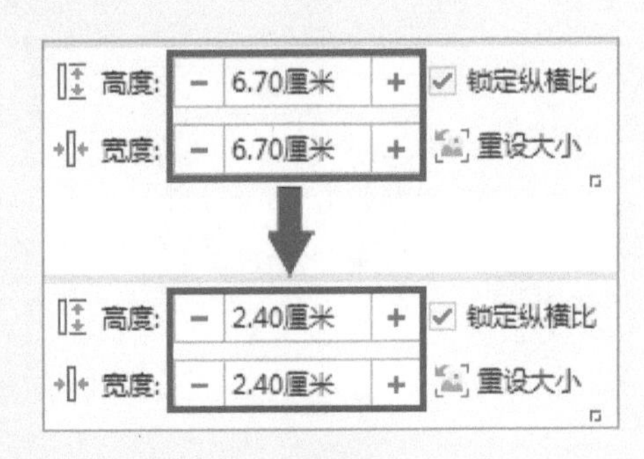

图 3-13

Step09 输入姓名、公司、电话，字体设置为“黑体”，文字大小为“22px”，结果如图 3-14 所示。

图 3-14

Step10 按住 <Print Screen> 键，快速截取整个屏幕，如图 3-15 所示。

图 3-15

Step11 打开系统自带的“画图”软件，如图 3-16 所示。

Step12 用快捷键 <Ctrl + V> 粘贴刚才截取的屏幕，如图 3-17 所示。

图 3-16

图 3-17

Step13 用鼠标左键单击“裁剪”按钮，如图 3-18 所示。

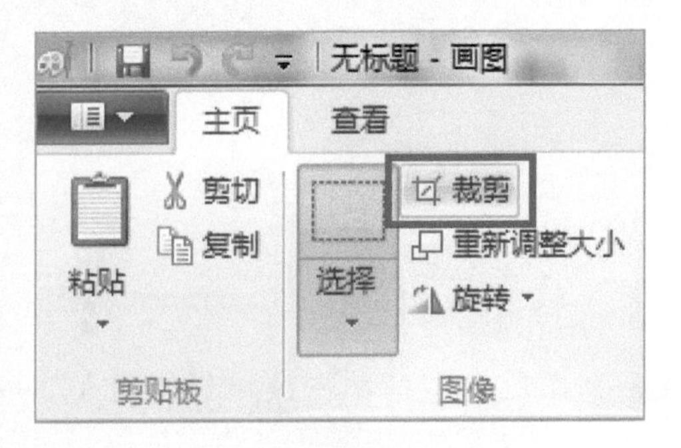

图 3-18

Step14 按住鼠标左键进行框选，确定名片的裁剪区域，如图 3-19 所示。

图 3-19

Step15 用鼠标左键单击“裁剪”按钮，名片裁剪完毕，如图 3-20 所示。

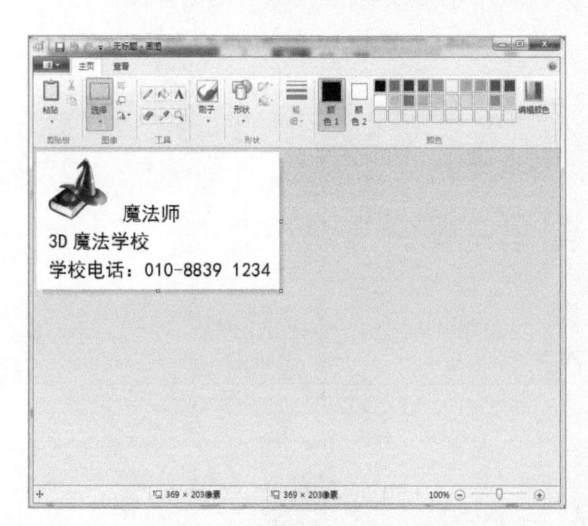

图 3-20

Step16 用鼠标左键单击菜单栏中的“文件”→“保存”命令，如图 3-21 所示。

图 3-21

Step17 按照图 3-22 所示的提示步骤保存名片。

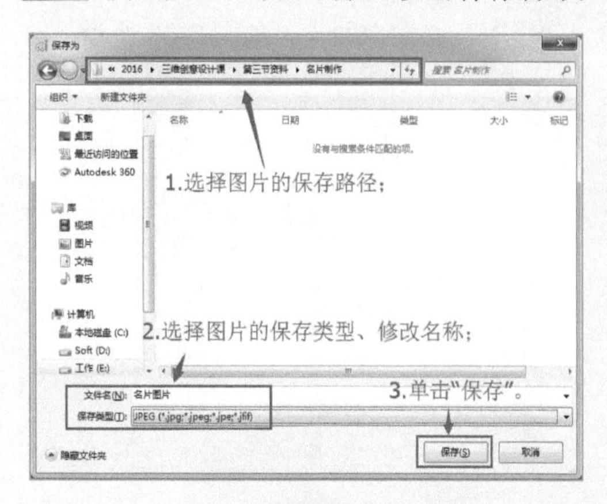

图 3-22

Step18 用鼠标左键双击打开 3DOne 软件，如图 3-23 所示。

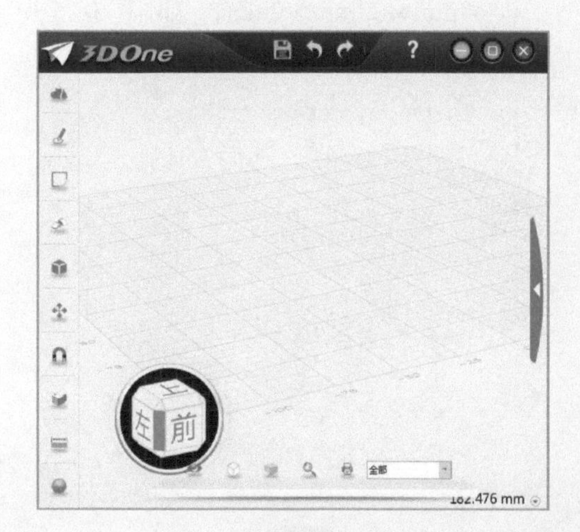

图 3-23

Step19 用鼠标左键单击选择菜单栏中的“基本实体”→“六面体”工具，如图 3-24 所示。

图 3-24

Step20 用鼠标左键在网格任意位置上单击一下，创建六面体，如图 3-25 所示。

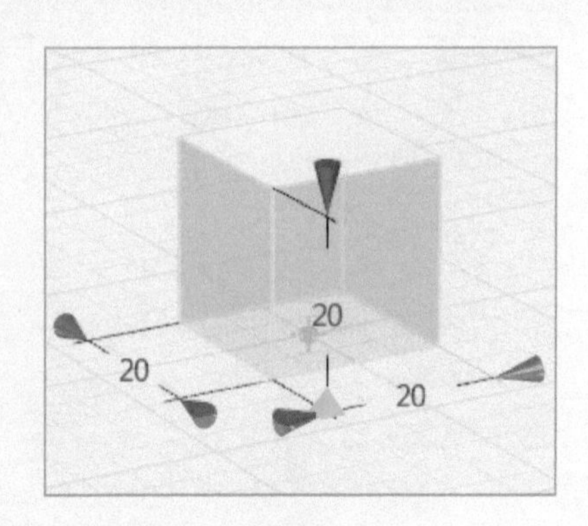

图 3-25

Step21 用鼠标左键单击数值进行修改，按 <Enter> 键确定，六面体的尺寸为 48mm×32mm×2mm，如图 3-26 所示。

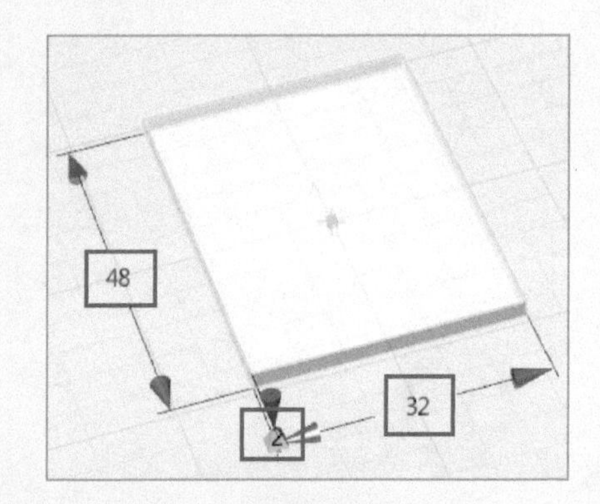

图 3-26

Step22 用鼠标左键单击提示框中的“✓”按钮，如图 3-27 所示。

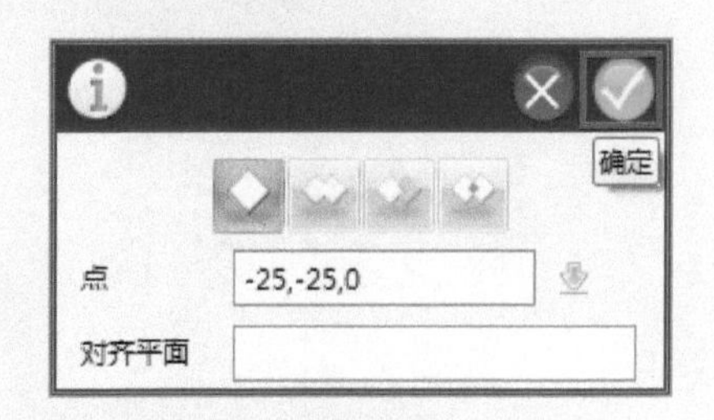

图 3-27

Step23 名片模型创建完毕，如图 3-28 所示。

图 3-28

Step24 用鼠标左键单击选择菜单栏中的“特殊功能”→“浮雕”命令，如图 3-29 所示。

Step25 弹出如图 3-30 所示的提示框，按照提示步骤打开之前保存的名片图片。

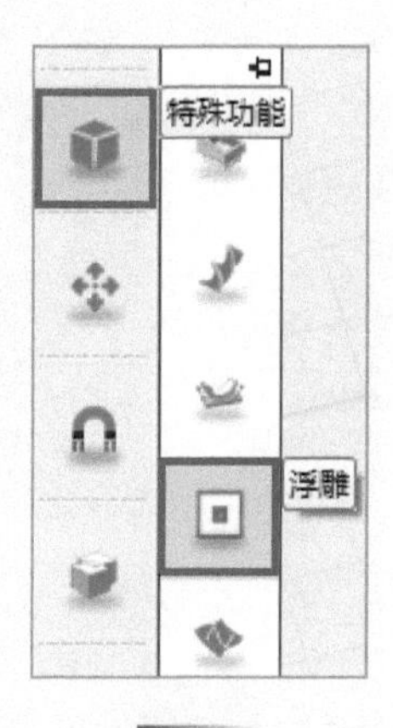

图 3-29

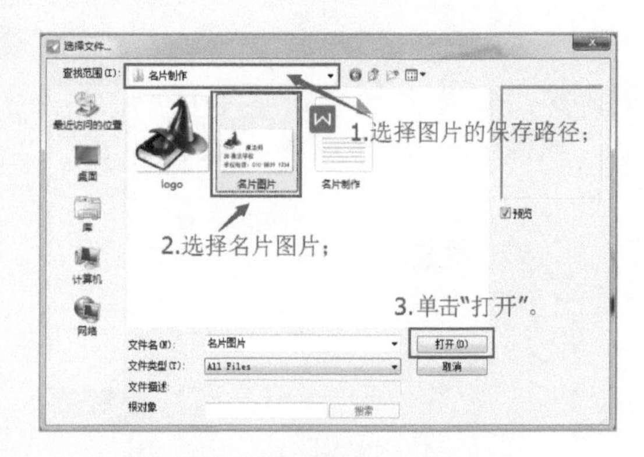

图 3-30

Step26 按照图 3-31 所示的提示步骤设置“浮雕”功能所需的各项参数。

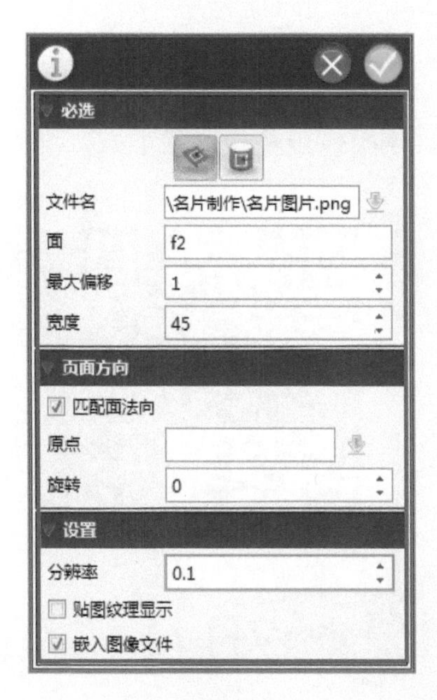

图 3-31

Step27 用鼠标左键单击“✓”按钮，三维名片制作完毕，如图 3-32 所示。

图 3-32

Step28 用鼠标左键单击“打印”按钮，如图 3-33 所示。

图 3-33

Step29 弹出如图 3-34 所示的导出提示框，用鼠标左键单击“确定”按钮。

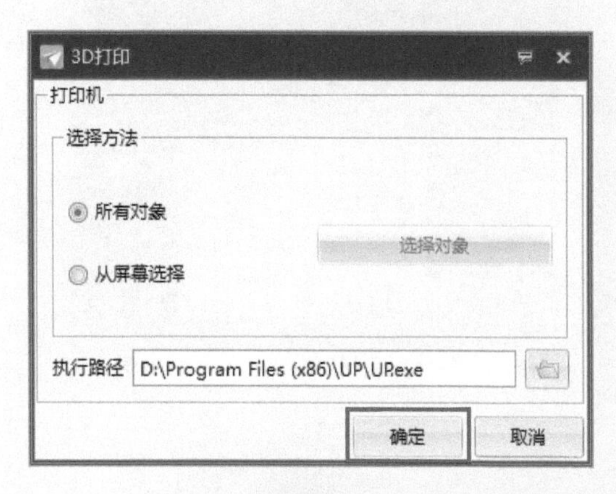

图 3-34

Step30 名片模型被成功导入到打印机软件中，如图 3-35 所示。

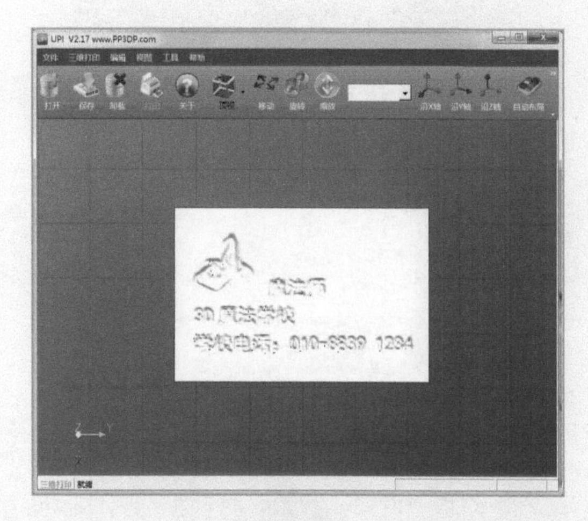

图 3-35

Step31 用鼠标左键单击菜单栏中的“旋转”按钮，如图 3-36 所示。

图 3-36

Step32 用鼠标左键单击“Y 轴”，名片模型则以 Y 轴为中心旋转 90°，如图 3-37 所示。

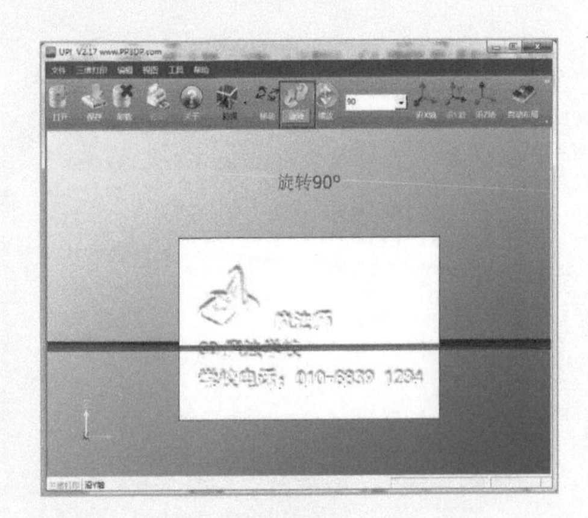

图 3-37

Step33 用鼠标左键单击菜单栏中的“自动布局”按钮，模型自动在平台上重新布局，如图 3-38 所示。

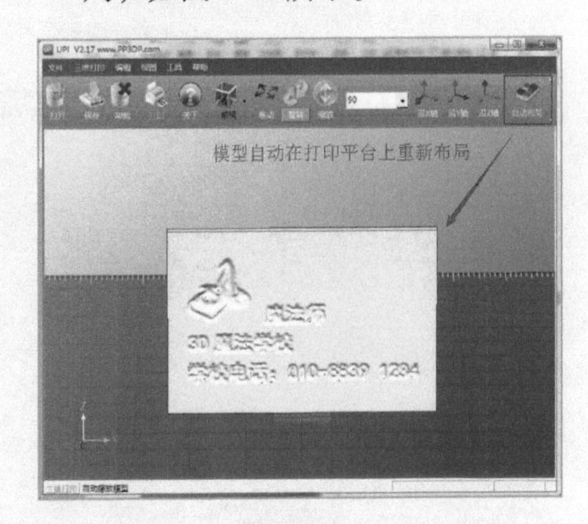

图 3-38

Step34 调整“设置”参数，将模型的打印时间控制在 30 分钟以内，如图 3-39 所示。

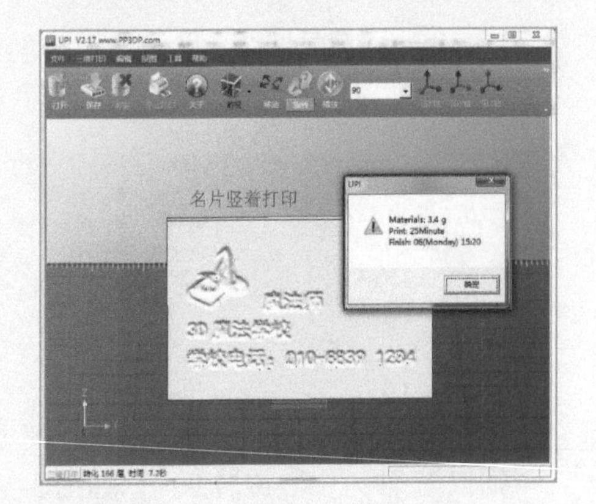

图 3-39

Step35 用鼠标左键单击菜单栏中的“打印”按钮，开始打印模型。

具体操作步骤请扫描下方二维码观看视频。

3D打印馆

☐ 我设计的团队名片是：

☐ 我们团推选出的打印名片是：

□ 我们推选此名片的理由是：

□ 我会将推选出来的打印名片导入到打印软件中。

□ 我会调整各项打印参数，将名片的打印时间控制在30分钟以内。

□ 开始打印名片吧！

创新设计馆

□ 用“预制文字”制作三维名片：

Step01 用鼠标左键单击选择“六面体”工具，在网格上创建一个尺寸为48mm×32mm×2mm的名片模型，如图3-40所示。

图3-40

Step02 用鼠标左键单击“查看视图”→“自动对齐视图”命令，如图3-41所示。

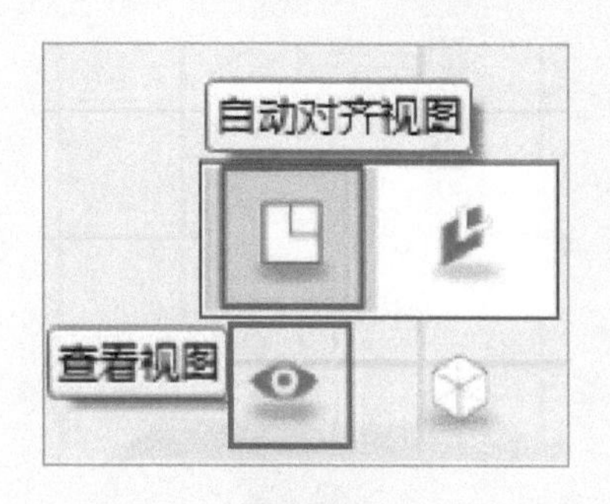

图3-41

Step03 软件的操作界面自动对齐为当前平面视图，如图3-42所示。

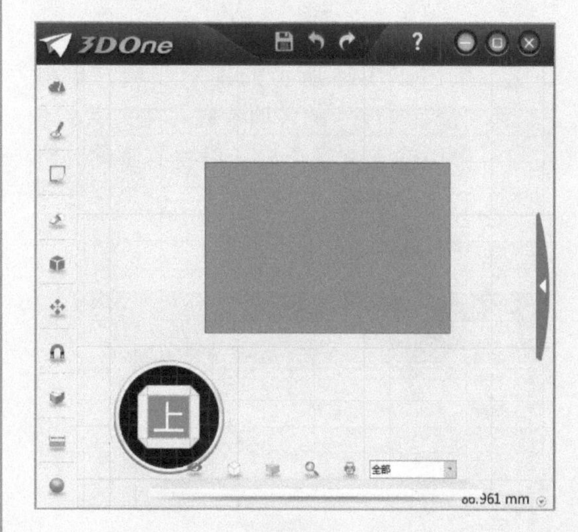

图3-42

Step04 用鼠标左键选择“草图绘制”→“预制文字”命令，如图3-43所示。

图3-43

Step05 用鼠标左键在六面体的表面位置单击一下，确定以六面体为基准面，如图 3-44 所示。

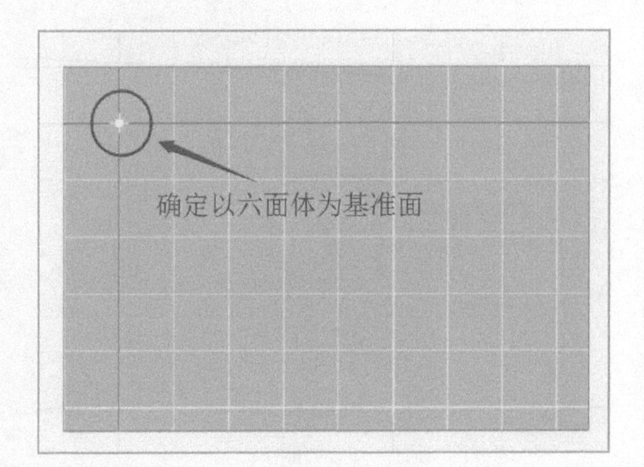

图 3-44

Step06 按照图 3-45 所示的提示步骤，设置“预制文字”的各项参数。在文字文本框中输入文字内容，设置好字体、样式、大小后，单击鼠标左键确定文字在六面体上的原点位置。

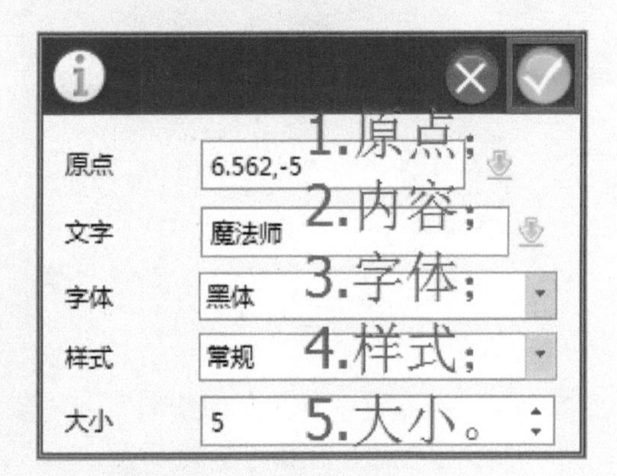

图 3-45

Step07 用鼠标左键单击“ ”按钮，退出草图编辑状态，如图 3-46 所示。

Step08 名片的文字内容“预制”完毕，如图 3-47 所示。

Step09 用鼠标左键单击选中文字，弹出如图 3-48 所示的 Minibar 窗口，用鼠标左键单击“拉伸”命令。

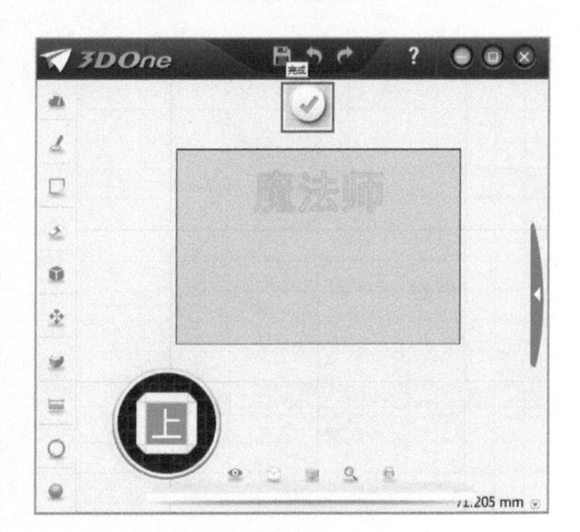

图 3-46

Step10 按照图 3-49 所示的提示步骤对文字进行“拉伸”操作。

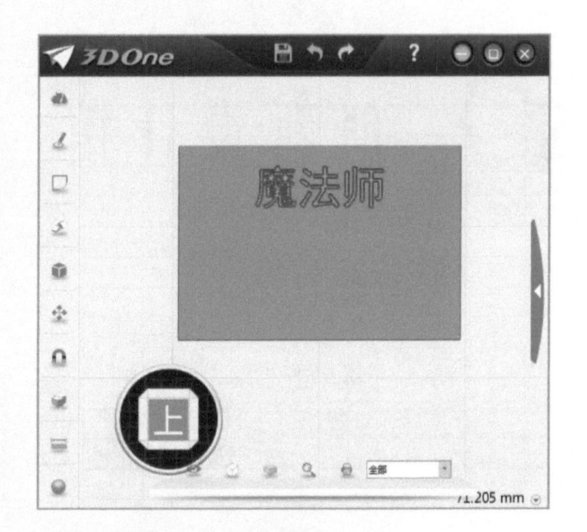

图 3-47

图 3-48

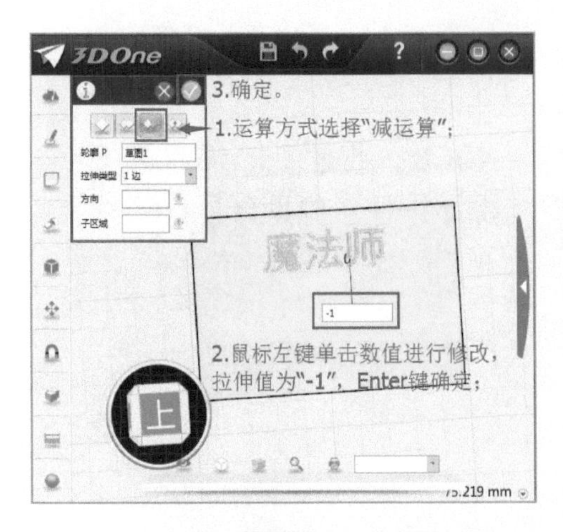

图 3-49

注：选择不同的运算方式，文字“拉伸”会有不同的效果。选择“减运算”，为文字凹陷效果；“加运算”，为文字凸起效果。

Step11 名片文字“拉伸”操作完毕，如图 3-50 所示。

图 3-50

Step12 重复上述“预制文字”的操作，将名片信息补充完整，三维名片制作完毕，如图 3-51 所示。

魔法师
3D魔法学校
学校电话：010-88391234

图 3-51

具体操作步骤请扫描下方二维码观看视频。

三维创新馆

□ 让我来分析图 3-52 所示的名片都有哪些特点！

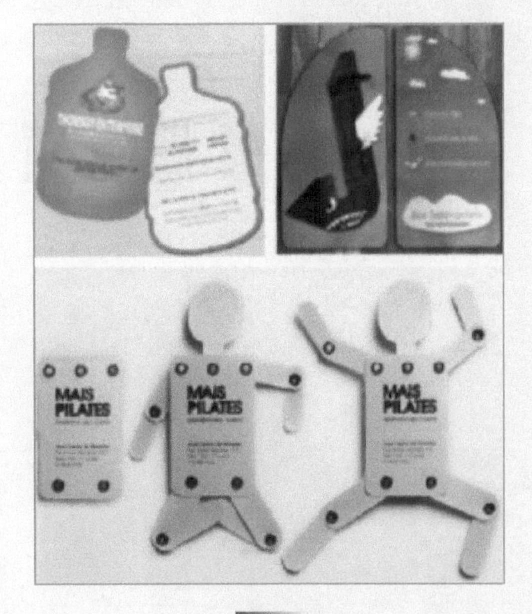

图 3-52

□ 我发现异形名片的特点有：

□ 我设计的异形名片草图是：

□ 请各小组代表进行优秀作品展示。

大家好，我是______小组的______。
我设计名片的理念是：

我的名片被推选的理由是：

谢谢大家！

作品展览馆

□ 我们组最优秀的设计师是：

□ 我们的评选理由是：

自我评价

☐ 请同学们结合自己在课堂上的表现，填写下列表格进行自我评价。

自主测评表	
评分项目	评分等级
三维软件的运用能力	☆☆☆☆☆
浮雕、预制文字	☆☆☆☆☆
平面设计能力	☆☆☆☆☆
三维名片的制作能力	☆☆☆☆☆
认真完成课堂任务	☆☆☆☆☆
积极参与团队讨论	☆☆☆☆☆
对三维软件的兴趣	☆☆☆☆☆
	☆☆☆☆☆
	☆☆☆☆☆
	☆☆☆☆☆
	☆☆☆☆☆
	☆☆☆☆☆
	☆☆☆☆☆
	☆☆☆☆☆
	☆☆☆☆☆

能力拓展

☐ 请同学们在课后设计一款有个性的钥匙扣。

☐ 请同学们自行设计班级名牌，将设计图发送到网站，分享得相应积分。

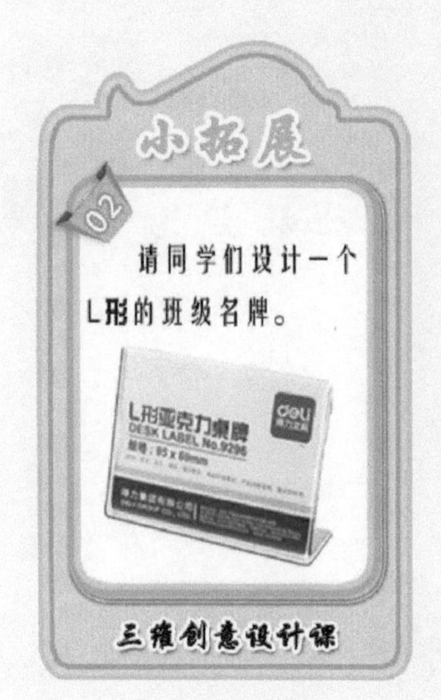

第四节 模型渲染

3D创意组

多元化渲染

益智小手工

巧手智多星

创意作品展

自我评价

能力拓展

3D创意组

☐ 我们今天选出的组长是：

☐ 今天和我一组的同学有：

我们的3D创意组就正式成立了！

☐ 我来为我们的3D创意组起个名字吧！

☐ 我们最终选定的组名是：

☐ 我们选择这个组名的理由是：

多元化渲染

☐ 让我来挑选一条适合自己的学习路径，开始学习吧！

☐ 单色渲染 ---------- 第47～50页。

☐ 特殊渲染 ---------- 第50～52页。

☐ 贴图渲染 ---------- 第52～54页。

☐ 单色渲染步骤：

Step01 用鼠标左键双击打开3DOne软件，如图4-1所示。

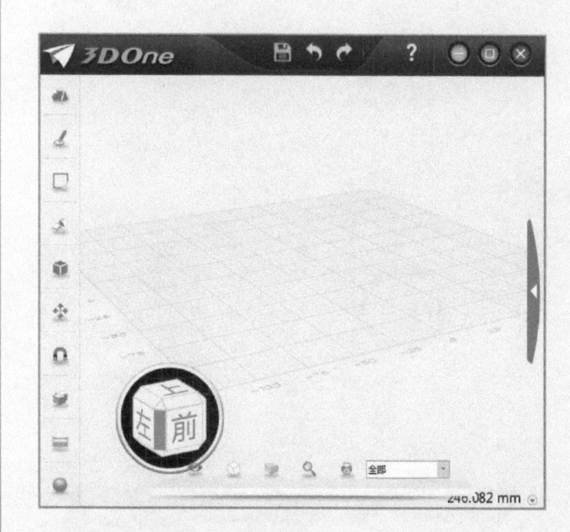

图4-1

Step02 用鼠标左键单击操作界面右侧的箭头，打开模型的资源库属性栏，如图4-2所示。

Step03 用鼠标左键单击属性下拉按钮，按照资源分类搜索模型，如图4-3所示。

Step04 将光标移动至资源模型的图标上，如图4-4所示。

图 4-2

图 4-3

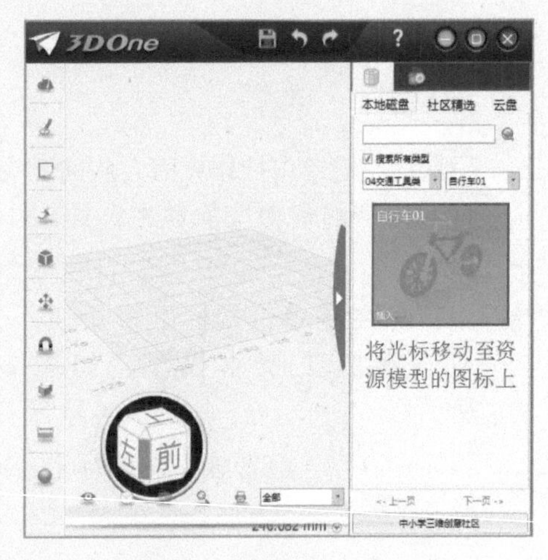

图 4-4

Step05 用鼠标左键单击模型图标左下角的"插入"按钮，如图 4-5 所示。

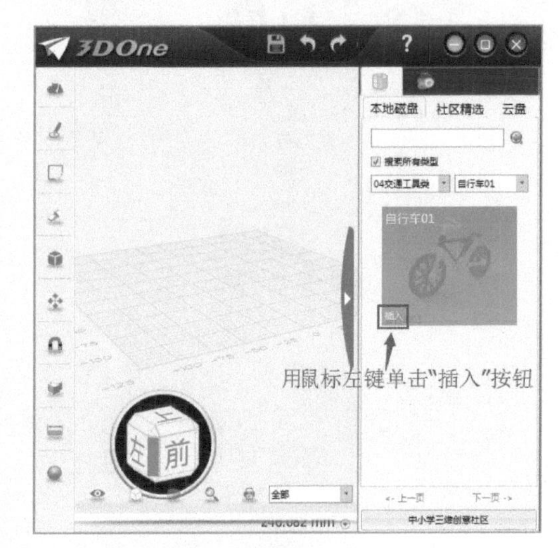

图 4-5

Step06 用鼠标左键在网格任意位置上单击一下，确定模型所在位置，如图 4-6 所示。

图 4-6

Step07 资源库中的资源模型已成功加载到操作界面中，如图 4-7 所示。

Step08 用鼠标左键单击菜单栏中的"材质渲染"图标，如图 4-8 所示。

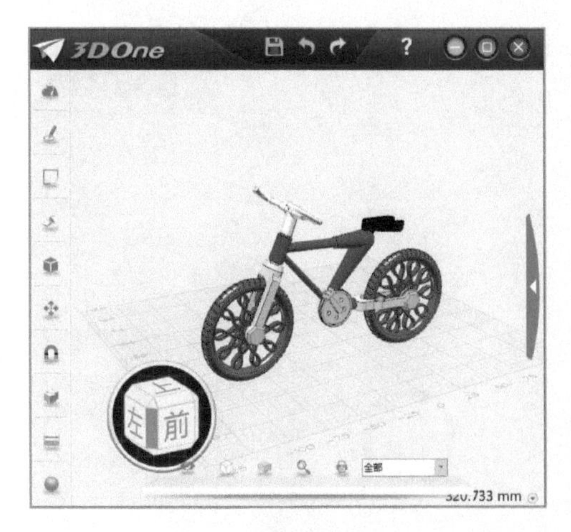

图 4-7

图 4-8

Step09 弹出如图 4-9 所示的材质球编辑框，用鼠标左键单击选择进行渲染的实体模型。

图 4-9

Step10 用鼠标左键单击“颜色”右侧的条形框，弹出如图 4-10 所示的颜色提示框，挑选提示框中的颜色进行渲染。

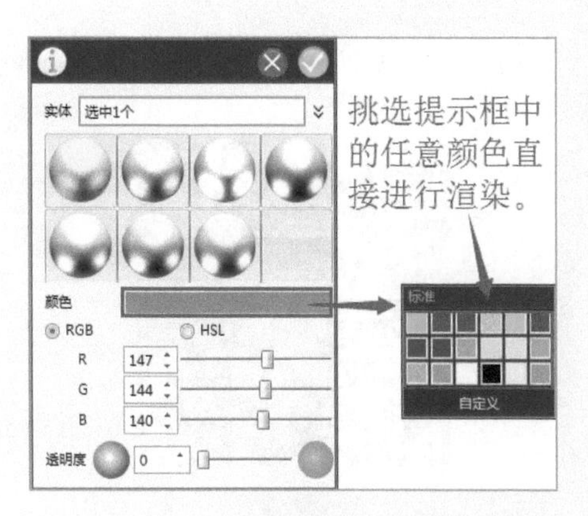

图 4-10

Step11 用鼠标左键单击颜色提示框中的“自定义”按钮，可自定义任意颜色对模型进行渲染，如图 4-11 所示。

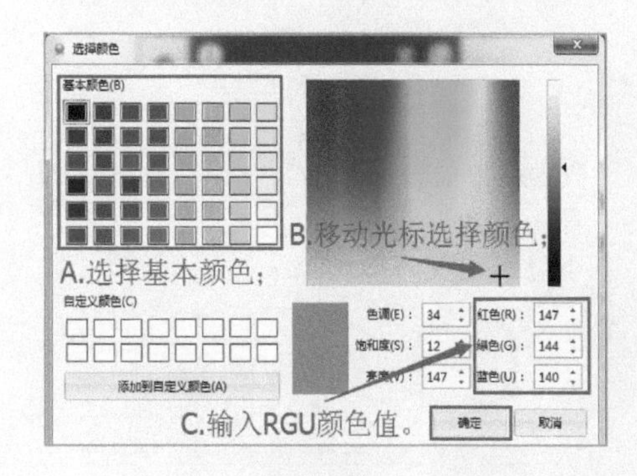

图 4-11

Step12 用鼠标左键单击提示框中的“✓”按钮，模型渲染完毕，如图 4-12 所示。

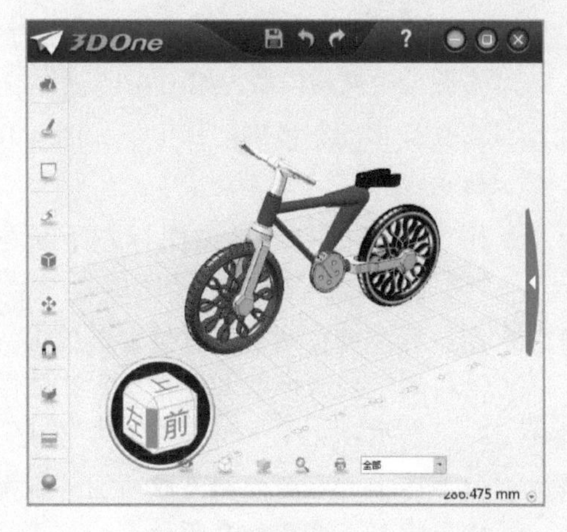

图 4-12

具体操作步骤请扫描下方二维码观看视频。

特殊材质的渲染步骤：

Step01 用鼠标左键双击打开3DOne软件，如图4-13所示。

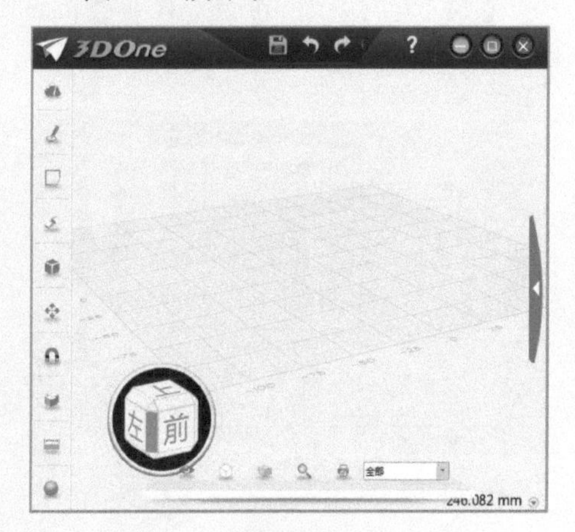

图4-13

Step02 用鼠标左键单击操作界面右侧的箭头，打开模型的资源库属性栏，如图4-14所示。

Step03 用鼠标左键单击属性下拉按钮，按照资源分类搜索模型，如图4-15所示。

Step04 将光标移动至模型图标上，如图4-16所示。

Step05 用鼠标左键单击模型图标左下角的“插入”按钮，如图4-17所示。

Step06 用鼠标左键在网格任意位置上单击一下，确定资源模型的所在位置，如图4-18所示。

Step07 资源库中的资源模型已成功加载到操作界面中，如图4-19所示。

图4-14

图4-15

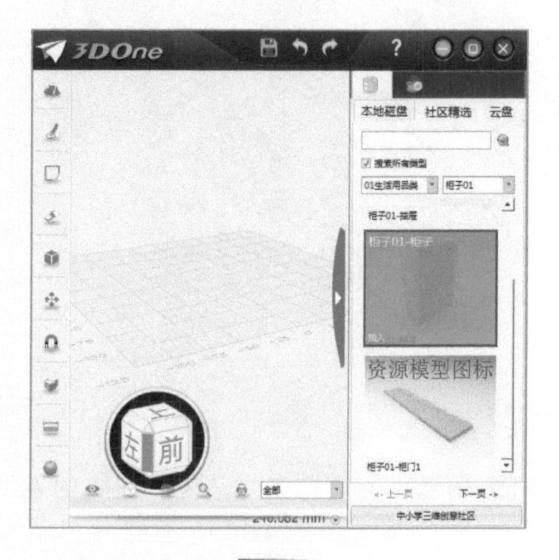

图4-16

图 4-17

图 4-18

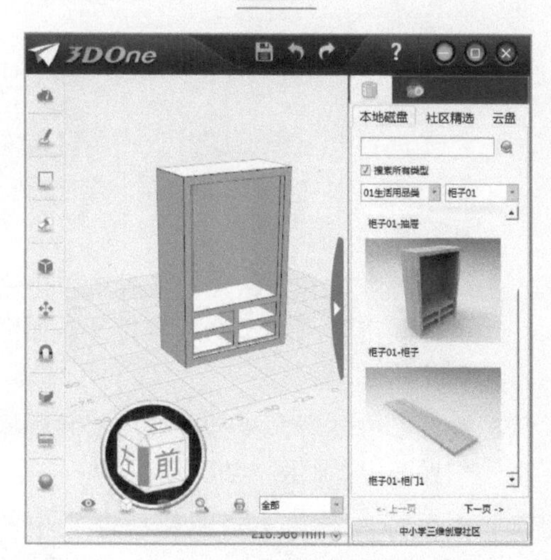

图 4-19

Step08 用鼠标左键单击资源库属性栏中的“视觉管理”图标，如图 4-20 所示。

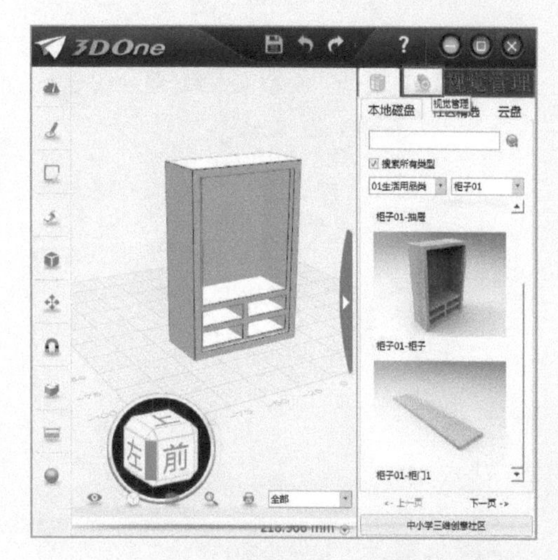

图 4-20

Step09 用鼠标左键单击下拉按钮，按照不同需求选择特殊材质，如图 4-21 所示。

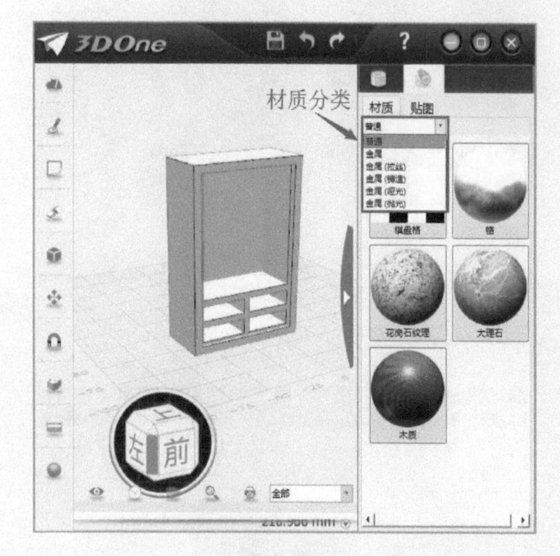

图 4-21

Step10 用鼠标左键单击特殊材质图标，以“木质”为例，如图 4-22 所示。

Step11 弹出如图 4-23 所示的材质球编辑框，按照提示步骤对衣柜进行渲染。

Step12 用鼠标左键单击提示框中的“✓”按钮，模型渲染完毕，如图 4-24 所示。

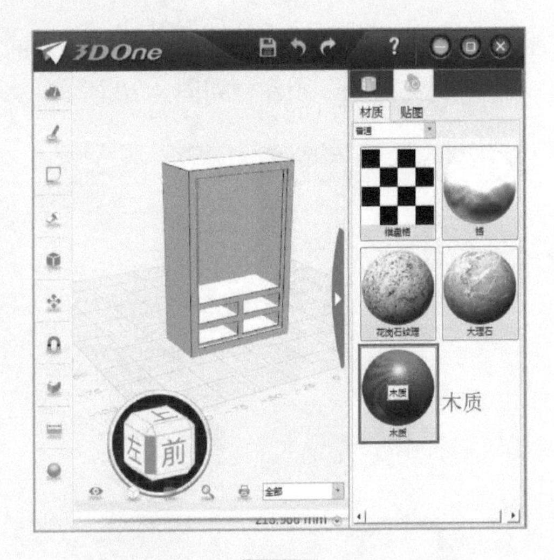

图 4-22

图 4-2

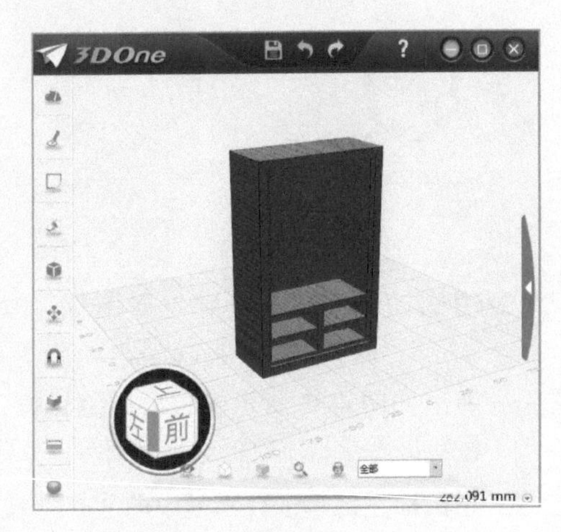

图 4-2

具体操作步骤请扫描下方二维码观看视频。

□ 模型贴图步骤：

Step01 用鼠标左键单击操作界面右侧的箭头，打开模型的资源库属性栏，如图 4-25 所示。

图 4-2

Step02 将光标移动至模型图片上，用鼠标左键单击图片左下角的“插入”按钮，如图 4-26 所示。

Step03 用鼠标左键在网格任意位置上单击一下，确定资源模型的所在位置，如图 4-27 所示。

Step04 资源库中的资源模型已成功加载到操作界面中，如图 4-28 所示。

Step05 用鼠标左键单击资源库属性栏中的“视觉管理”图标，如图 4-29 所示。

图 4-26

图 4-27

图 4-28

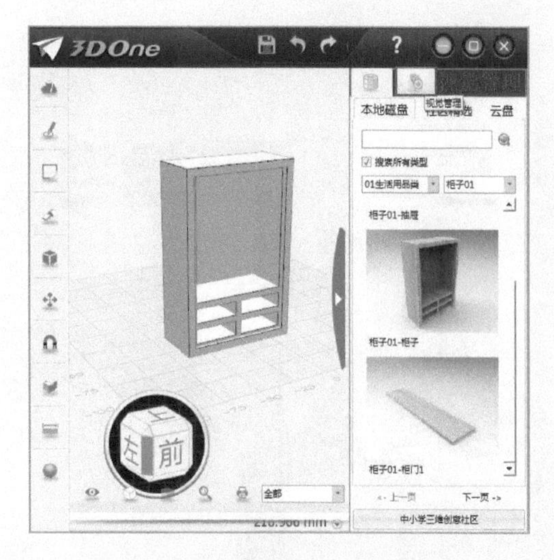

图 4-29

Step06 用鼠标左键单击“视觉管理”→“贴图”按钮，如图 4-30 所示。

图 4-30

Step07 用鼠标左键单击选项栏右侧的下拉按钮，根据需要选择不同类型的贴图，如图 4-31 所示。

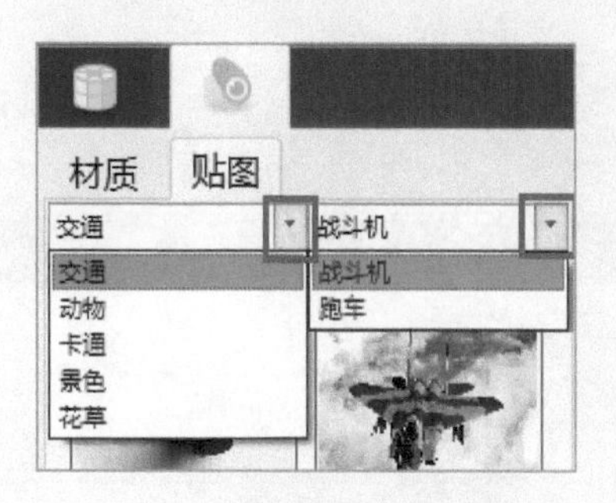

图 4-31

Step08 用鼠标左键单击贴图图标，如图 4-32 所示。

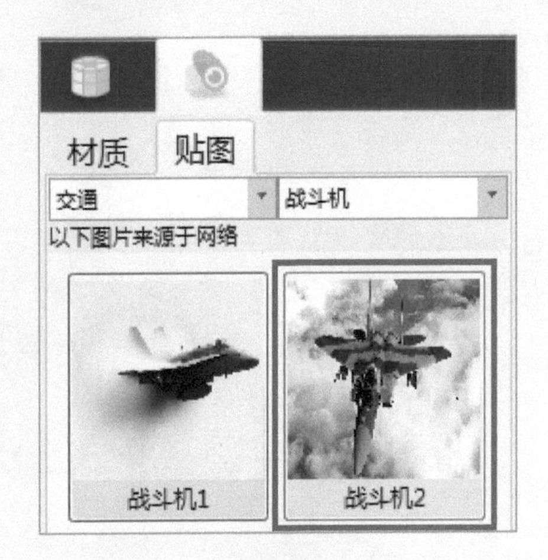

图 4-32

Step09 弹出如图 4-33 所示的贴图编辑框，按照提示步骤为模型表面赋予贴图。

必选　1.贴图路径：
文件名　交通/战斗机\战斗机2.jpg
面　2.单击选择模型；
图片尺寸　3.设置图片大小：
宽度　35.524
高度　20
锁定长宽比
页面方向　4.设置贴图位置：
原点
旋转　0
设置　5.设置贴图模式。
重复图像
不透明
嵌入材质文件

图 4-33

Step10 用鼠标左键单击提示框中的“✓”按钮，对模型表面赋予贴图的操作完毕，如图 4-34 所示。

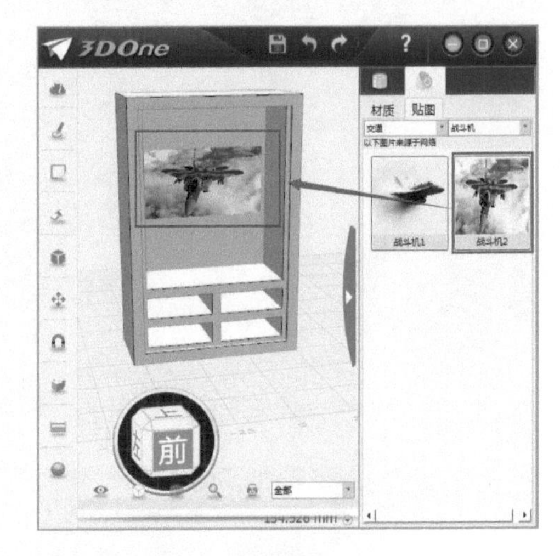

图 4-34

具体操作步骤请扫描下方二维码观看视频。

益智小手工

☐ 我会在 3DOne 社区中下载玩偶模型进行打印。3DOne 玩偶的下载地址：

http://www.i3done.com/model/77169.html

☐ 砂纸打磨的操作步骤：

Step01 3D 模型打印完毕后，部分有支撑的区域会出现不光滑现象，如图 4-35 所示。

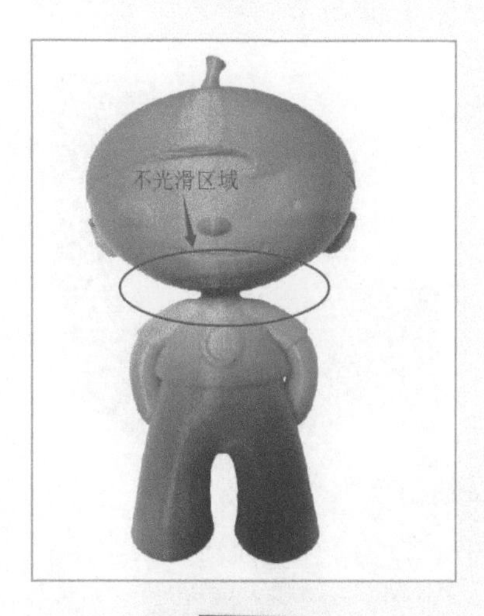

图 4-35

Step02 准备不同型号的砂纸，对模型进行打磨，使模型表面光滑，如图 4-36 所示。

图 4-36

Step03 选择型号为 200 ~ 600 目的粗砂纸，将砂纸平均拆分为 12 小块，如图 4-37 所示。

图 4-37

Step04 选择一小块砂纸，对模型的不光滑区域进行第一次打磨，打磨方向与模型纹理方向相垂直，如图 4-38 所示。

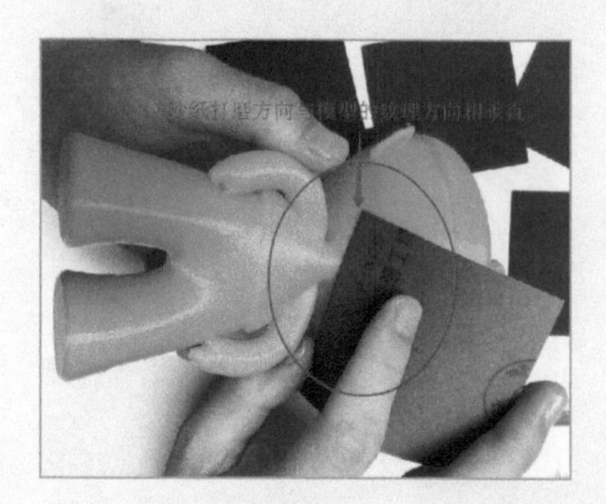

图 4-38

Step05 模型第一次打磨操作完毕，如图 4-39 所示。

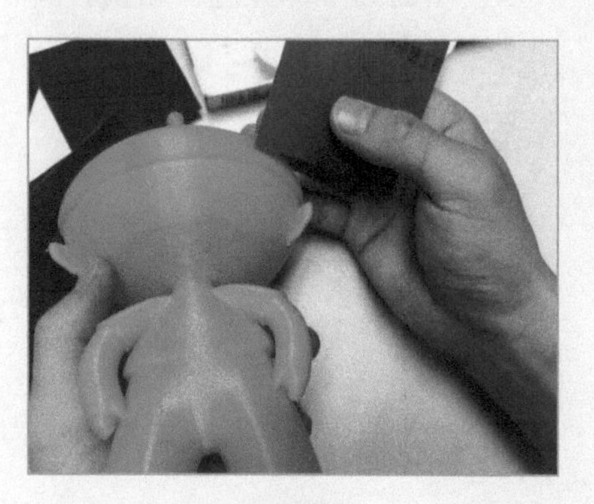

图 4-39

Step06 选择型号为 1000 ~ 1200 目的砂纸，对模型进行第二次打磨，使砂纸顺着模型的纹理方向进行打磨，如图 4-40 所示。

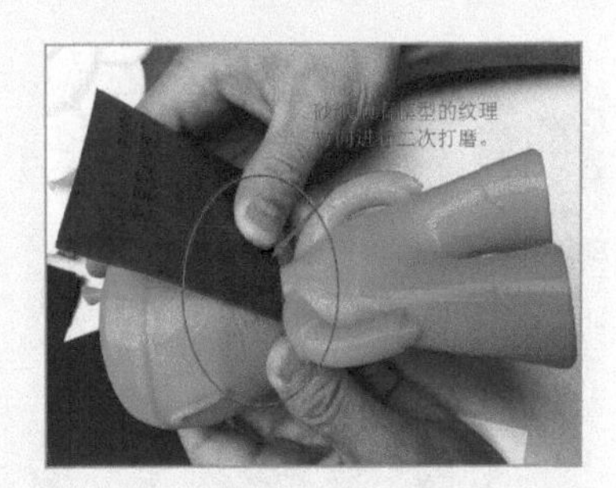

图 4-40

Step07 模型第二次打磨操作完毕，如图 4-41 所示。

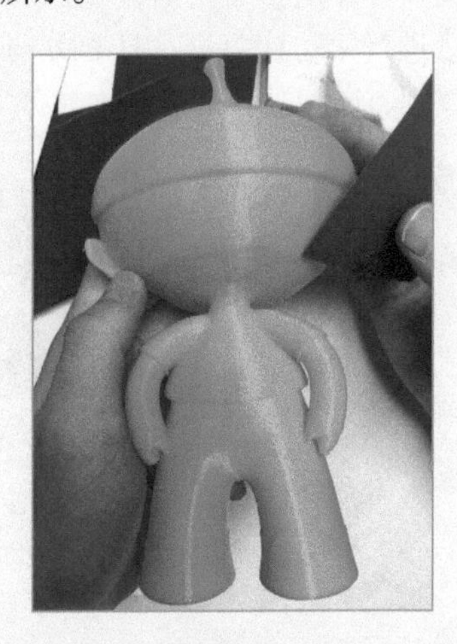

图 4-41

Step08 选择型号为 1500 ~ 2000 目的细砂纸，对模型的细节部分进行再次打磨，如图 4-42 所示。

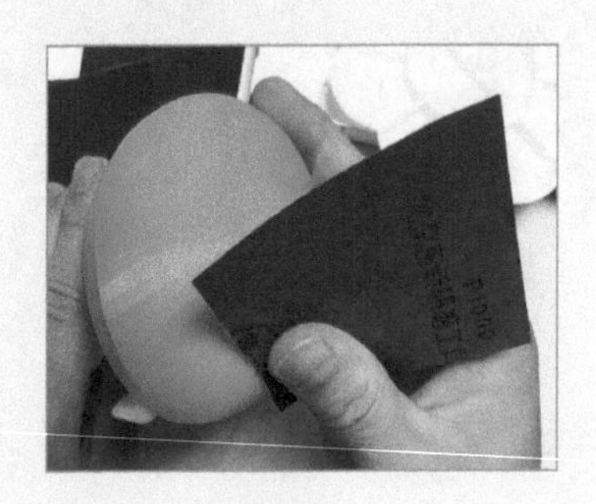

图 4-42

Step09 根据模型打磨的实际情况决定打磨次数，模型纹理过于粗糙的区域要进行多次打磨，如图 4-43 所示。

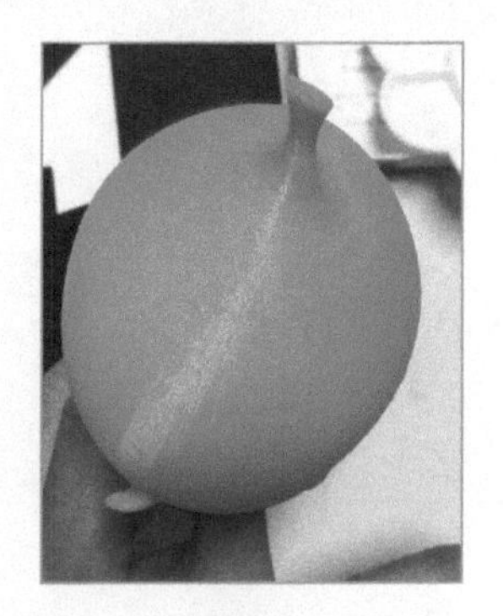

图 4-43

Step10 对模型进行整体打磨的操作完毕，如图 4-44 所示。

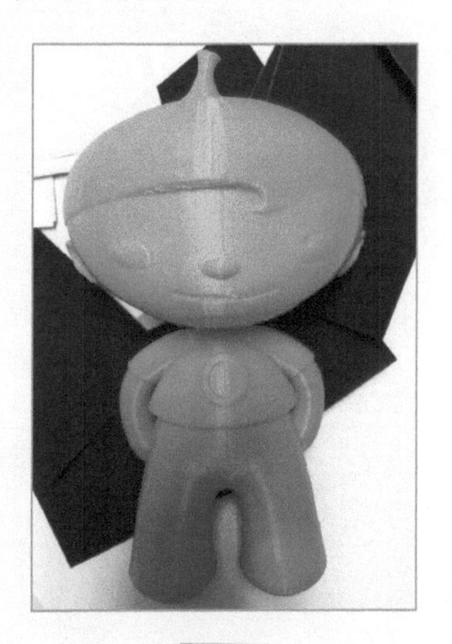

图 4-44

具体操作步骤请扫描下方二维码观看视频。

巧手智多星

丙烯颜料上色的操作步骤：

Step01 在软件中完成模型的渲染设计，参考软件渲染图，用丙烯颜料对模型进行上色，如图 4-45 所示。

图 4-45

Step02 用丙烯颜料对玩偶模型进行上色，准备好所有的上色工具：丙烯颜料、调色盘、笔刷、丙烯调和油、清水，如图 4-46 所示。

图 4-46

Step03 先将笔刷放入清水中浸泡，软化笔刷，方便上色，如图 4-47 所示。

图 4-47

Step04 往调色盘中倒入适量的白色颜料，如图 4-48 所示。

图 4-48

Step05 添加适量调和油对颜料进行稀释，增加颜料的附着力，如图 4-49 所示（参考：调和油和颜料的比例为 1 ：1）。

图 4-49

Step06 用笔刷将颜料搅拌均匀后，蘸取少量颜料，对玩偶模型进行整体上色，如图 4-50 所示。

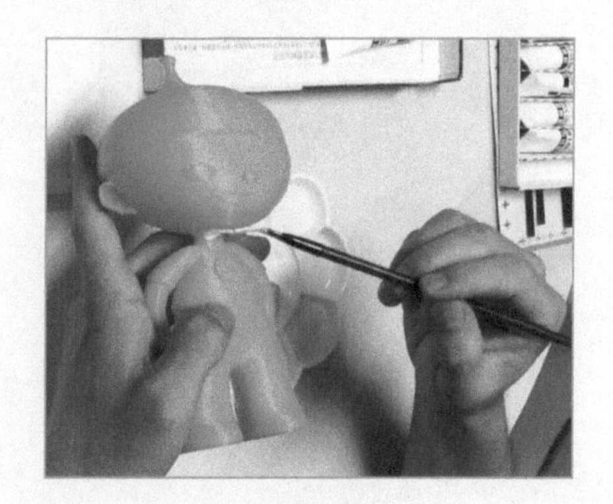

图 4-50

Step07 给玩偶模型的整体涂上一层白色底色，使颜色更加鲜亮，也能防止出现反色、颜色不均匀等情况，如图 4-51 所示。

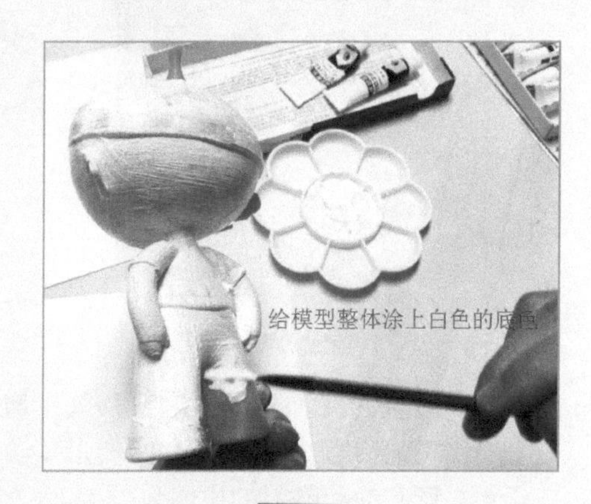

图 4-51

Step08 玩偶模型的第一层白色底色全部涂刷完毕，如图 4-52 所示。

Step09 玩偶模型的底色涂刷完毕后，将笔刷放入清水中进行清洗，如图 4-53 所示。

Step10 玩偶模型的第一层白色底色涂刷完毕后，将模型放在小风扇前进行风干，如图 4-54 所示。

Step11 待第一层底色完全干透后，可根据颜料的均匀情况决定底色的涂刷次数，如图 4-55 所示。

图 4-52

图 4-53

图 4-54

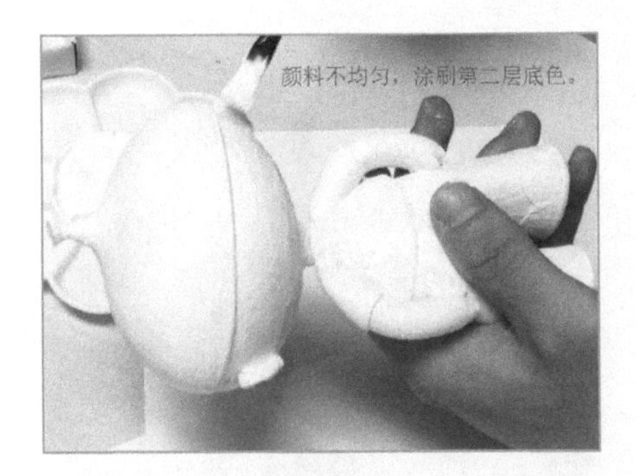

图 4-55

Step12 玩偶模型的第二层底色涂刷完毕，如图 4-56 所示。

图 4-56

Step13 用褐色和少量黑色调配出玩偶的头发颜色，添加适量调和油进行稀释，如图 4-57 所示。

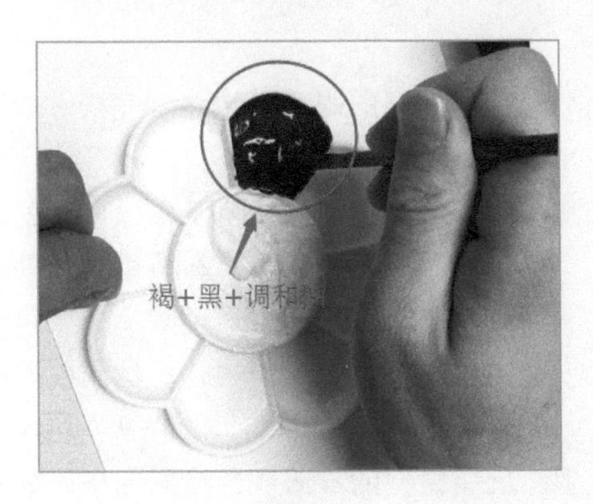

图 4-57

Step14 等上一次涂刷的颜料完全干透后，再开始对模型进行下一次的上色操作，如图 4-58 所示。

图 4-58

Step15 选用细笔刷，对玩偶模型不同颜色的交界处进行上色，如图 4-59 所示。

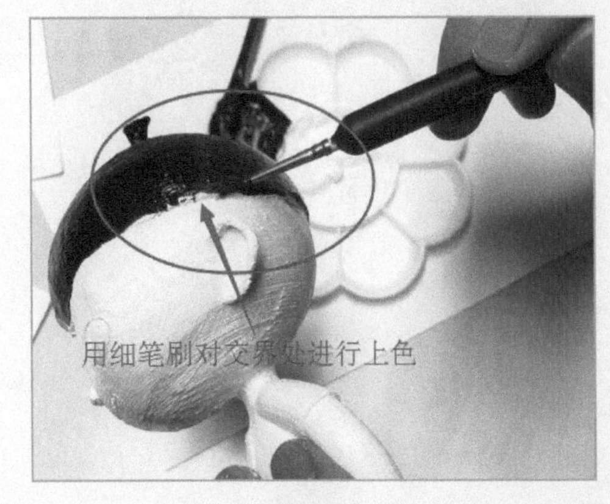

图 4-59

Step16 玩偶模型的头部区域涂刷完毕，如图 4-60 所示。

Step17 往白色颜料中加入少量赭石色以及少量红色颜料，添加适量的调和油进行稀释，用笔刷将颜料搅拌均匀，如图 4-61 所示。

Step18 用笔刷蘸取少量颜料，对玩偶模型的脸部区域进行上色，如图 4-62 所示。

Step19 玩偶模型相同颜色的脸部区域以及胳膊区域涂刷完毕，如图 4-63 所示。

图 4-60

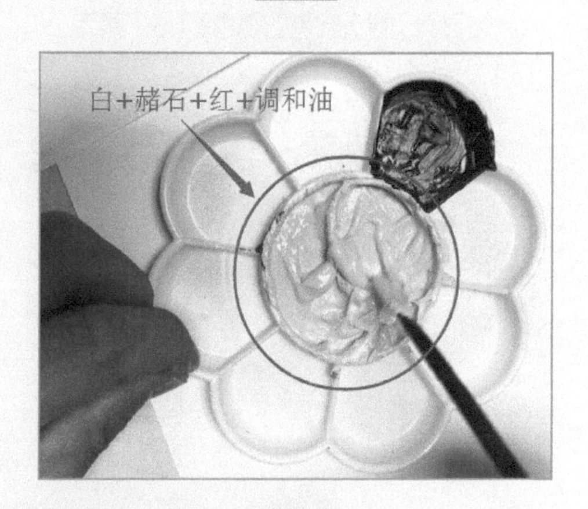

图 4-61

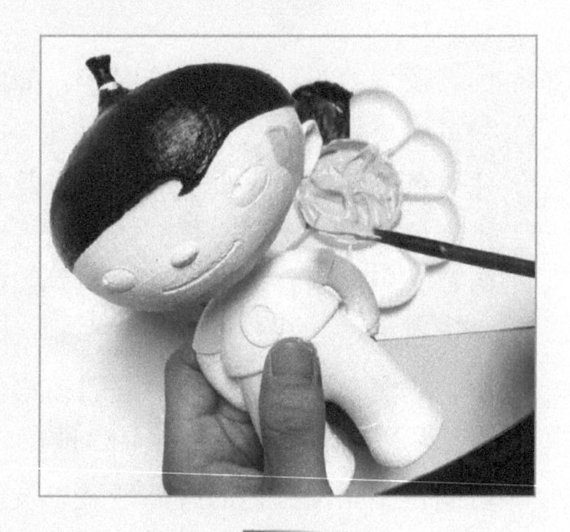

图 4-62

图 4-63

Step20 用细笔刷蘸取少量黑色颜料，对玩偶模型的眼睛进行上色，如图 4-64 所示。

图 4-64

Step21 玩偶模型的眼睛区域涂刷完毕，如图 4-65 所示。

Step22 用少量黄色、粉绿色及翠绿色调配出玩偶衣服的颜色，添加适量调和油进行稀释，如图 4-66 所示。

Step23 用笔刷蘸取少量颜料，对玩偶模型的衣服区域进行上色，如图 4-67 所示。

Step24 玩偶模型的衣服颜色涂刷完毕，如图 4-68 所示。

图 4-65

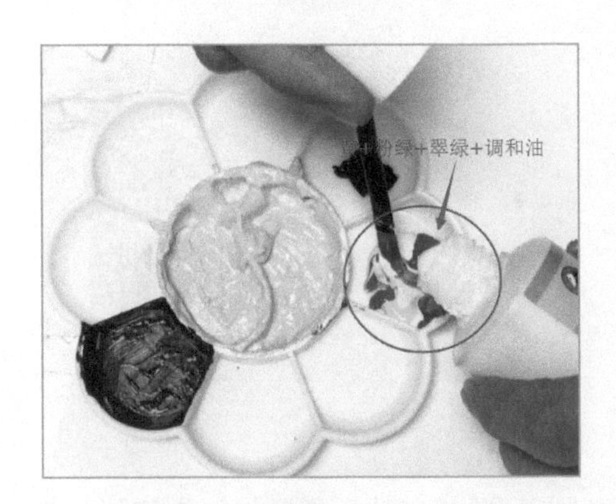

图 4-66

图 4-67

图 4-68

Step25 用细笔刷蘸取少量黄色颜料，对玩偶模型的黄色图案区域进行上色，如图 4-69 所示。

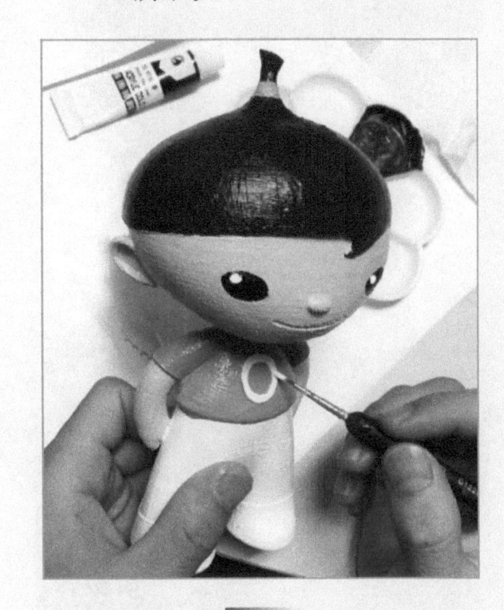

图 4-69

Step26 玩偶模型的黄色图案区域涂刷完毕，如图 4-70 所示。

Step27 用群青色、白色和调和油调配出玩偶模型的裤子颜色，如图 4-71 所示。

Step28 用笔刷蘸取少量颜料对玩偶模型的裤子区域进行上色，如图 4-72 所示。

图 4-70

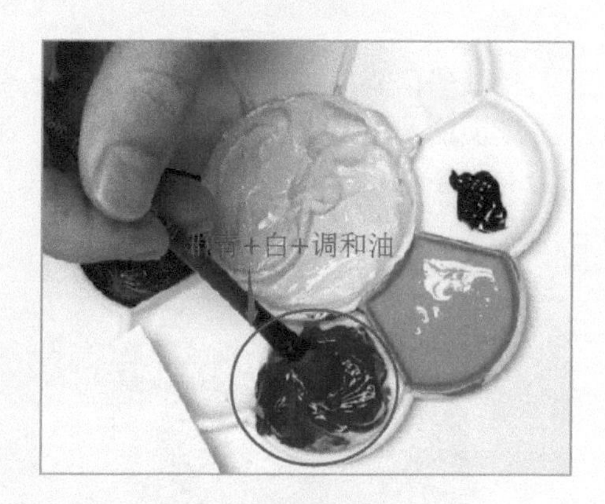

图 4-71

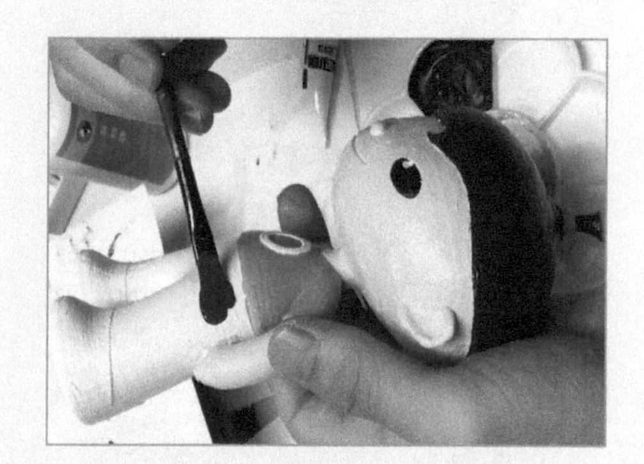

图 4-72

Step29 玩偶模型的裤子区域涂刷完毕，如图 4-73 所示。

Step30 用笔刷蘸取黑色颜料，对玩偶模型的鞋子区域进行上色，如图 4-74 所示。

图 4-73

图 4-74

Step31 玩偶模型的鞋子区域涂刷完毕，如图 4-75 所示。

图 4-75

Step32 在上色过程中，若不小心将涂刷完的区域染上了不同颜色，则要对染色区域进行单独修补处理，如图 4-76 所示。

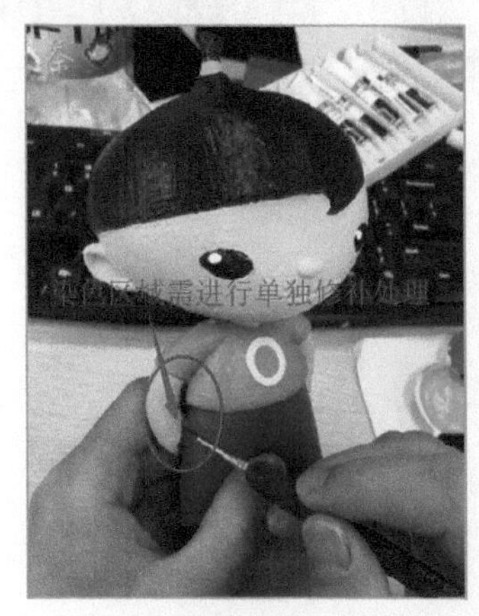

图 4-76

Step33 用细笔刷蘸取相同颜料对染色区域进行涂刷，覆盖模型的染色区域，如图 4-77 所示。

图 4-77

具体操作步骤请扫描下方二维码观看视频。

创意作品展

□ 大家好，我是______小组的______。

□ 我渲染的三维模型是：

____

____

□ 我的模型总共打磨了______次。

□ 我打磨模型用的砂纸型号有：

____

____

□ 在给模型上色的过程中，应注意：

____

____

____

□ 我们组其他同学渲染的模型都有：

____

____

____

□ 比一比，看看我上色后的作品与软件中渲染后的作品颜色一致吗？

□我的上色作品与渲染作品颜色一致的地方有：

□我的上色作品与渲染作品颜色不一致的地方有：

□我的渲染与上色体会是：

□我们组最精致作品的制作者是：

我们推选他/她作为我们组的代表，给全班同学进行展示！

自我评价

□请同学们结合自己在课堂上的表现，填写下列表格进行自我评价。

自主测评表	
评分项目	评分等级
模型渲染能力	☆☆☆☆☆
模型贴图能力	☆☆☆☆☆
砂纸打磨能力	☆☆☆☆☆
模型上色能力	☆☆☆☆☆
认真完成课堂任务	☆☆☆☆☆
积极参与团队讨论	☆☆☆☆☆
对模型渲染的兴趣	☆☆☆☆☆
	☆☆☆☆☆
	☆☆☆☆☆
	☆☆☆☆☆
	☆☆☆☆☆
	☆☆☆☆☆
	☆☆☆☆☆
	☆☆☆☆☆
	☆☆☆☆☆

能力拓展

□ 请同学们想一想，打磨过程中，如果不小心损坏了模型，该怎么补救呢？

□ 请同学们想一想，哪些工具可以使丙烯颜料上色更均匀？

第五节 万能挂钩

生活观察室

□ 我们今天选出的组长是：

A. 通用型

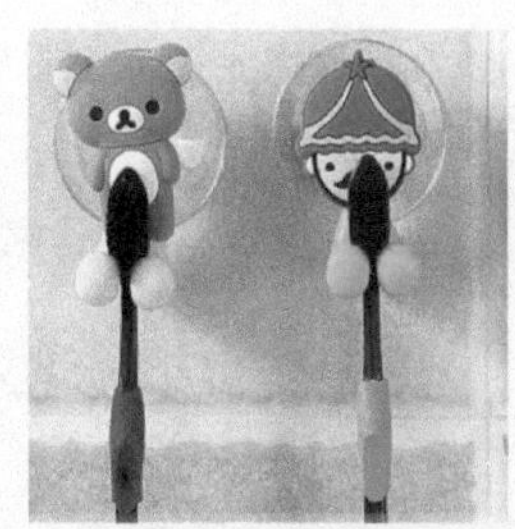

B. 专用型

C. 工业型

D. 创意型

E. 艺术型

F. 便携型

□ 画一画我见过的挂钩：

模拟实训室

□ 今天我们来设计一款如图 5-1 所示的“S”形挂钩吧！

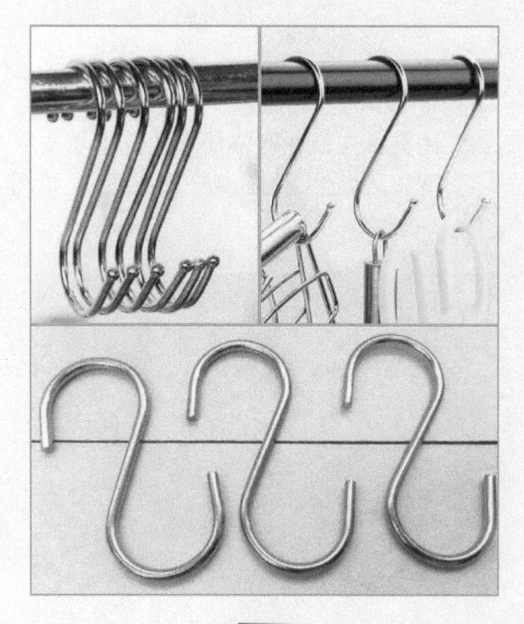

图 5-1

Step01 用鼠标左键双击打开 3DOne 软件，如图 5-2 所示。

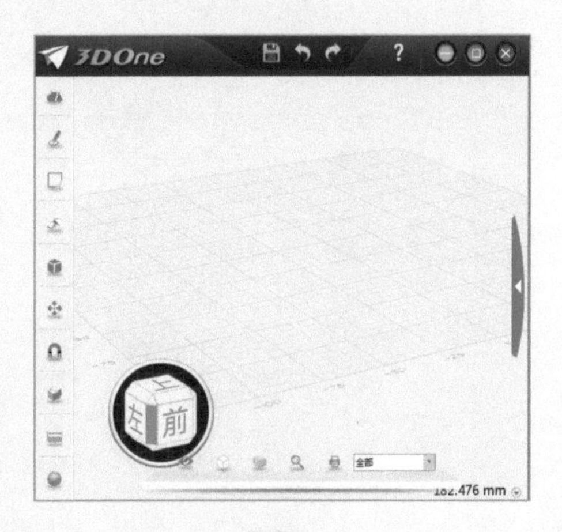

图 5-2

Step02 用鼠标左键单击选择菜单栏中的“草图绘制”→“通过点绘制曲线”工具，如图 5-3 所示。

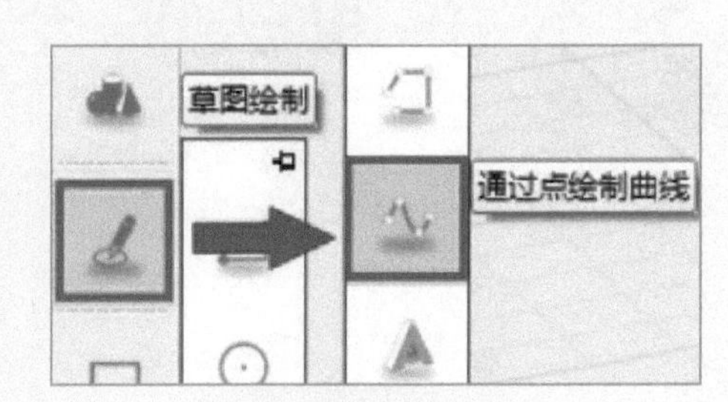

图 5-3

Step03 用鼠标左键在网格任意位置上单击一下，确定以网格为平面参考，如图 5-4 所示。

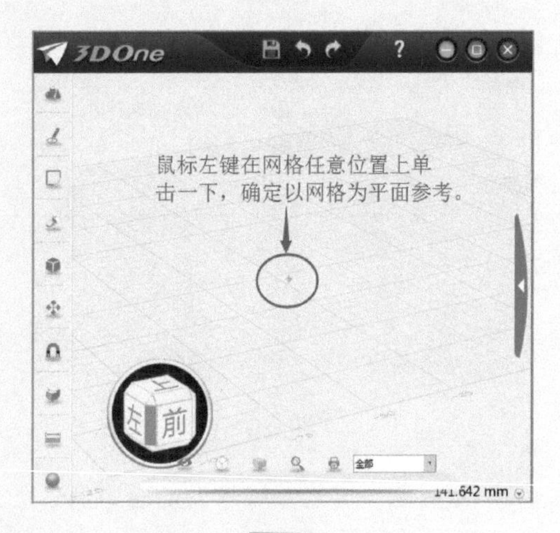

图 5-4

Step04 用鼠标左键单击“查看视图”→“自动对齐视图”图标，如图 5-5 所示。

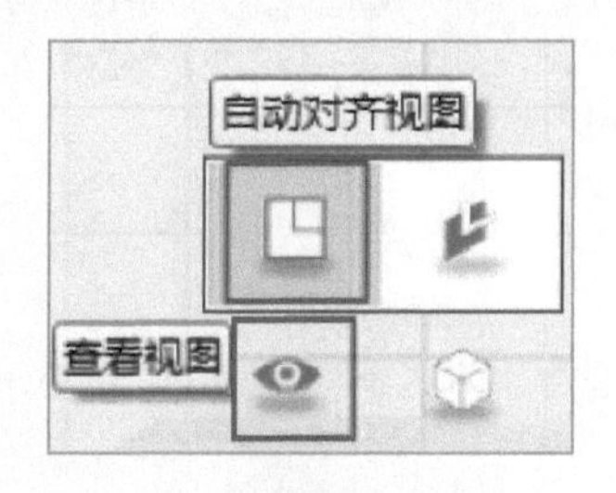

图 5-5

Step05 软件的操作界面会自动对齐为当前平面视图，如图 5-6 所示。

Step06 用鼠标左键在网格上单击一下，确定 S 曲线的第一个关键点，如图 5-7 所示。

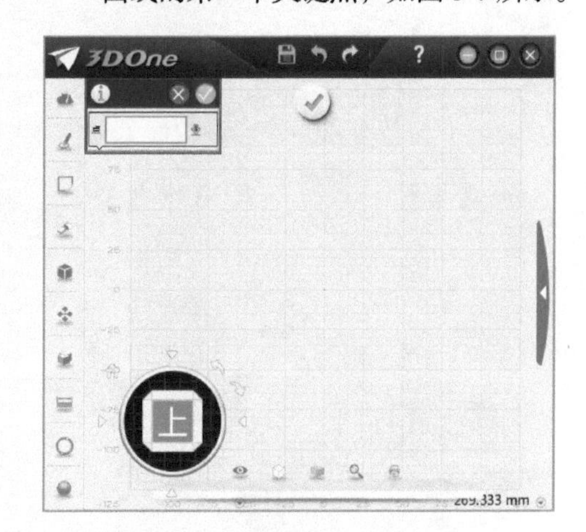

图 5-6

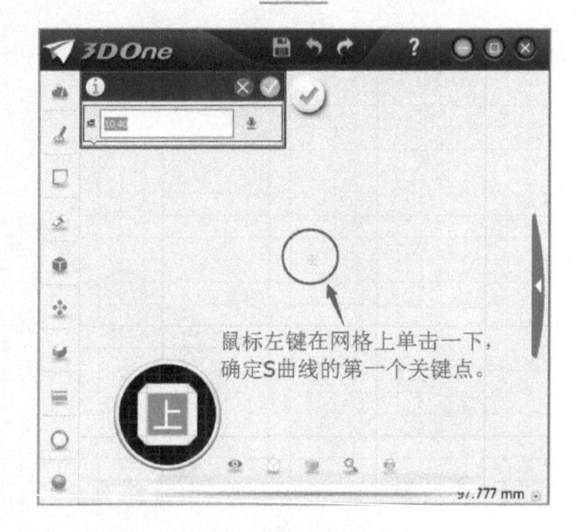

图 5-7

Step07 将光标移动至曲线的第二个关键点位置，单击鼠标左键确定S曲线的第二个关键点，如图5-8所示。

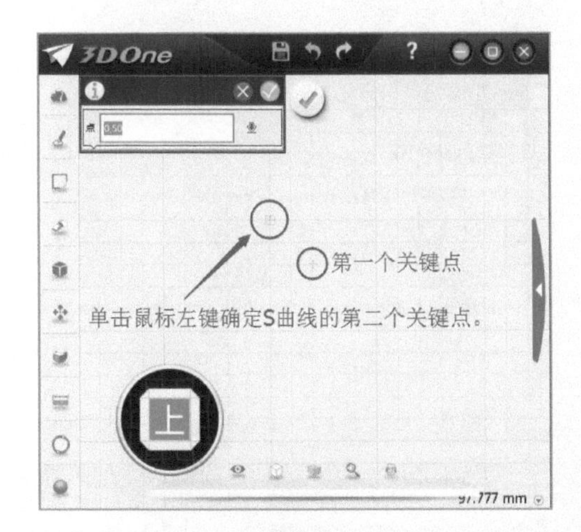

图5-8

Step08 单击鼠标左键，确定S曲线的第三个关键点，如图5-9所示。

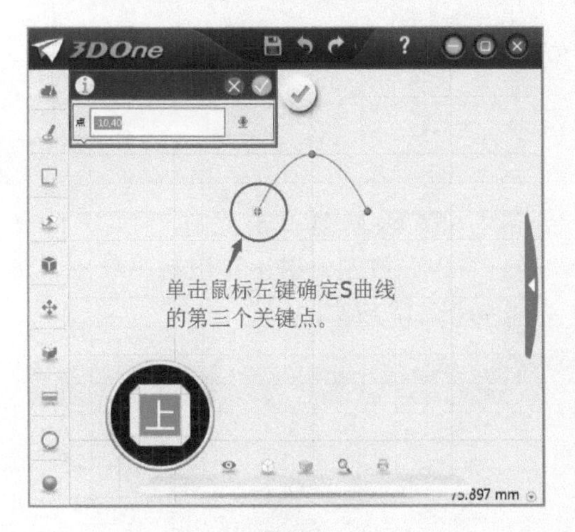

图5-9

Step09 如图5-10所示，单击鼠标左键，继续绘制S曲线的其他三个关键点。

Step10 S曲线的所有关键点绘制完毕后，用鼠标左键单击提示框中的"✓"按钮，如图5-11所示。

Step11 用鼠标左键单击操作界面中间的"✓"按钮，退出草图编辑状态，S曲线草图绘制完毕，如图5-12所示。

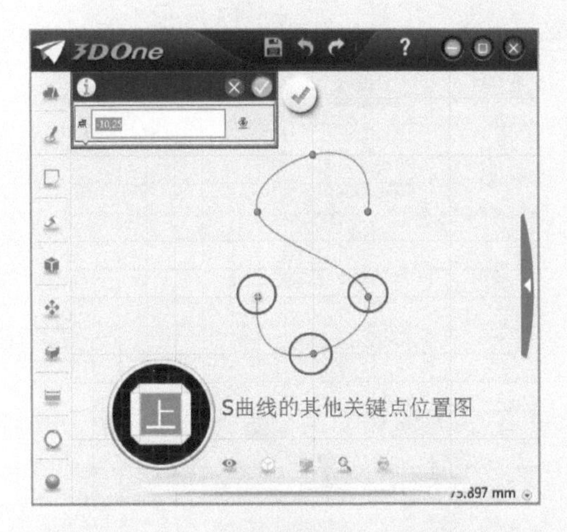

图5-10

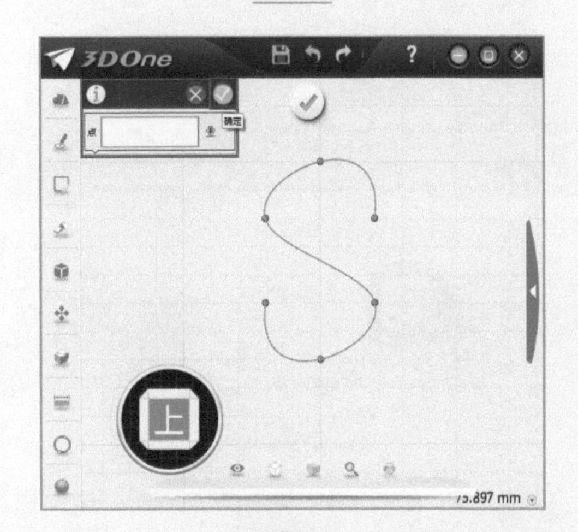

图5-11

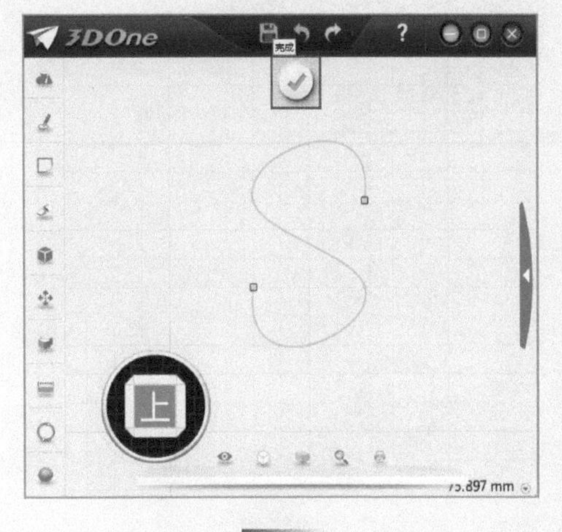

图5-12

Step12 用鼠标左键选择“草图绘制”→“圆形”工具，如图 5-13 所示。

图 5-13

Step13 将光标移动至 S 曲线的第一个关键点位置，单击鼠标左键，如图 5-14 所示。

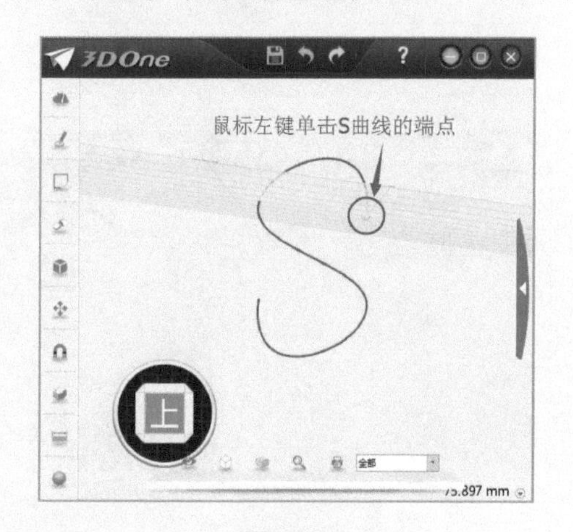

图 5-14

Step14 弹出如图 5-15 所示的提示框，用鼠标左键单击 S 曲线的第一个关键点，确定此点为圆心。

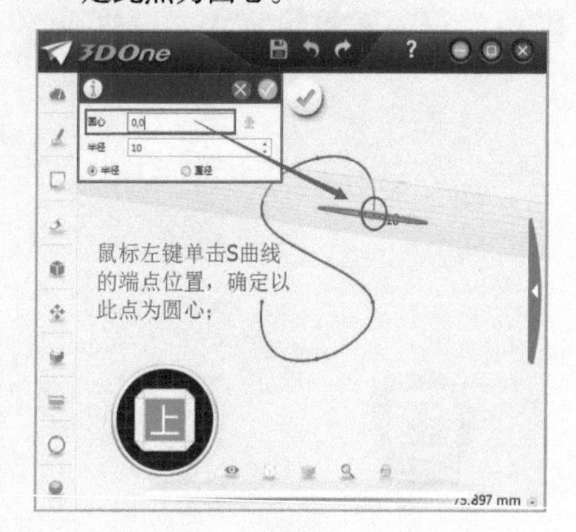

图 5-15

Step15 修改提示框中圆的半径值，在输入框中输入半径值“1”，按 <Enter> 键确定，如图 5-16 所示。

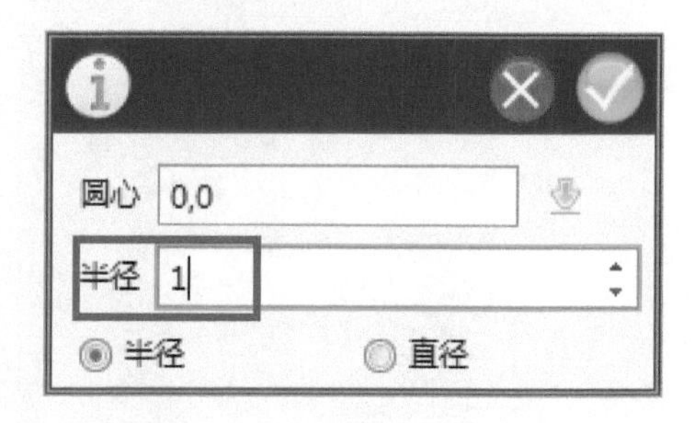

图 5-16

Step16 圆形绘制完毕，用鼠标左键单击提示框中的“✓”按钮，如图 5-17 所示。

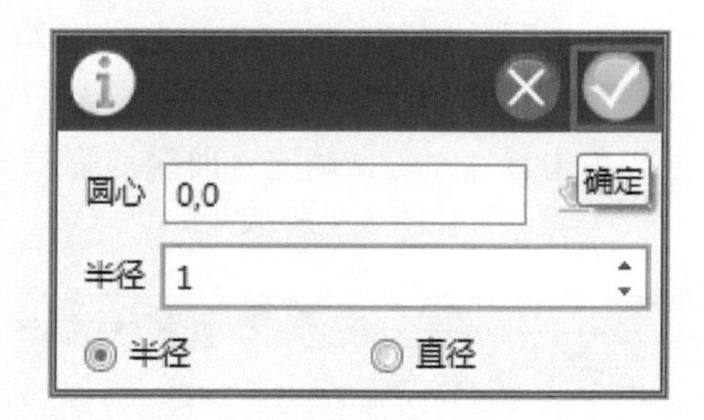

图 5-17

Step17 用鼠标左键单击操作界面中间的“✓”按钮，退出草图编辑状态，如图 5-18 所示。

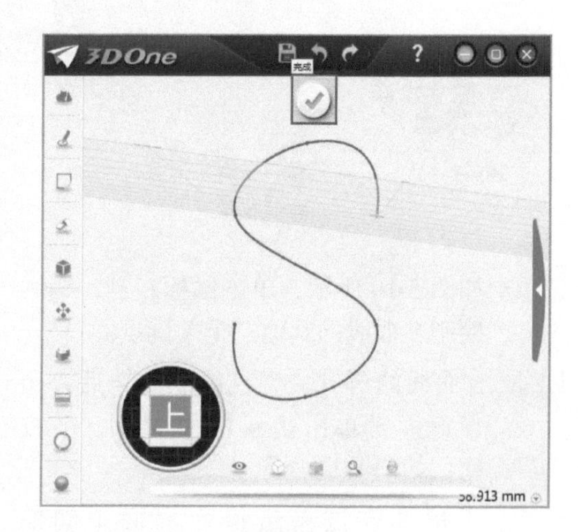

图 5-18

Step18 “S”形挂钩的圆形截面制作完毕，如图 5-19 所示。

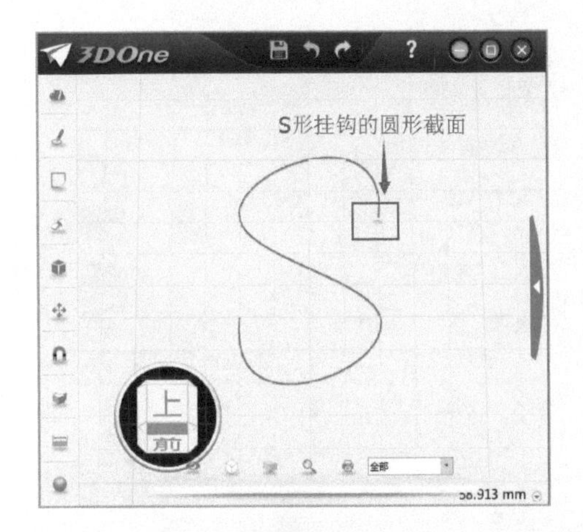

图 5-19

Step19 用鼠标左键单击选择菜单栏中的“特征造型”→“扫掠”命令，如图 5-20 所示。

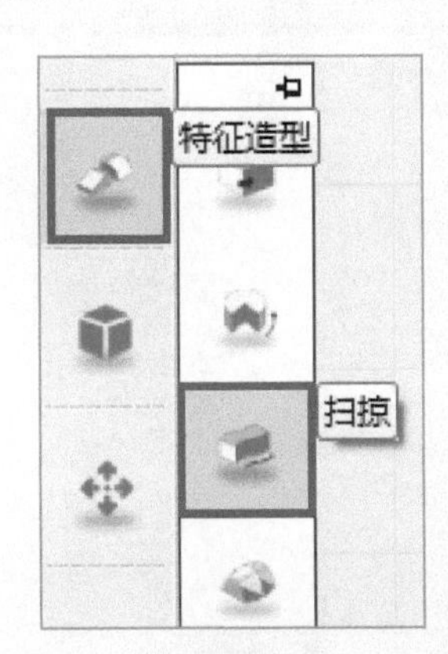

图 5-20

Step20 弹出如图 5-21 所示的扫掠提示框。

Step21 单击鼠标左键，选择圆形截面，对应提示框中的“轮廓 P1”，如图 5-22 所示。

Step22 用鼠标左键选择 S 曲线，对应提示框中的“路径 P2”，如图 5-23 所示。

Step23 用鼠标左键单击提示框中的“✓”按钮，“S”形挂钩制作完毕，如图 5-24 所示。

图 5-21

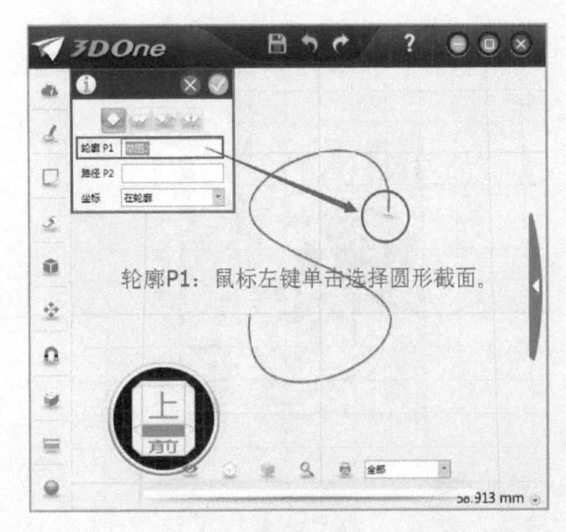

图 5-22

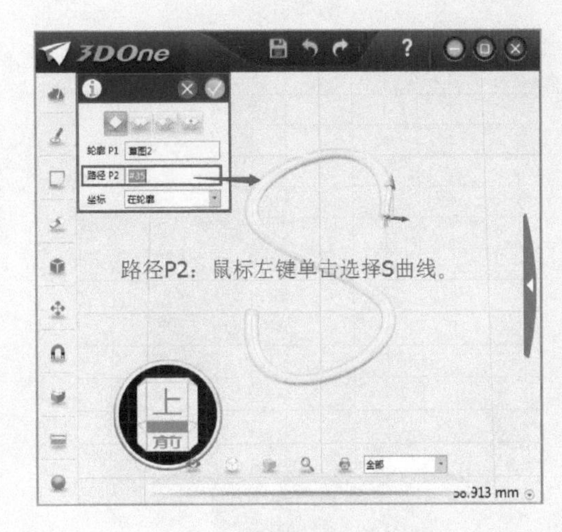

图 5-23

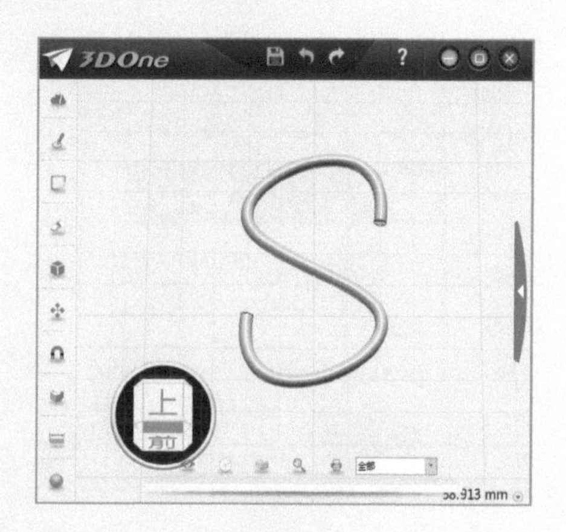

图 5-24

具体操作步骤请扫描下方二维码观看视频。

3D打印室

□ 我会将小组内所有的“S”形挂钩导入到打印机平台，如图 5-25 所示。

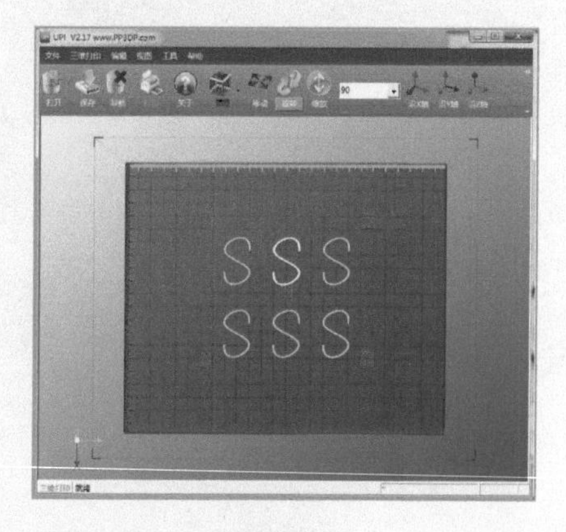

图 5-25

□ 我会调整“打印预览”中的设置选项，如图 5-26 所示。

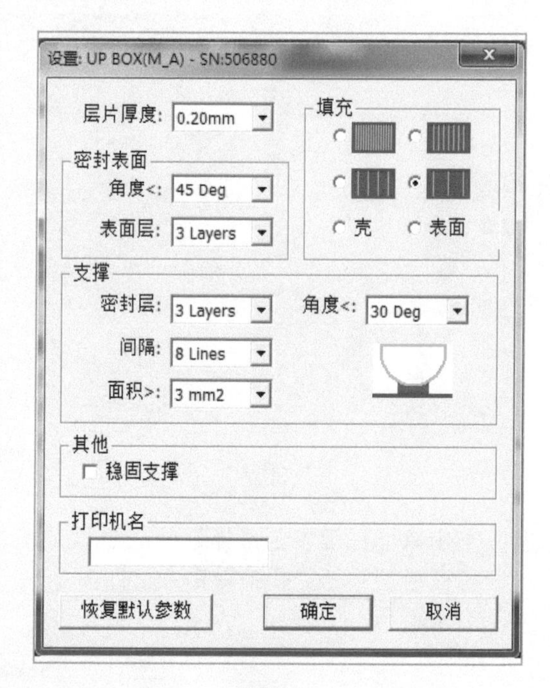

图 5-26

□ 我会结合“缩放”等功能，将打印时间控制在 30 分钟以内。

□ 打印设置调整完毕，开始打印“S”形挂钩吧！

□ 我认为“S”形挂钩需要改进的地方：

技能提升室

□ 我会观看下面的视频，自学另外两种“S”形挂钩的制作方法。

第一种制作方法（图 5-27）。

图 5-27

注：扫描下方二维码观看挂钩制作视频。

第二种制作方法（图 5-28）。

图 5-28

注：扫描下方二维码观看挂钩制作视频。

□ 我喜欢的制作方法是：

____

□ 我的理由是：

____

____

____

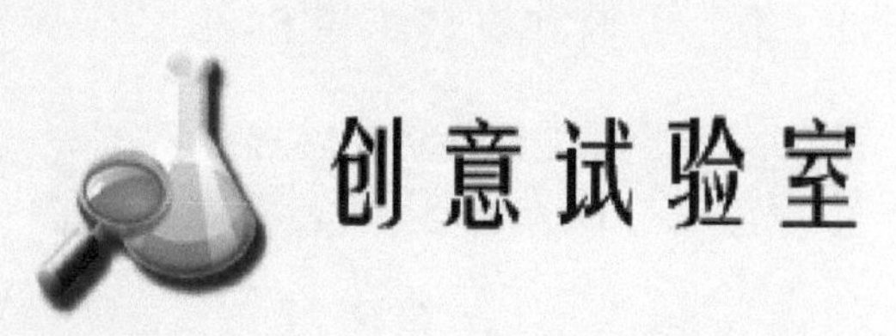

创意试验室

□我设计的挂钩草图是：

□我的设计理由是：

□让我尝试在软件中把自己设计的挂钩制作出来吧！

□让我来秀一下我的设计吧！

大家好，我是______小组的______。

我制作的挂钩用途是：

我们组其他同学制作的挂钩用途是：

姓名	挂钩	用途

我的制作体会是：

谢谢大家！

自我评价

□请同学们结合自己在课堂上的表现，填写下列表格进行自我评价。

自主测评表	
评分项目	评分等级
S形挂钩的制作能力	☆☆☆☆☆
绘制曲线、绘制圆	☆☆☆☆☆
扫掠、打印预览	☆☆☆☆☆
视频自学能力	☆☆☆☆☆
认真完成课堂任务	☆☆☆☆☆
积极参与团队讨论	☆☆☆☆☆
对模型制作的兴趣	☆☆☆☆☆
	☆☆☆☆☆
	☆☆☆☆☆
	☆☆☆☆☆
	☆☆☆☆☆
	☆☆☆☆☆
	☆☆☆☆☆
	☆☆☆☆☆
	☆☆☆☆☆

能力拓展

□请同学们观看视频，学会制作圆形挂钩。

注：扫描下方二维码观看挂钩制作视频。

第六节 奇趣七巧板

智慧拼图

益智设计

3D手工坊

奇思妙想

创意设计

创意作品

自我评价

能力拓展

智慧拼图

☐ 我们今天选出的组长是：

☐ 请各小组组长上台领取今天的拼图玩具，如图 6-1 所示。

图 6-1

☐ 请各小组同学在 3 分钟内用七巧板拼凑出图 6-2 中的任意一种图案，用时最快的小组可获得虚拟币。

图 6-2

益智设计

☐ 让我们来制作纸质的七巧板吧！

Step01 在纸板上画一个大小为 48mm × 48mm 的正方形，如图 6-3 所示。

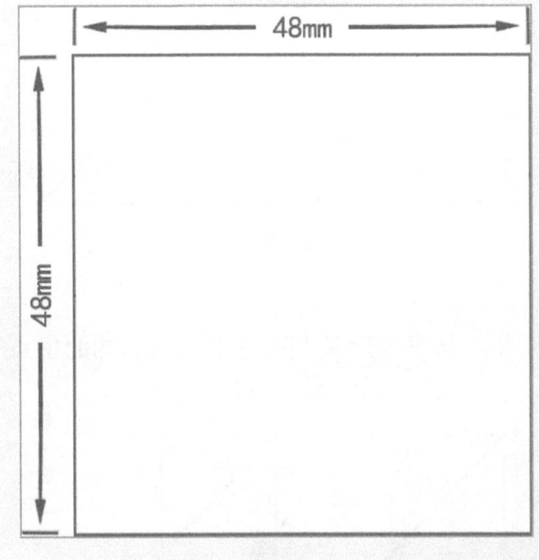

图 6-3

Step02 将正方形等分为 16 个小方格，如图 6-4 所示。

图 6-4

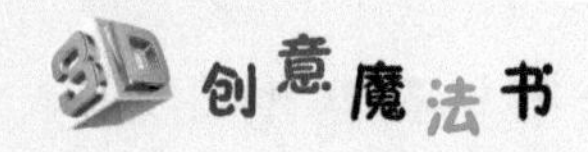

Step03 从正方形的左上角端点到右下角端点连接一条对角线，如图 6-5 所示。

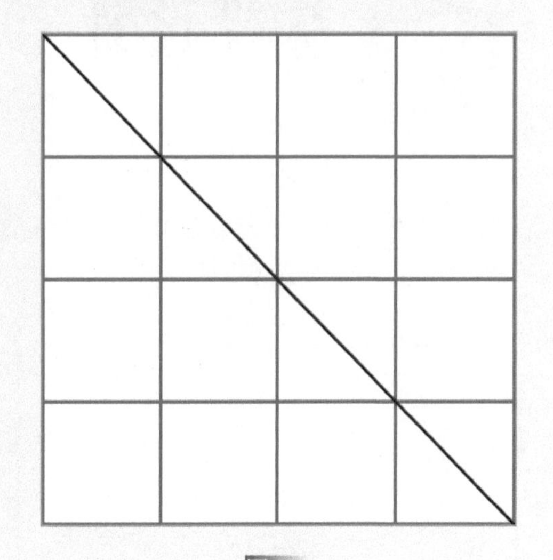

图 6-5

Step04 从正方形最上面的中点到右侧的中点连接一条直线，如图 6-6 所示。

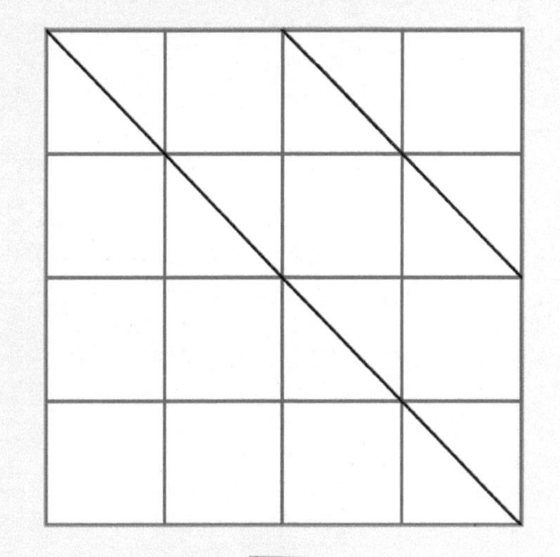

图 6-6

Step05 从正方形的左下角端点到右上角端点画一条直线，碰到第二条连接线时终止，如图 6-7 所示。

Step06 将正方形左上角和右下角这条对角线的四分之一处与最上面的中点位置相连，如图 6-8 所示。

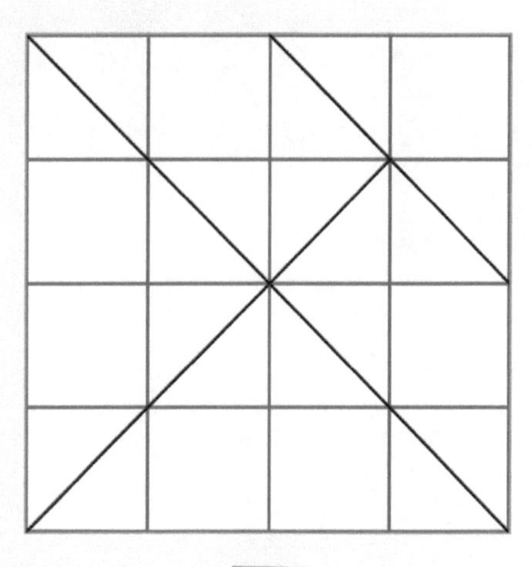

图 6-7

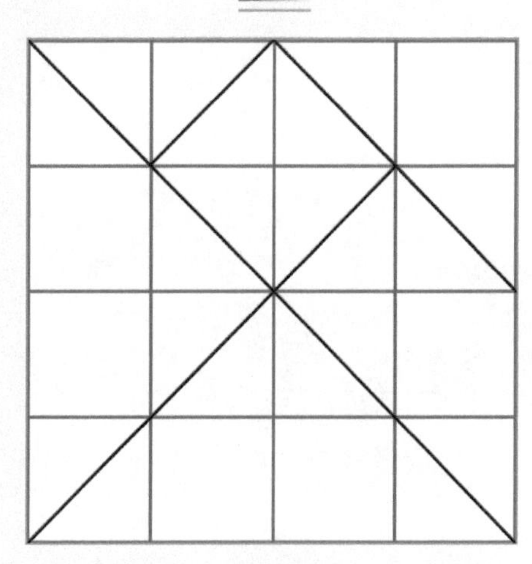

图 6-8

Step07 给方框中的七个形状分别涂上不同的颜色，并用剪刀沿着黑线条剪开，一个全新的纸质七巧板就制作好了，如图 6-9 所示。

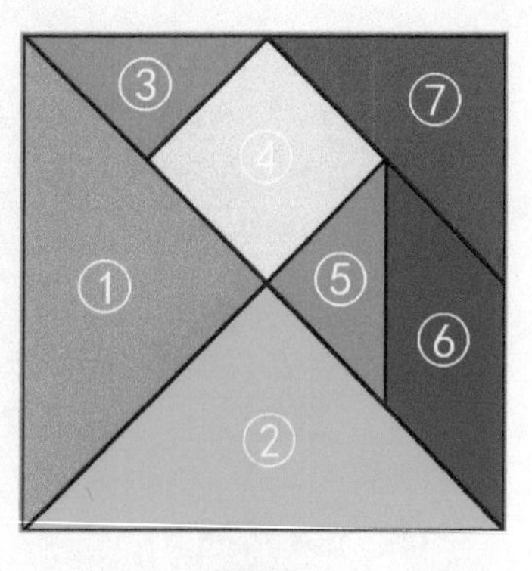

图 6-9

具体操作步骤请扫描下方二维码观看视频。

□ 我会对七巧板进行测量，然后将每块七巧板的尺寸都标注在下列图框中。

第一块七巧板的尺寸如图6-10所示。

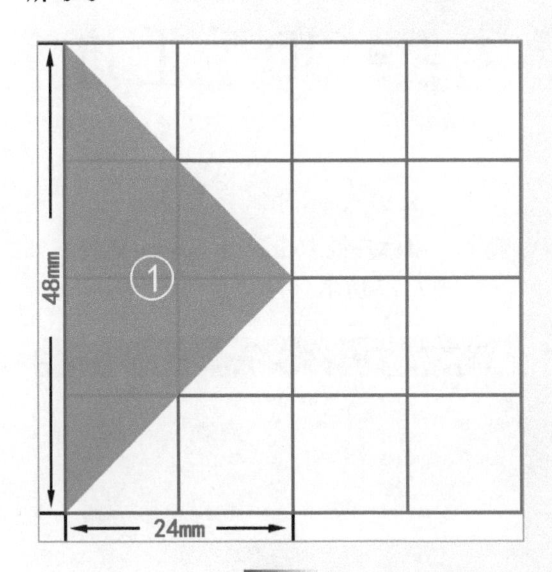

图 6-10

第二块七巧板的尺寸如图6-11所示。

第三块七巧板的尺寸如图6-12所示。

第四块七巧板的尺寸如图6-13所示。

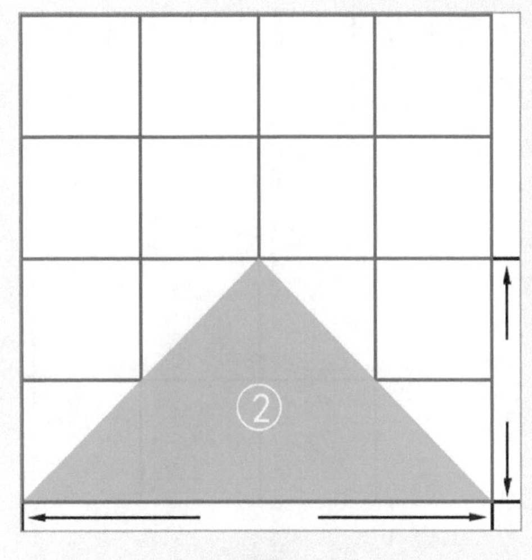

图 6-11

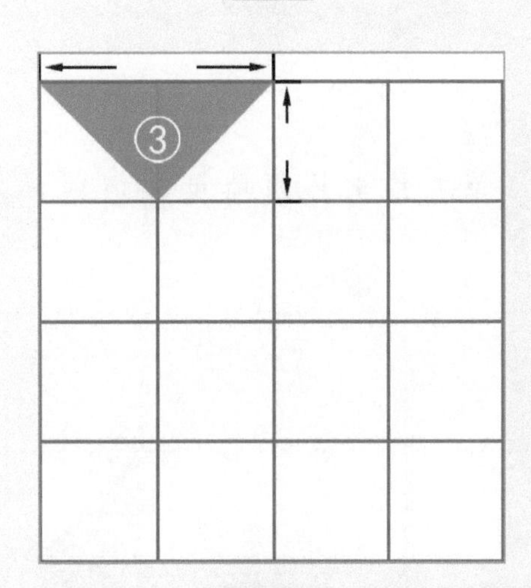

图 6-12

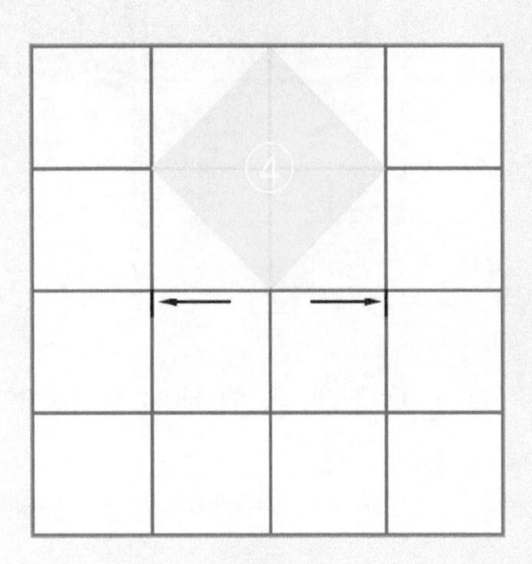

图 6-13

第五块七巧板的尺寸如图 6-14 所示。

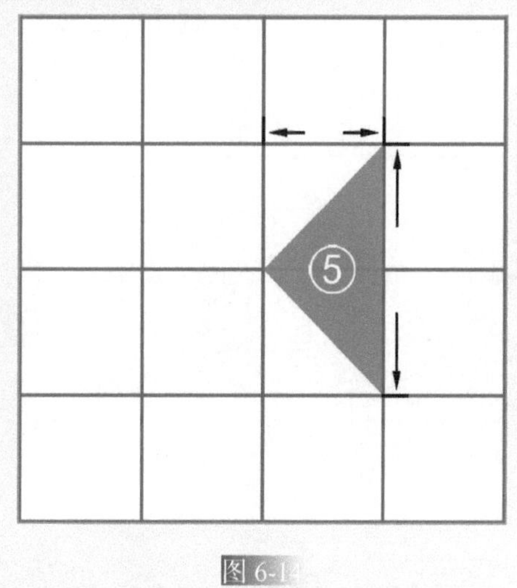

图 6-14

第六块七巧板的尺寸如图 6-15 所示。

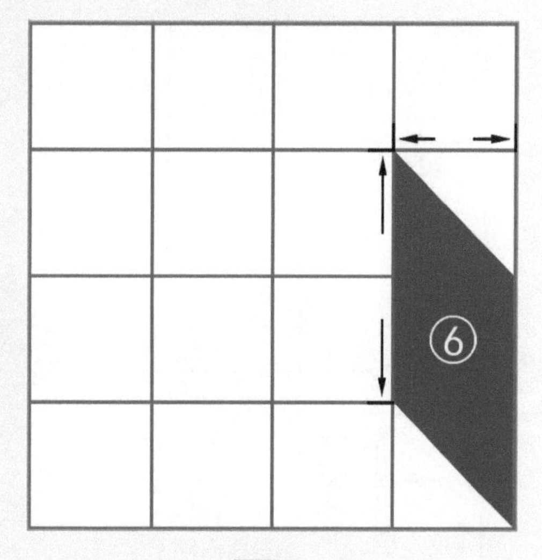

图 6-15

第七块七巧板的尺寸如图 6-16 所示。

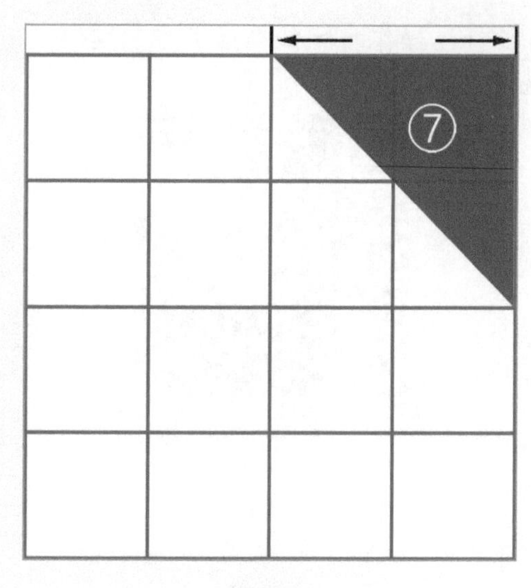

图 6-16

3D手工坊

第一块七巧板的制作步骤：

Step01 用鼠标左键双击打开 3DOne 软件，如图 6-17 所示。

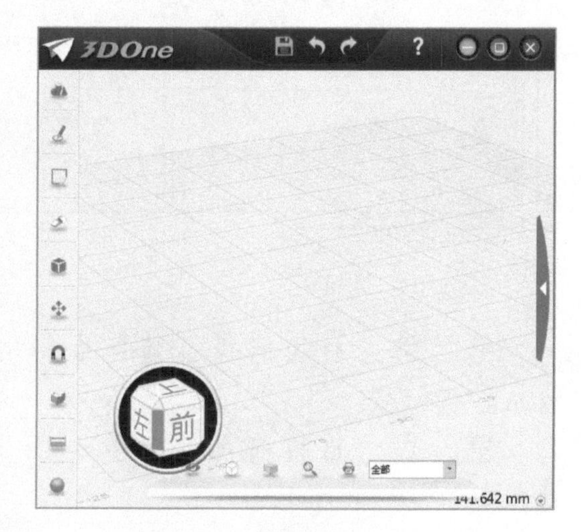

图 6-17

Step02 用鼠标左键单击选择菜单栏中的“草图绘制”→“矩形”工具，如图 6-18 所示。

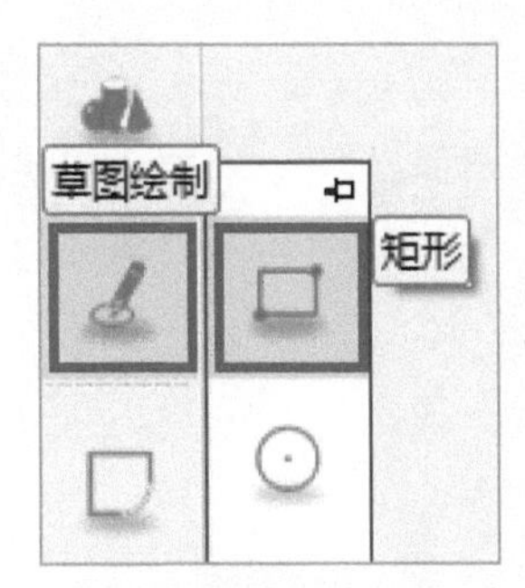

图 6-18

Step03 用鼠标左键在网格任意位置上单击一下，确定以网格为平面参考，如图 6-19 所示。

图 6-19

Step04 用鼠标左键单击“查看视图”→“自动对齐视图”图标，如图 6-20 所示。

Step05 软件的操作界面则自动对齐为当前平面视图，如图 6-21 所示。

Step06 用鼠标左键在网格任意位置上单击一下，确定矩形的“点 1”位置，如图 6-22 所示。

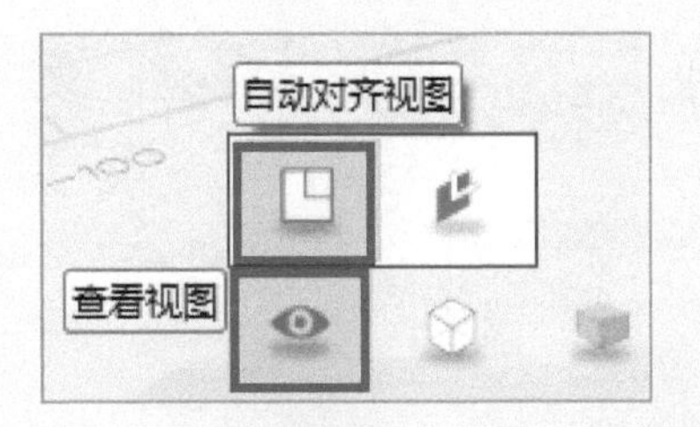

图 6-20

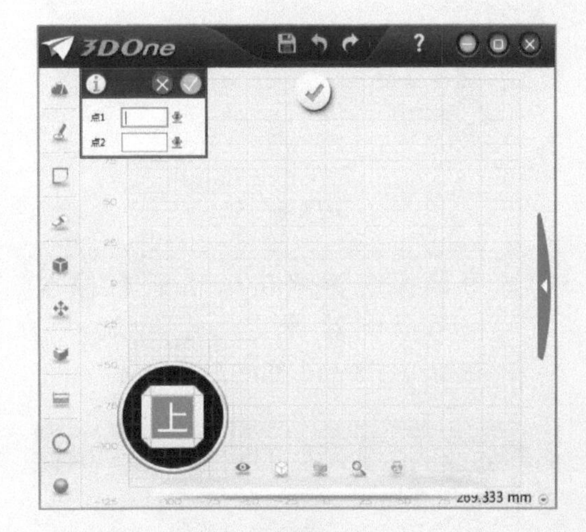

图 6-21

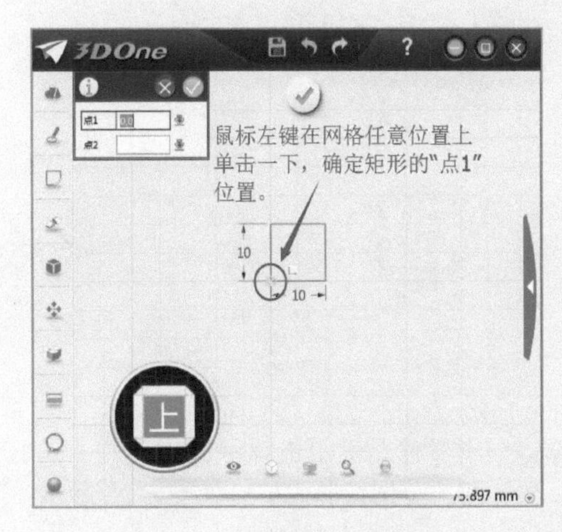

图 6-22

Step07 移动鼠标，待光标移动一定距离后，用鼠标左键在网格上单击一下，确定矩形的“点 2”位置，如图 6-23 所示。

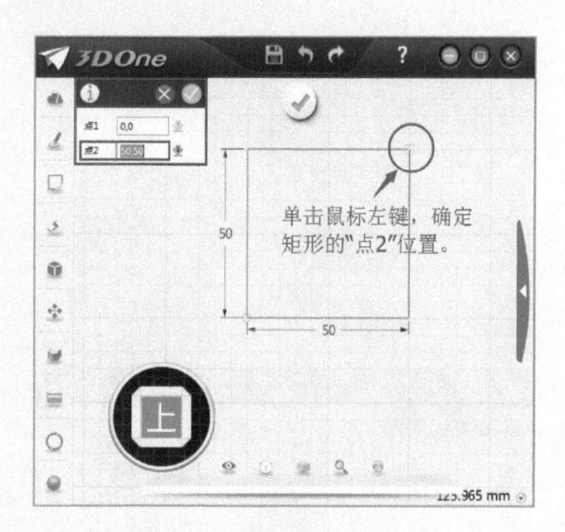

图 6-23

Step08 用鼠标左键单击数值进行修改，按 <Enter> 键确定，矩形尺寸为 48mm × 48mm，如图 6-24 所示。

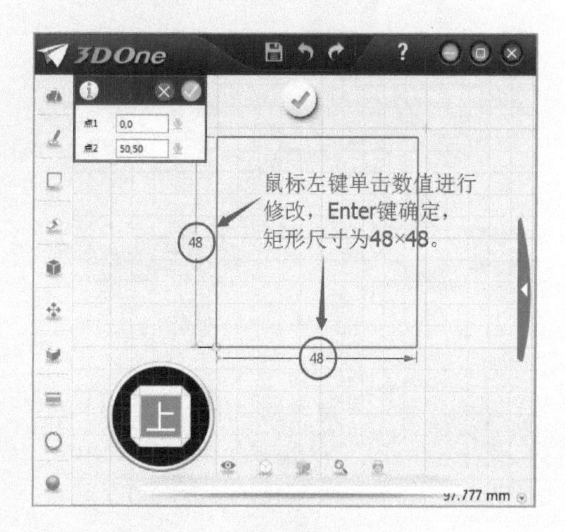

图 6-24

Step09 用鼠标左键单击提示框中的"✓"按钮，草图绘制完毕，如图 6-25 所示。

Step10 用鼠标左键单击菜单栏中的"草图绘制"→"直线"工具，如图 6-26 所示。

Step11 用鼠标左键在正方形端点 A 的位置上单击一下，确定此点为直线的"点 1"，如图 6-27 所示。

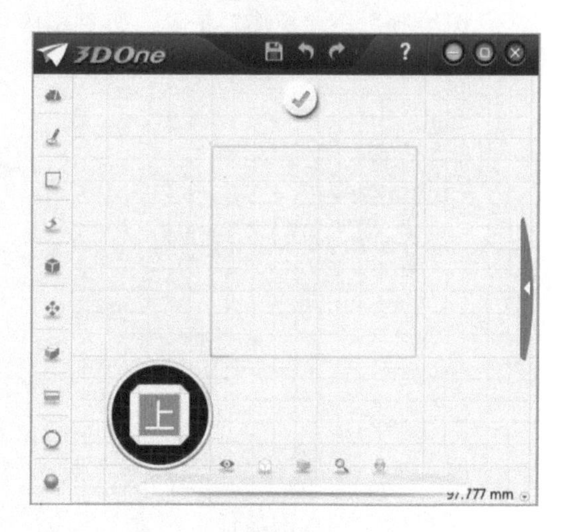

图 6-25

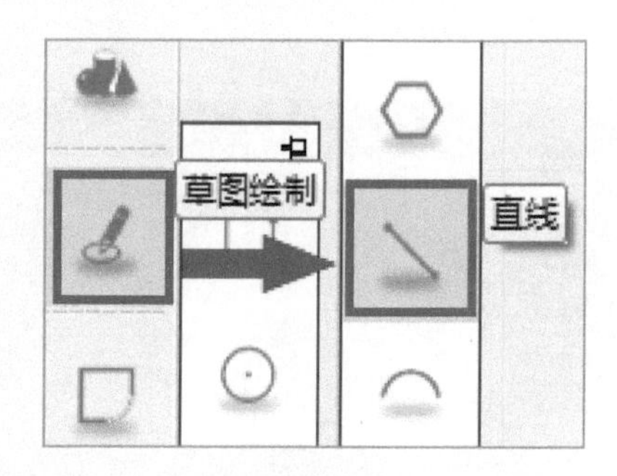

图 6-26

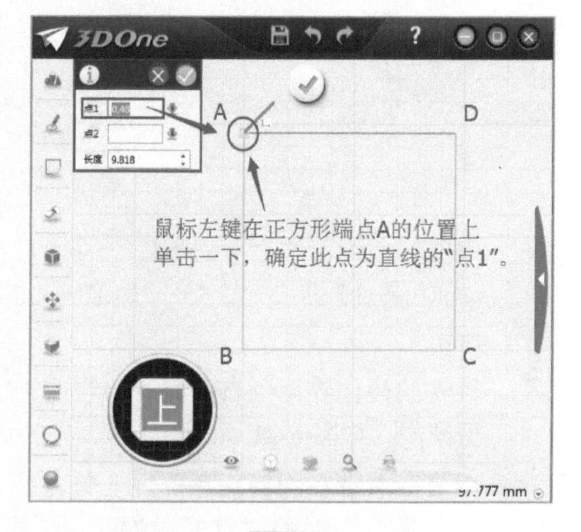

图 6-27

Step12 用鼠标左键在正方形端点 C 的位置上单击一下，确定此点为直线的“点 2”位置，如图 6-28 所示。

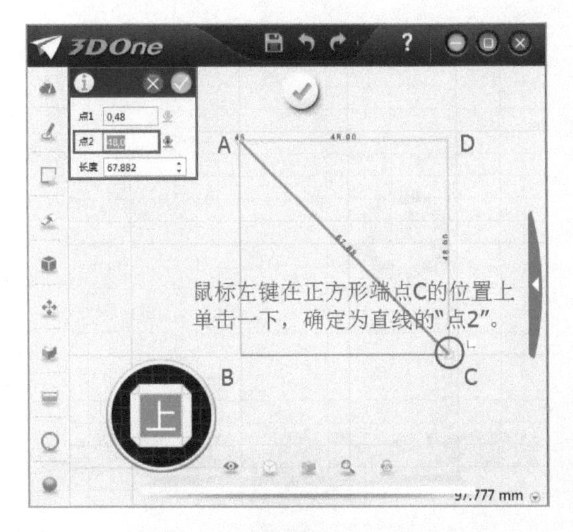

图 6-28

Step13 用鼠标左键单击提示框中的“✓”按钮，正方形 ABCD 的对角线 AC 连接完毕，如图 6-29 所示。

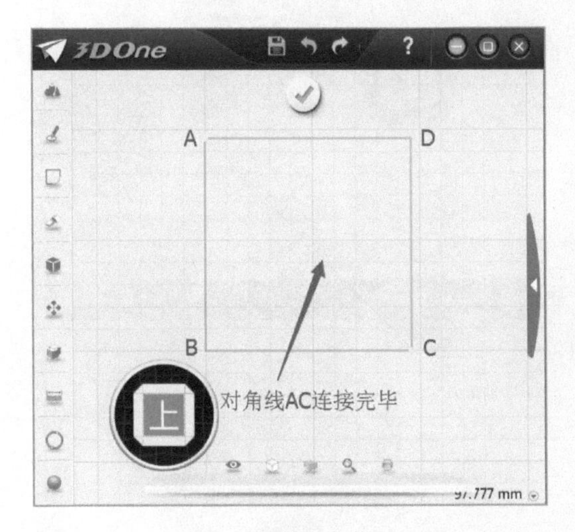

图 6-29

Step14 用鼠标左键选择菜单栏中的“草图绘制”→“直线”工具，连接正方形 ABCD 的另一条对角线 BD，直线“点 1”为正方形端点 B，直线“点 2”为正方形端点 D，如图 6-30 所示。

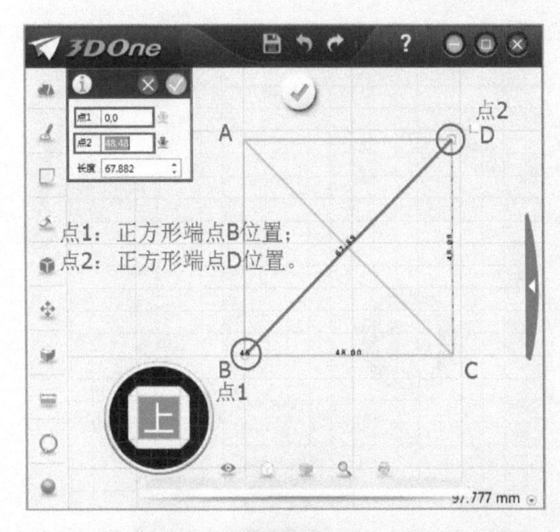

图 6-30

Step15 用鼠标左键单击提示框中的“✓”按钮，正方形 ABCD 的两条对角线都连接完毕，如图 6-31 所示。

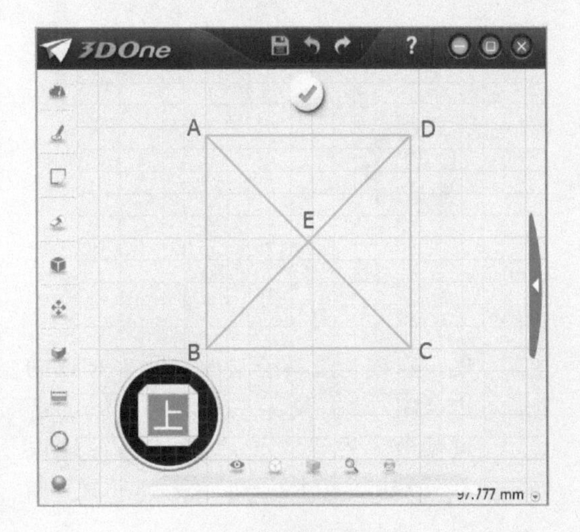

图 6-31

Step16 用鼠标左键单击操作界面中间的“✓”按钮，退出草图编辑状态，如图 6-32 所示。

Step17 用鼠标左键选择菜单栏中的“草图绘制”→“直线”工具，再在网格的任意位置上单击一下，确定以网格为平面参考，如图 6-33 所示。

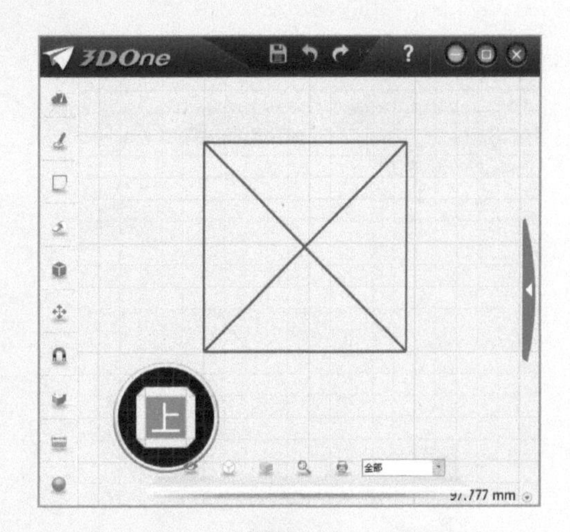

图 6-32

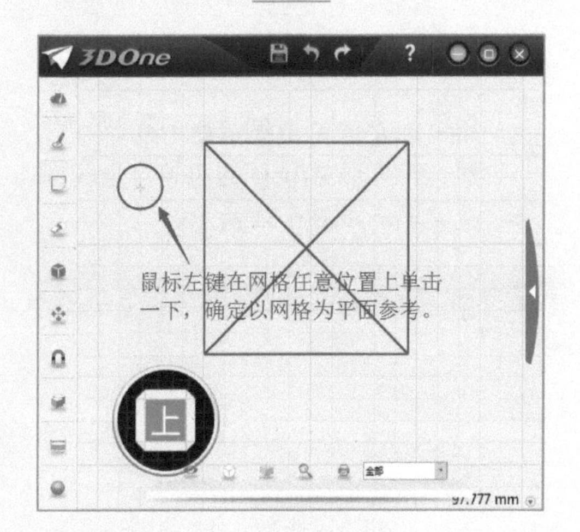

图 6-33

Step18 用“直线”工具绘制正方形ABCD的边AB，单击鼠标左键确定直线的端点位置，直线“点1”为正方形端点A，直线“点2”为正方形端点B，如图6-34所示。

Step19 用鼠标左键单击提示框中的“✓”按钮，三角形ABE的边AB绘制完毕，如图6-35所示。

Step20 继续选择“直线”工具，以网格为平面参考，绘制三角形ABE的边BE，直线“点1”为正方形的端点B，“点2”为正方形的中心点E，如图6-36所示。

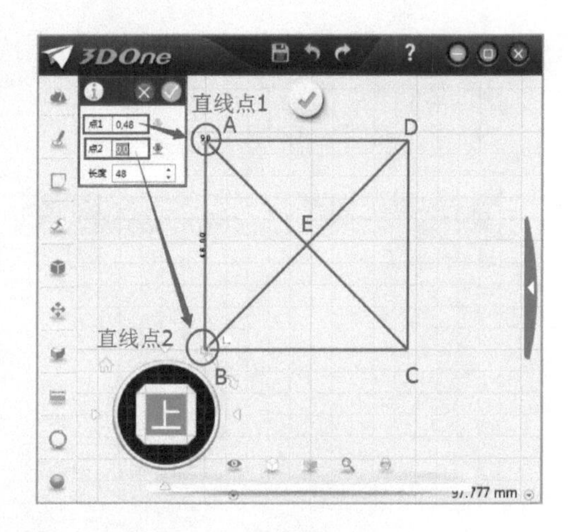

图 6-34

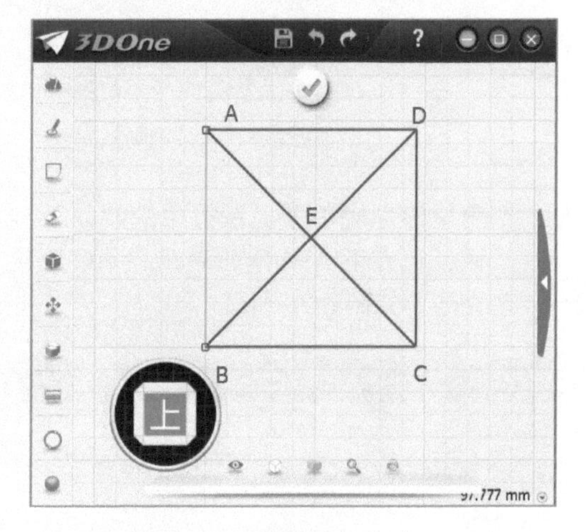

图 6-35

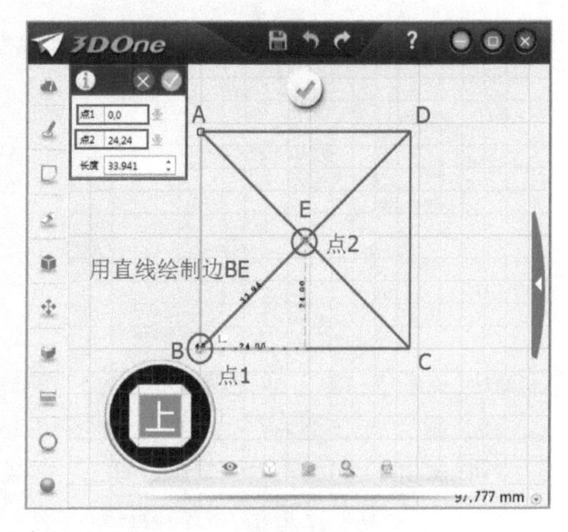

图 6-36

Step21 继续选择“直线”工具，以网格为平面参考，绘制三角形ABE的边AE，直线“点1”为正方形的端点A，“点2”为正方形的中心点E，如图6-37所示。

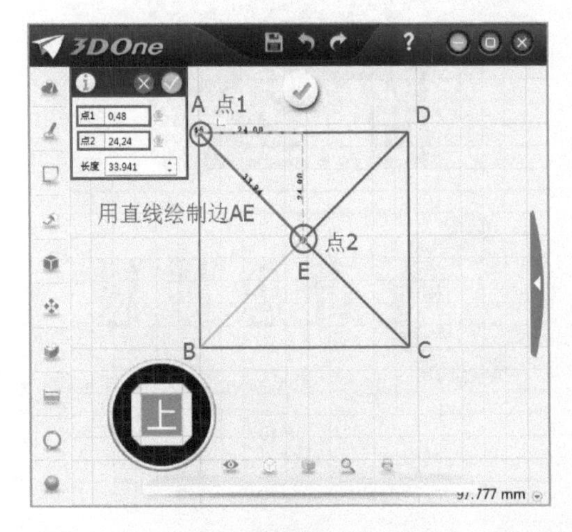

图6-37

Step22 三角形ABE的三条边绘制完毕，如图6-38所示。绘制三角形时，要注意三条线段的端点必须重合。

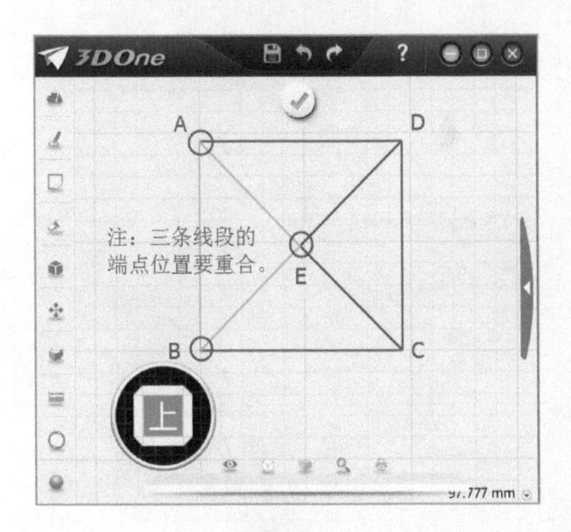

图6-38

Step23 用鼠标左键单击操作界面中间的“✓”按钮，退出草图编辑状态，三角形ABE的草图绘制完毕，如图6-39所示。

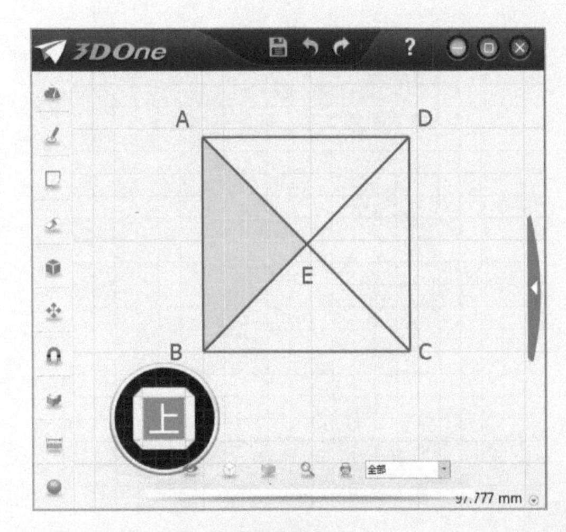

图6-39

Step24 用鼠标左键单击选中矩形辅助线，按<Delete>键将其删除，如图6-40所示。

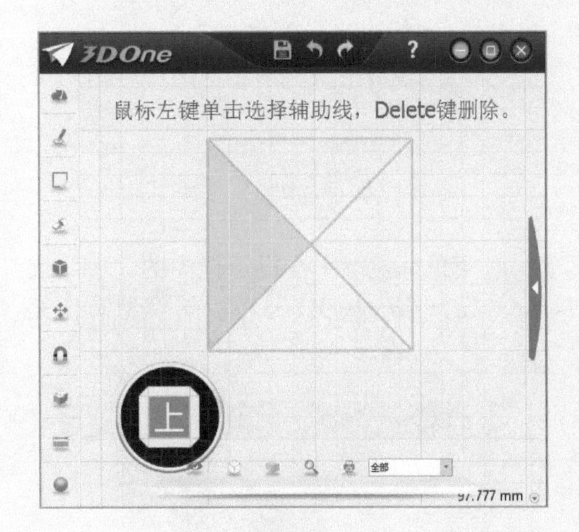

图6-40

Step25 用鼠标左键单击选中三角形，弹出如图6-41所示的Minibar窗口，单击“拉伸”命令。

Step26 弹出如图6-42所示的拉伸提示框，用鼠标左键单击数值进行修改，按<Enter>键确定，三角形的拉伸值为“2”。

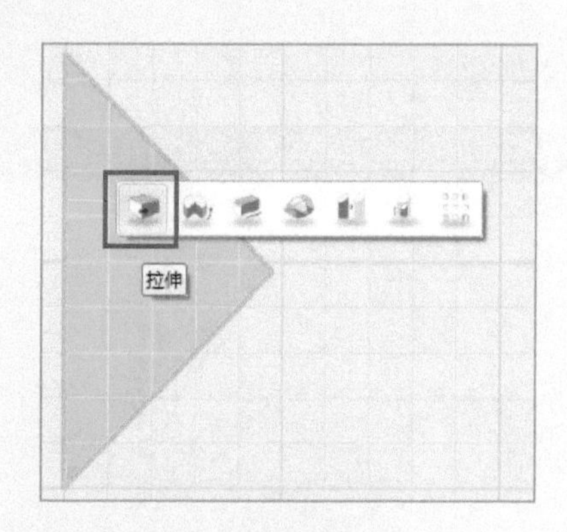

图 6-41

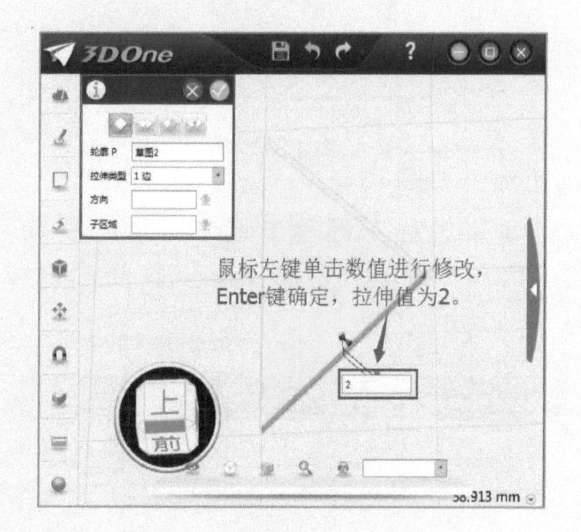

图 6-42

Step27 用鼠标左键单击提示框中的"✓"按钮，第一块 3D 七巧板的模型制作完毕，如图 6-43 所示。

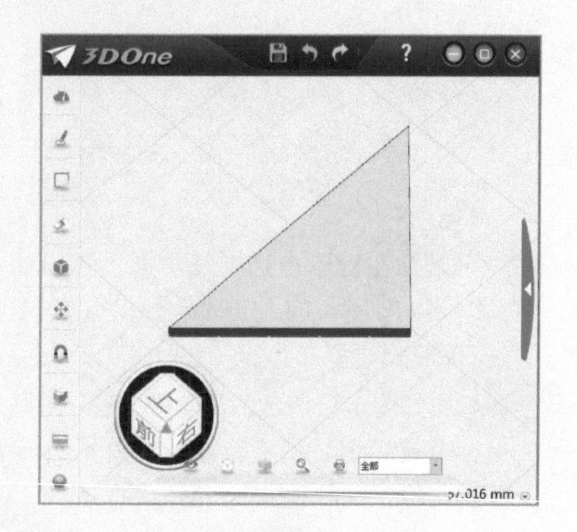

图 6-43

具体操作步骤请扫描下方二维码观看视频。

奇思妙想

□七巧板的模型制作，我们组是这样分配的：

七巧板制作分配表		
七巧板	是否完成	负责人
①	是（　　） 否（　　）	
②	是（　　） 否（　　）	
③	是（　　） 否（　　）	
④	是（　　） 否（　　）	
⑤	是（　　） 否（　　）	
⑥	是（　　） 否（　　）	
⑦	是（　　） 否（　　）	

□ 小组内七巧板制作完毕，我将所有的七巧板同时摆放到打印平台上。

□ 我打印七巧板的放置方式是：

____

□ 我认为这样放置的好处是：

____

____

□ 在不改变七巧板大小的情况下，我通过调整“设置”参数：

____

____

将打印时间控制在30分钟以内。

□ 开始打印七巧板吧！

注：扫描下方二维码可直接观看其他七巧板的制作视频。

创意设计

□ 我设计的N巧板草图是：

□ 我用剪刀把自己设计的N巧板形状剪下来进行拼图。

□ 让我们在（5、10、15、___）分钟内比一比，看谁用N巧板设计的图案最多。

□ 让我们给自己的N巧板作品涂上不同颜色吧！

□ 我自己设计的N巧板图案有：

1	2
3	4

5	6
7	8

□ 我们组设计图案最多的同学是：

____

□ 我今天的设计收获是：

____

____

____

创意作品

□ 我要上台展示我的N巧板作品。

大家好，我是______小组的______。
我的N巧板是由______________

____

____

____

______________组成的！
我用N巧板组成的图案有：

谢谢大家！

自我评价

□请同学们结合自己在课堂上的表现，填写下列表格进行自我评价。

自主测评表	
评分项目	评分等级
七巧板制作能力	☆☆☆☆☆
七巧板拼图能力	☆☆☆☆☆
直线绘制、拉伸	☆☆☆☆☆
N巧板设计能力	☆☆☆☆☆
N巧板拼图能力	☆☆☆☆☆
认真完成课堂任务	☆☆☆☆☆
积极参与团队讨论	☆☆☆☆☆
对七巧板的兴趣	☆☆☆☆☆
	☆☆☆☆☆
	☆☆☆☆☆
	☆☆☆☆☆
	☆☆☆☆☆
	☆☆☆☆☆
	☆☆☆☆☆
	☆☆☆☆☆

能力拓展

□请同学们用自己制作的七巧板进行拼图游戏比赛，看谁能最快拼出下列三组图案！

第一组（图6-44）：

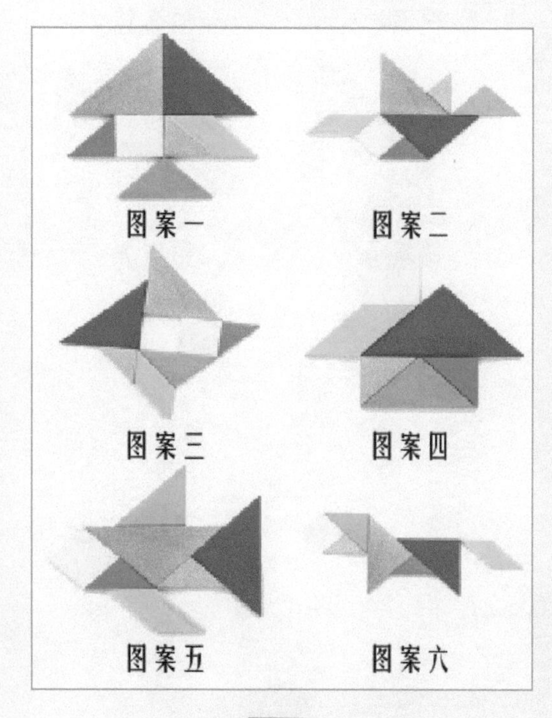

图6-44

第二组（图 6-45）：

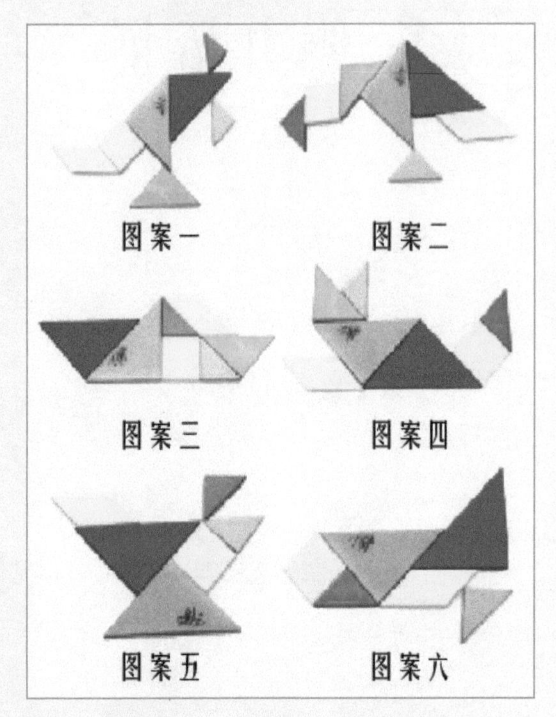

图 6-45

第三组（图 6-46）：

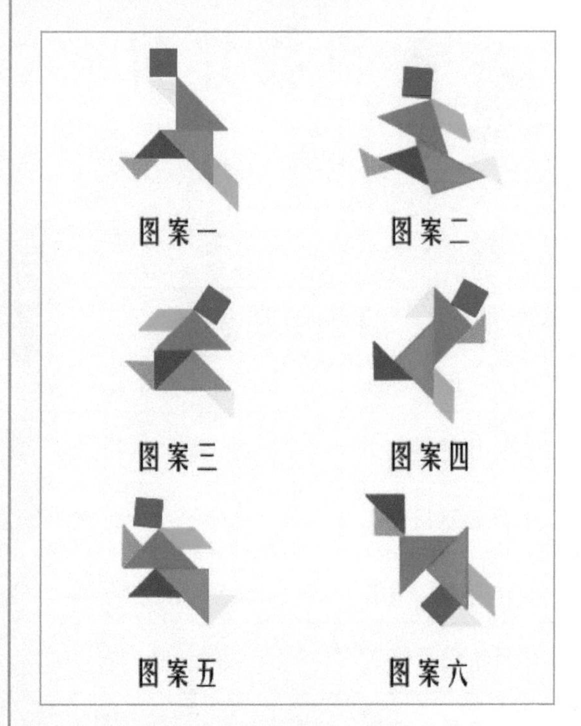

图 6-46

第七节 创想华容道

兵临曹营

□我们今天选出的组长是：

① 赤壁之战，曹军遭遇火攻，死伤惨重。曹操大败逃跑，沿路遭遇了张飞、赵云等人的截杀，身边只剩下几百人。

② 诸葛亮早料定曹操会从华容道逃跑，就让关羽带兵埋伏在这。此时曹操已经走投无路，便请求关羽看在往日的情份上放他一马。

③ 关羽是一个义重如山的人，想起当日曾受曹操许多恩义，又见曹军个个惶恐不安、皆欲流泪的样子，心肠一软，就放了曹操他们。自己则顶着军令状去向诸葛亮（孔明）请罪。

华容道游戏就是依照“曹瞒兵败走华容，正与关公狭路逢。只为当初恩义重，放开金锁走蛟龙”这一故事情节设计的。

“华容道”棋盘上共摆有10个大小不一样的棋子，它们分别代表曹操、张飞、赵云、马超、黄忠和关羽，还有四个卒。棋盘上仅有两个小方格空着，通过这两个空格来移动棋子，用最少的步数把曹操救出华容道。

□ 我会观看视频了解华容道故事。

注：扫描下方二维码可直接观看视频。

巧过五关

□ 读完故事，看完视频，让我们自己编一个华容道的微短剧，向大家介绍华容道的故事。让我们来比一比，看哪个组表演的微短剧最精彩！

□ 微短剧表演最精彩的小组是：

____

□ 我评选的理由是：

____

____

____

____

□ 华容道游戏中所有人物棋子的示意图如下：

棋子一：

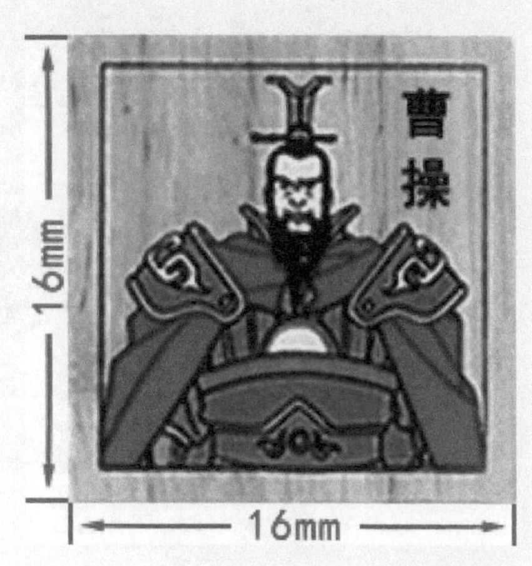

棋子二：

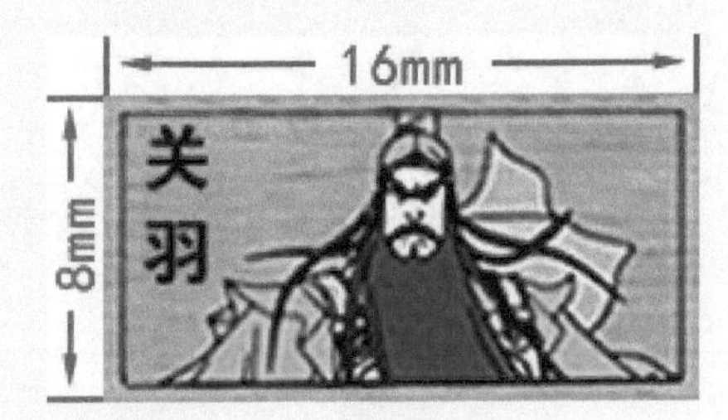

棋子三：　　棋子四：

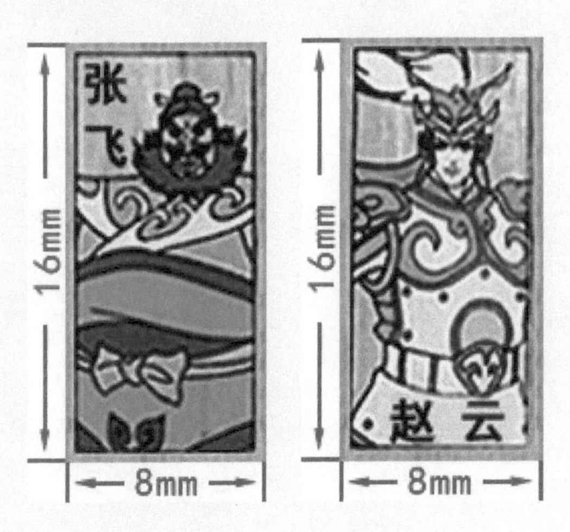

棋子五：　　棋子六：

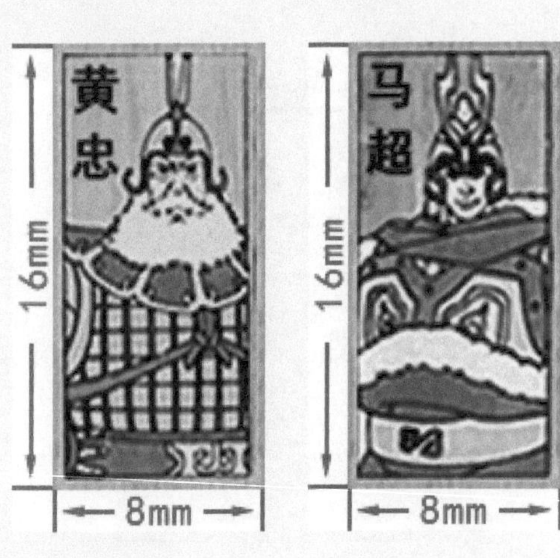

棋子七：　　棋子八：

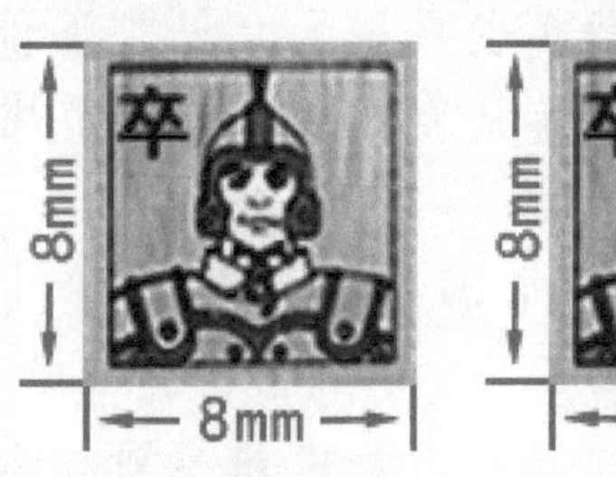

棋子九：　　棋子十：

卒

8mm

8mm

卒

8mm

8mm

□ 我会试着用不同颜色代表不同的棋子，将所有棋子都摆放到下面的棋盘里面，棋盘中的格子尺寸均为8mm × 8mm。

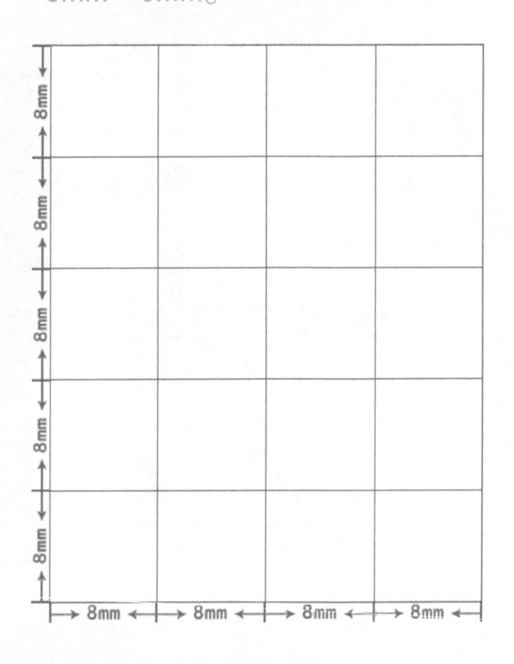

□ 华容道的模型制作，我们组是这样分配的：

华容道制作分配表		
华容道	是否完成	负责人
曹 操	是（ ）否（ ）	
关 羽	是（ ）否（ ）	
张 飞	是（ ）否（ ）	
赵 云	是（ ）否（ ）	
黄 忠	是（ ）否（ ）	
马 超	是（ ）否（ ）	
卒 一	是（ ）否（ ）	
卒 二	是（ ）否（ ）	
卒 三	是（ ）否（ ）	
卒 四	是（ ）否（ ）	
棋 盘	是（ ）否（ ）	

调兵遣将

□ 让我来挑选一条适合自己的学习路径，开始学习吧！

□ 棋子一“曹操”的制作步骤：

Step01 用鼠标左键双击打开 3DOne 软件，如图 7-1 所示。

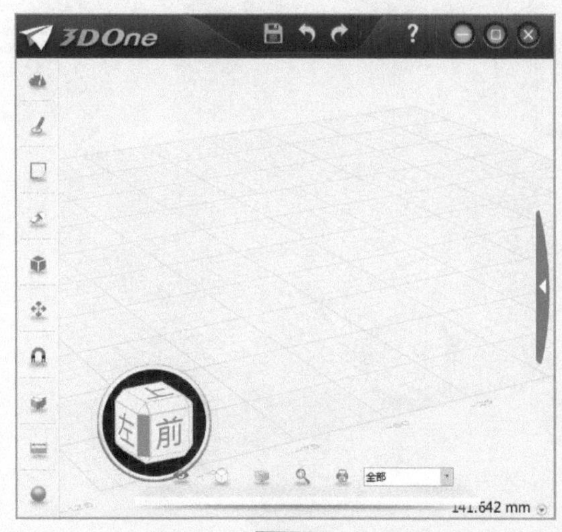

图 7-1

Step02 用鼠标左键选择菜单栏中的“基本实体”→“六面体”工具，如图 7-2 所示。

图 7-2

Step03 用鼠标左键在网格任意位置上单击一下，确定六面体位置，如图 7-3 所示。

图 7-3

Step04 用鼠标左键单击数值进行修改，按<Enter>键确定，六面体的尺寸为16mm×16mm×2 mm，如图7-4所示。

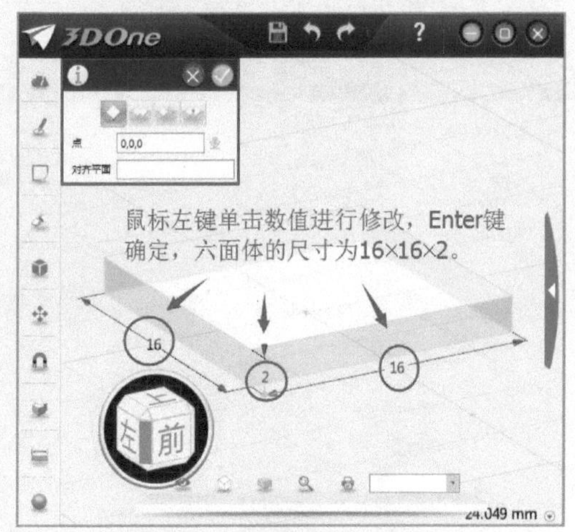

图 7-4

Step05 用鼠标左键单击提示框“✓”按钮，六面体创建完毕，如图7-5所示。

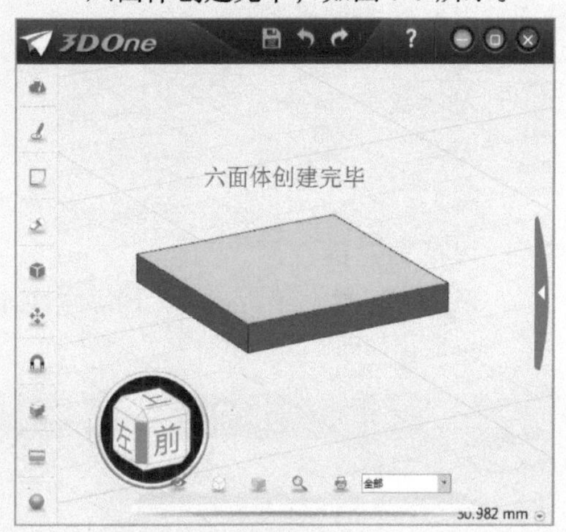

图 7-5

Step06 用鼠标左键单击软件左下角视图导航器中的“上”，如图7-6所示。

图 7-6

Step07 软件的操作界面则自动对齐为当前平面视图，如图7-7所示。

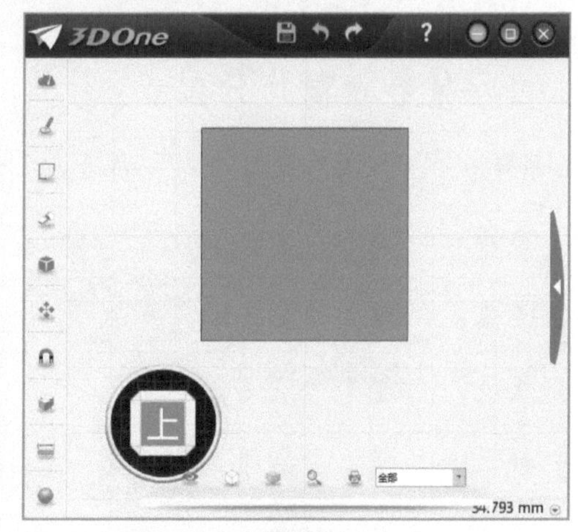

图 7-7

Step08 用鼠标左键选择菜单栏中的“草图绘制”→“预制文字”工具，如图7-8所示。

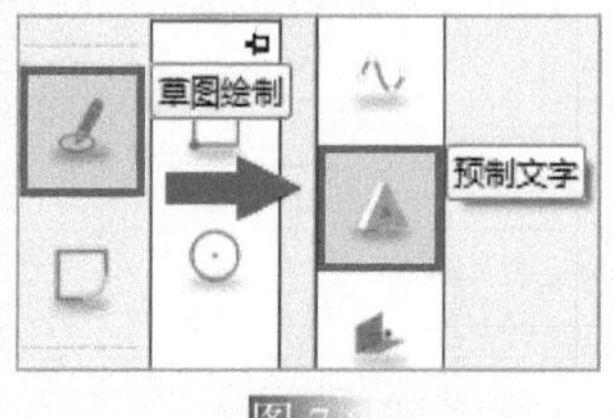

图 7-8

Step09 用鼠标左键在六面体的表面上单击一下，确定以六面体为平面参考，如图7-9所示。

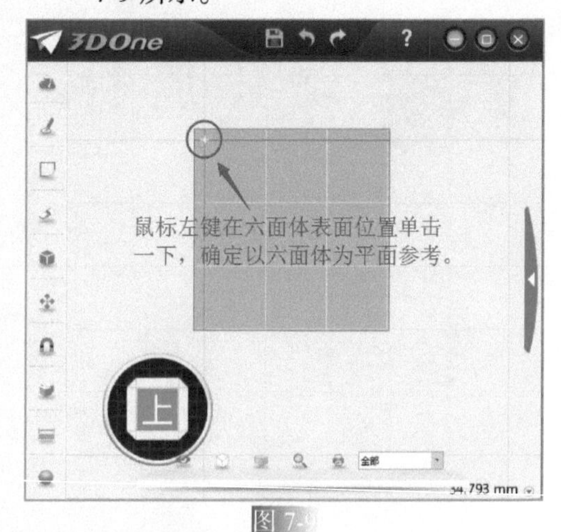

图 7-9

Step10 弹出如图 7-10 所示的提示框，按照提示框步骤完成“预制文字”操作。

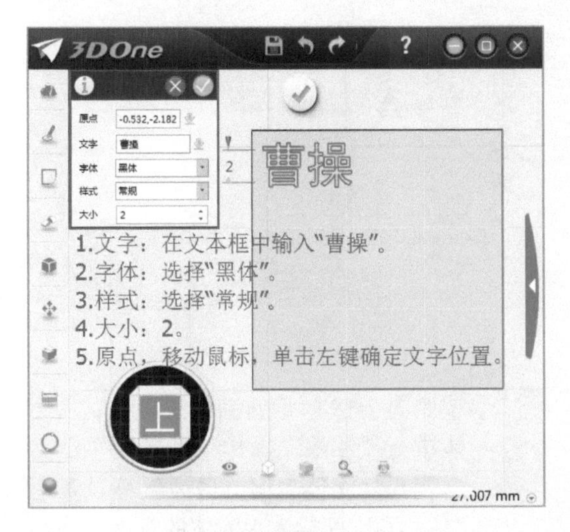

图 7-10

Step11 用鼠标左键单击提示框“✓”按钮，“预制文字”操作完毕，如图 7-11 所示。

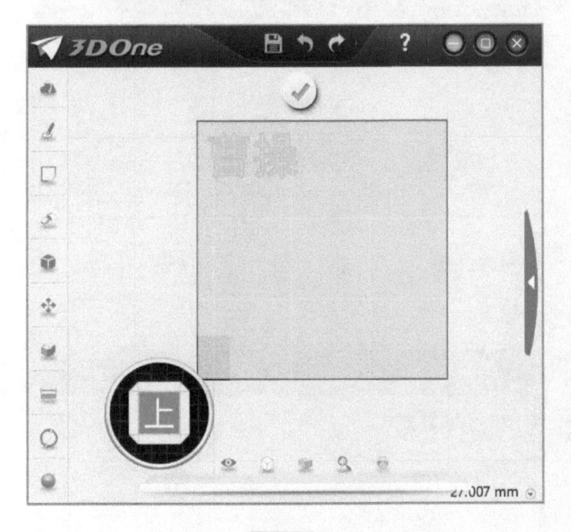

图 7-11

Step12 用鼠标左键单击操作界面中间的“✓”按钮，退出草图编辑状态，如图 7-12 所示。

Step13 用鼠标左键单击选中文字，弹出图 7-13 所示的 Minibar 窗口，鼠标左键单击“拉伸”命令。

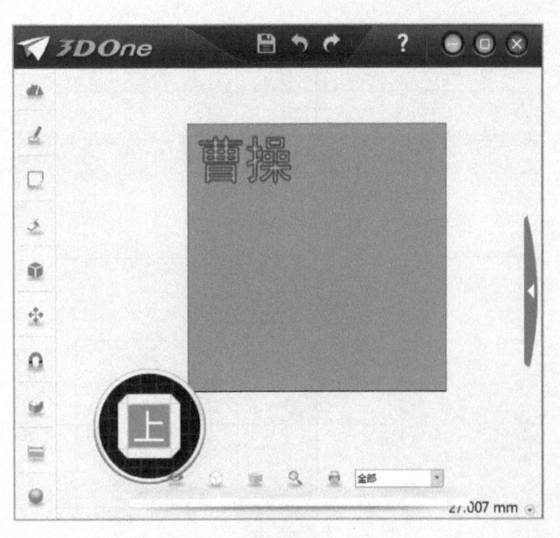

图 7-12

图 7-13

Step14 弹出图 7-14 所示的拉伸提示框，用鼠标左键单击数值进行修改，按 <Enter> 键确定，文字拉伸值为“-1”，运算方式选择“减运算”。

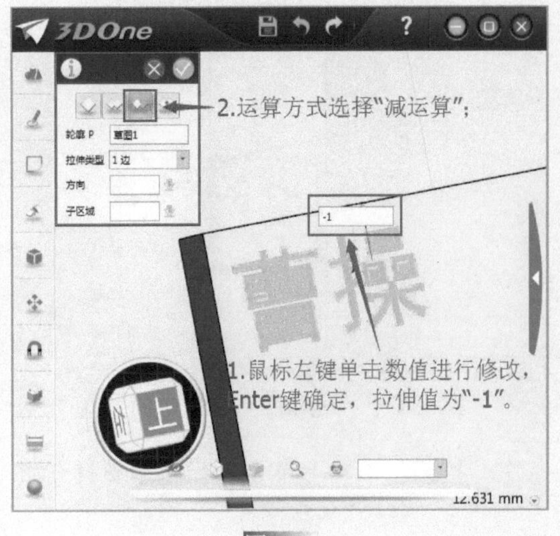

图 7-14

Step15 用鼠标左键单击提示框“✓”按钮，“拉伸”操作完毕，如图 7-15 所示。

图 7-15

Step16 用鼠标左键选择菜单栏中的“特殊功能”→“浮雕”工具，如图 7-16 所示。

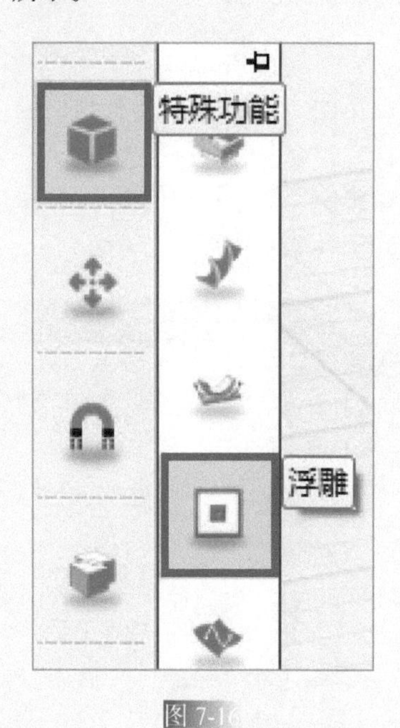

图 7-16

Step17 按照图 7-17 所示的提示框步骤打开棋子“曹操”的贴图。

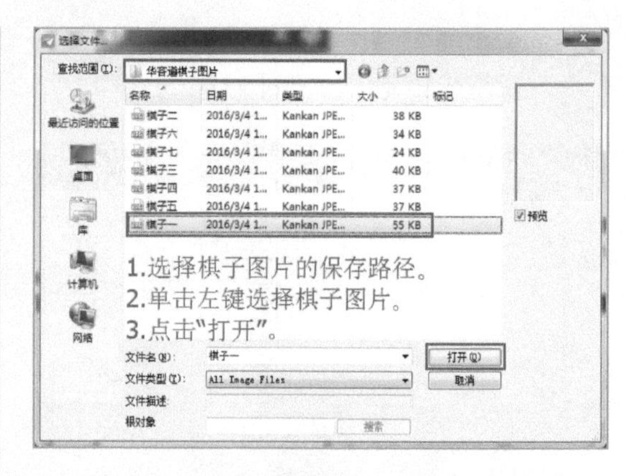

图 7-17

Step18 按照图 7-18 所示的提示框步骤对六面体进行“浮雕”操作，用鼠标左键单击选择六面体表面，最大偏移设置为“1”，宽度即输入六面体的宽度，分辨率设置为“0.1”。

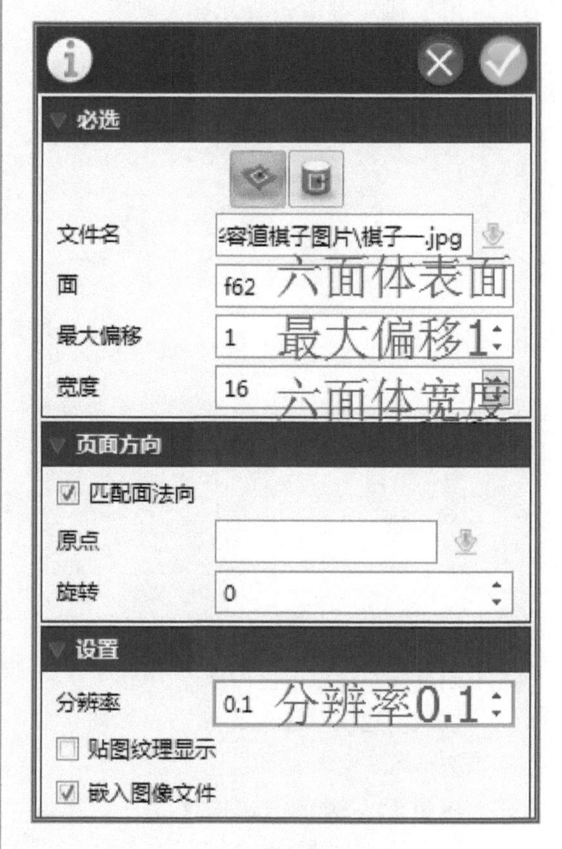

图 7-18

Step19 华容道棋子—“曹操”的三维模型制作完毕，如图 7-19 所示。

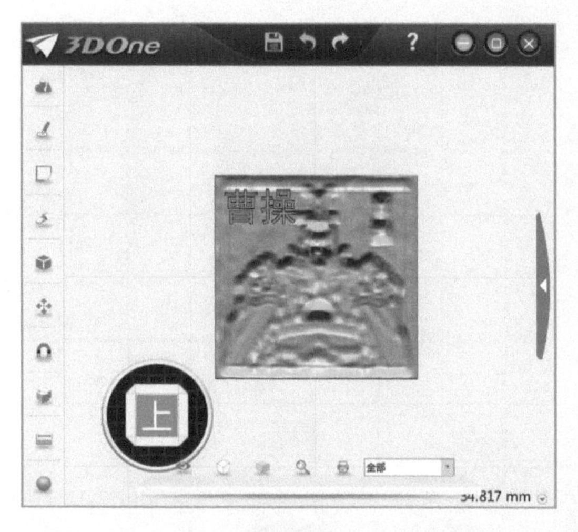

图 7-19

具体操作步骤请扫描下方二维码观看视频。

□ 棋子二“关羽”的制作步骤：

Step01 用鼠标左键选择菜单栏中“草图绘制”→“矩形”工具，如图 7-20 所示。

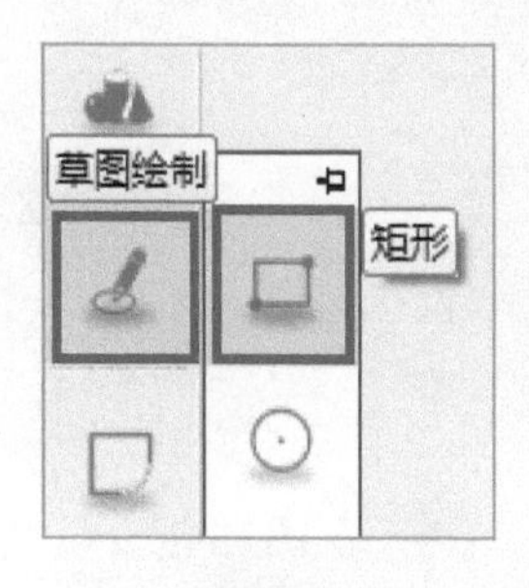

图 7-20

Step02 用鼠标左键在网格任意位置上单击一下，确定以网格为平面参考，如图 7-21 所示。

图 7-21

Step03 用鼠标左键单击“查看视图”→“自动对齐视图”图标，如图 7-22 所示。

Step04 软件的操作界面则自动对齐为当前平面视图，如图 7-23 所示。

图 7-22

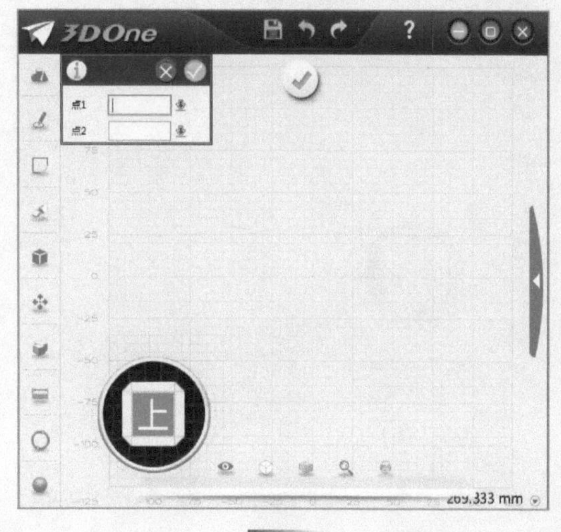

图 7-23

Step05 用鼠标左键在网格任意位置上单击一下，确定矩形的“点 1”位置，移动鼠标至一定距离后，再单击鼠标左键，确定矩形的“点 2”位置，如图 7-24 所示。

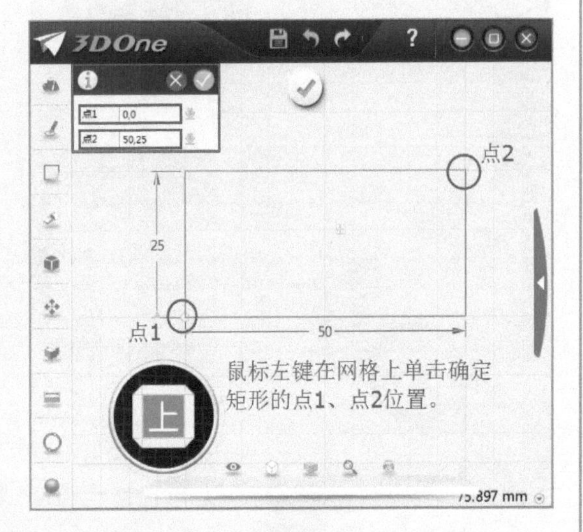

图 7-24

Step06 用鼠标左键单击数值进行修改，按 <Enter> 键确定，矩形尺寸为 16mm × 8 mm，如图 7-25 所示。

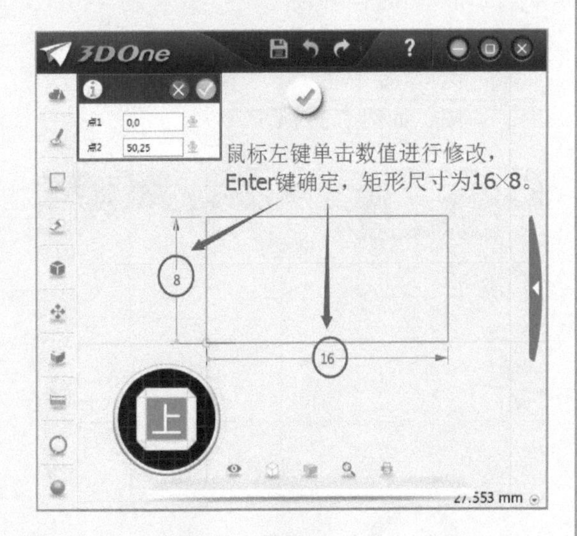

图 7-25

Step07 用鼠标左键单击提示框“✓”按钮，矩形草图绘制完毕，如图 7-26 所示。

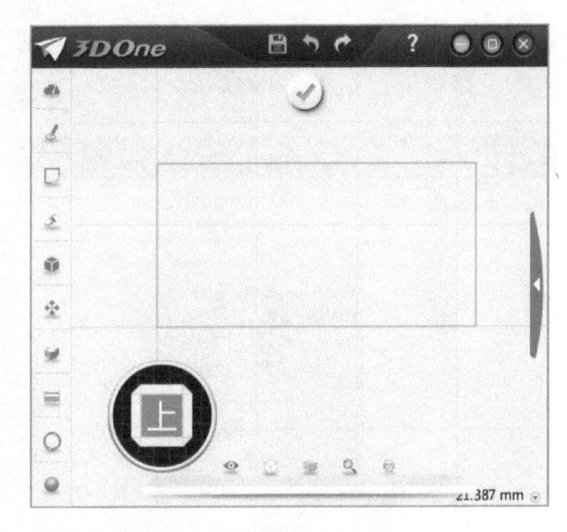

图 7-26

Step08 用鼠标左键单击“✓”按钮，退出草图编辑状态，如图 7-27 所示。

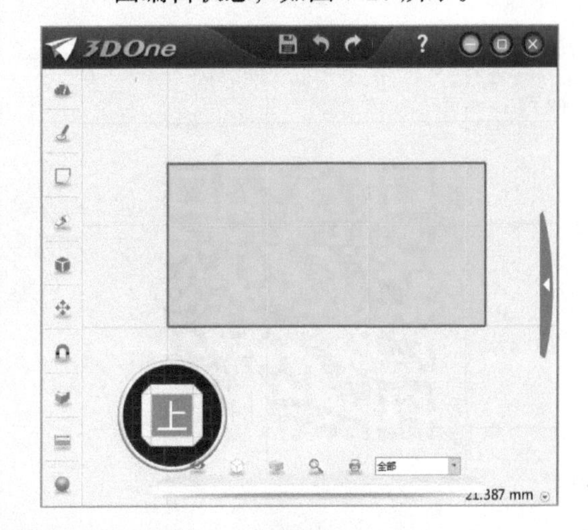

图 7-27

Step09 用鼠标左键单击选中矩形，弹出图 7-28 所示的 Minibar 窗口，用鼠标左键单击“拉伸”命令。

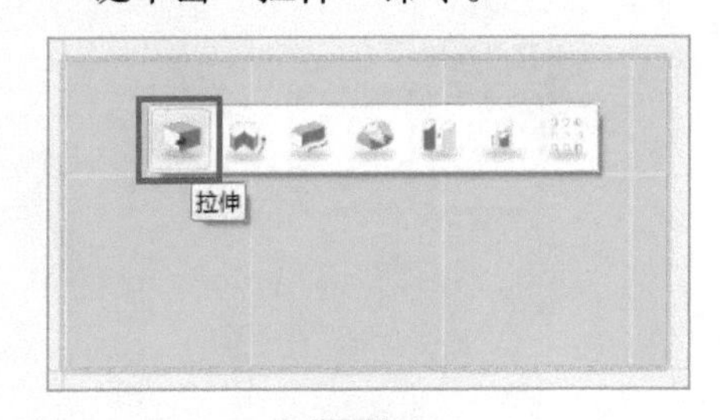

图 7-28

Step10 用鼠标左键单击数值进行修改，按<Enter>键确定，矩形的拉伸值设置为"2"，如图 7-29 所示。

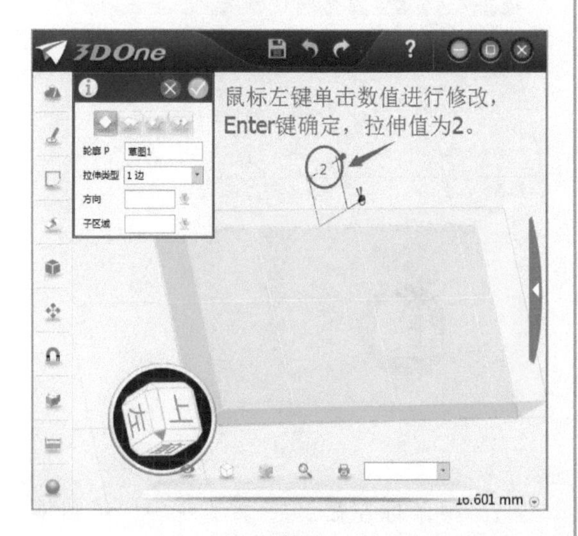

图 7-29

Step11 用鼠标左键单击提示框"√"按钮，矩形"拉伸"完毕，如图 7-30 所示。

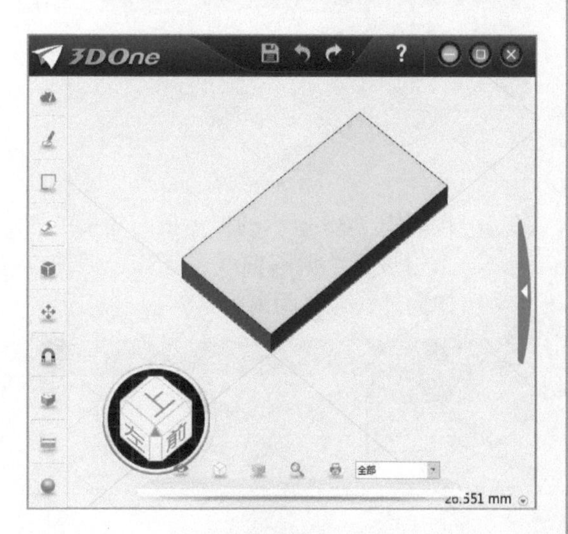

图 7-30

Step12 棋子二的"预制文字""浮雕"操作步骤请参考棋子一的制作步骤。

具体操作步骤请扫描下方二维码观看视频。

□ 棋盘模型的制作步骤：

Step01 用鼠标左键选择菜单栏中"草图绘制"→"矩形"工具，如图 7-31 所示。

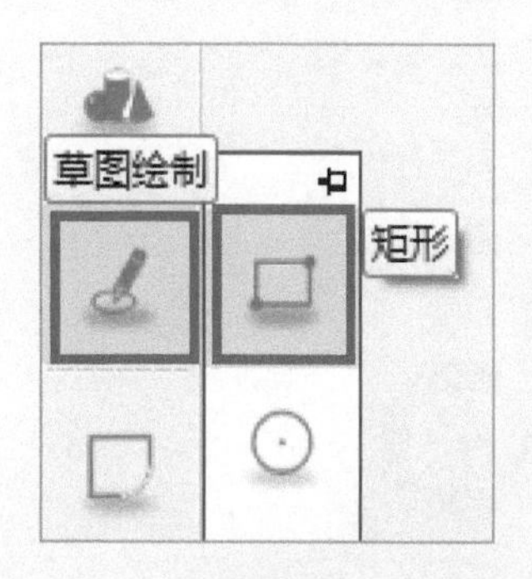

图 7-31

Step02 用鼠标左键在网格任意位置上单击一下，确定以网格为平面参考，如图 7-32 所示。

图 7-32

Step03 用鼠标左键单击“查看视图”→“自动对齐视图”图标，如图 7-33 所示。

Step04 软件的操作界面则自动对齐为当前平面视图，如图 7-34 所示。

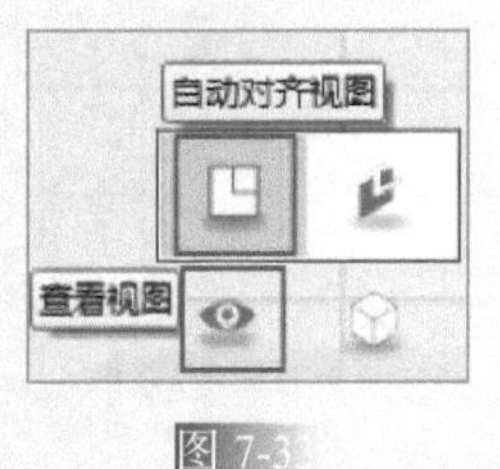

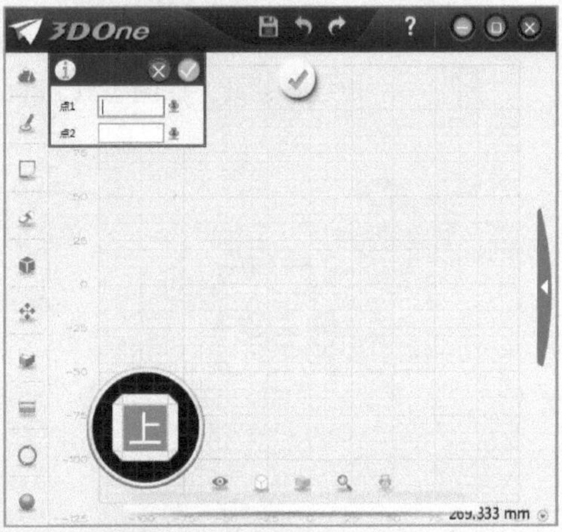

图 7-33

图 7-34

Step05 在网格上绘制一个尺寸为 60mm×50mm 的矩形，单击鼠标左键确定矩形点 1、点 2 在网格上的位置；可参考辅助网格去完成矩形的绘制，每个小网格的固定尺寸为 5mm×5mm，如图 7-35 所示。

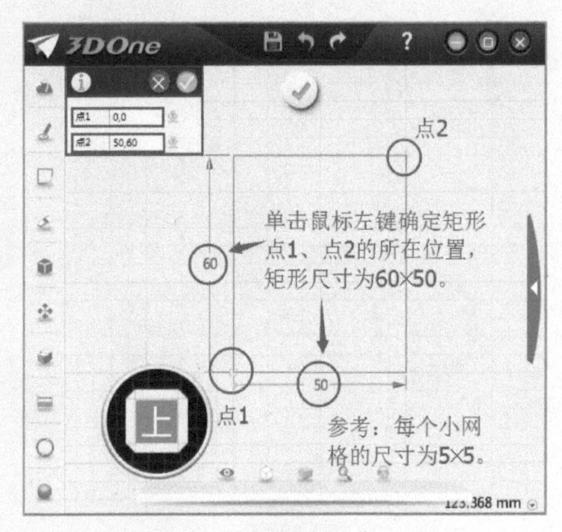

图 7-35

Step06 用鼠标左键单击提示框“✓”按钮，矩形绘制完毕，如图 7-36 所示。

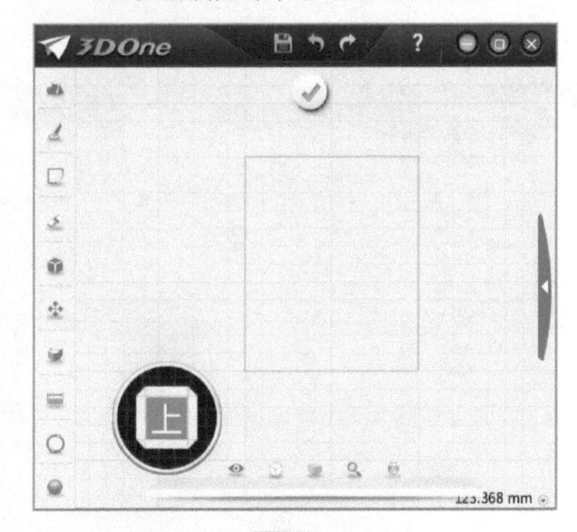

图 7-36

Step07 用鼠标左键选择菜单栏中“草图编辑”→“偏移曲线”工具，如图 7-37 所示。

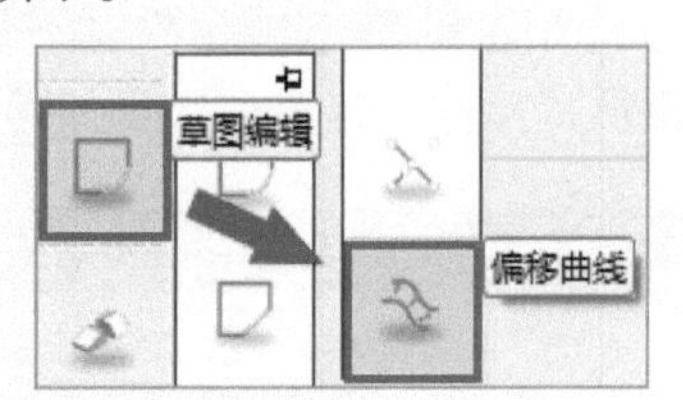

图 7-37

Step08 按照图 7-38 所示的提示框对矩形的四条边进行“偏移曲线”操作，偏移方向向外，偏移距离为“5”。

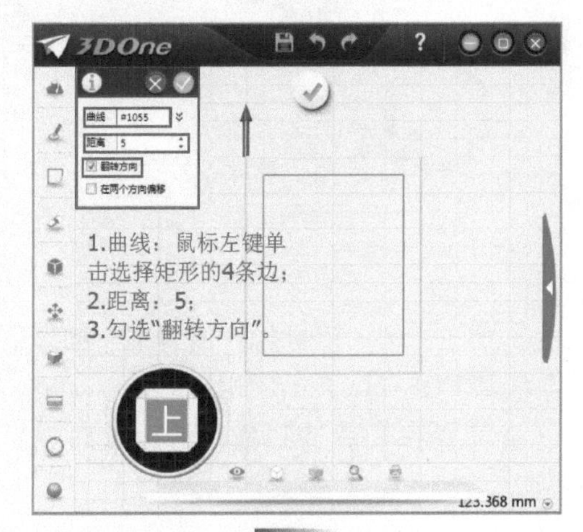

图 7-38

Step09 用鼠标左键单击提示框“✓”按钮，矩形“偏移曲线”操作完毕，如图 7-39 所示。

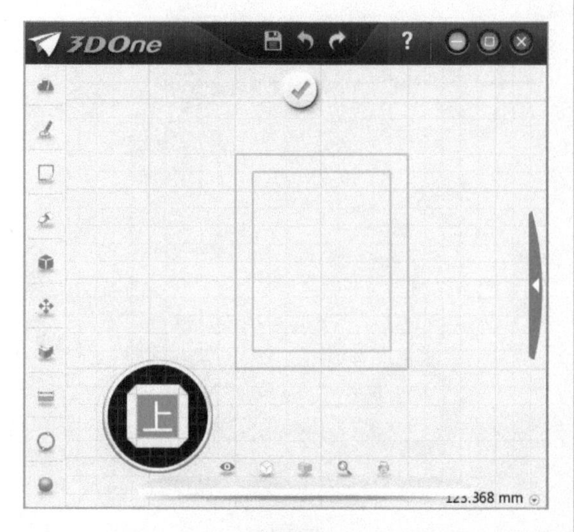

图 7-39

Step10 用鼠标左键选择菜单栏中“草图绘制”→“直线”工具，如图 7-40 所示。

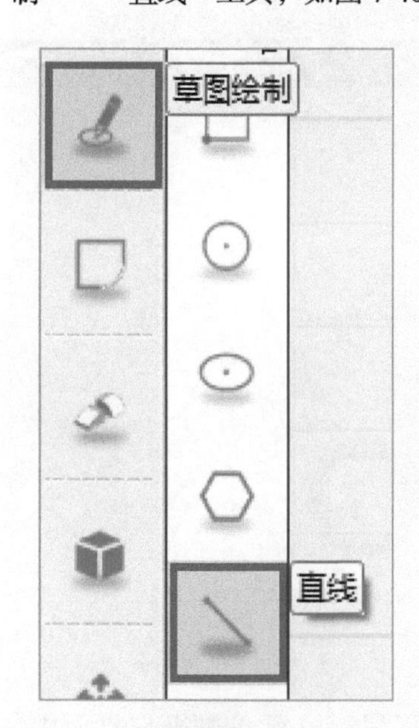

图 7-40

Step11 用“直线”工具连接两个矩形的底部线段，“点 1”到内侧矩形左下角端点的距离为“10”（两个网格），“点 2”到外侧矩形左下角端点的距离为“15”（三个网格），如图 7-41 所示。

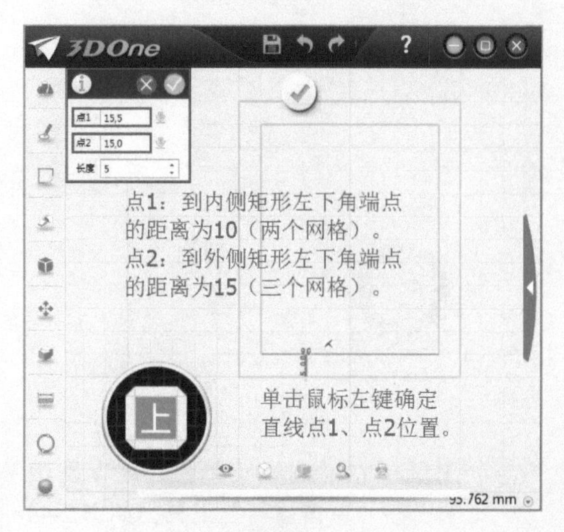

图 7-41

Step12 继续绘制第二条直线，“点 1”到内侧矩形右下角端点的距离为“10”（两个网格），“点 2”到外侧矩形右下角端点的距离为“15”（三个网格），如图 7-42 所示。

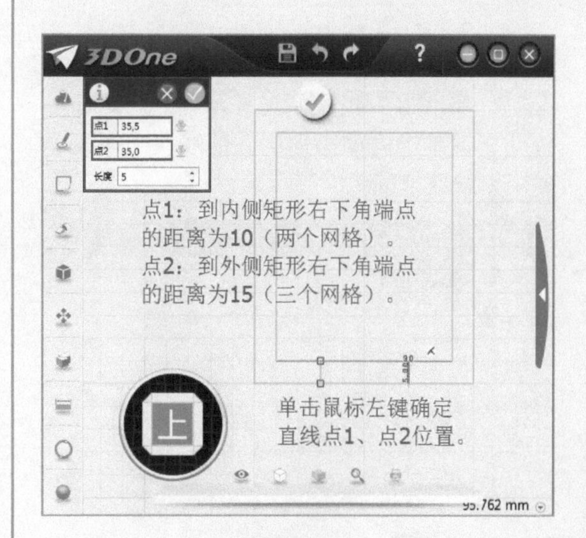

图 7-42

Step13 用鼠标左键单击提示框“✓”按钮，矩形底部的两条连接线绘制完毕，如图 7-43 所示。

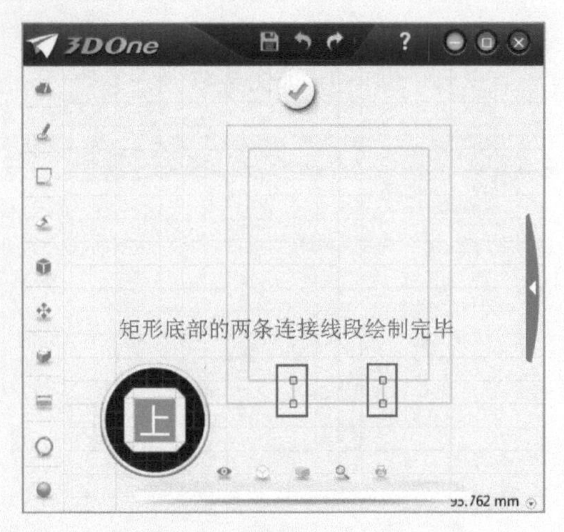

图 7-43

Step14 用鼠标左键选择菜单栏中“草图编辑”→“单击修剪”工具，如图 7-44 所示。

图 7-44

Step15 弹出图 7-45 所示的提示框，用鼠标左键单击内侧矩形的底部线段（两条连接线之间）。

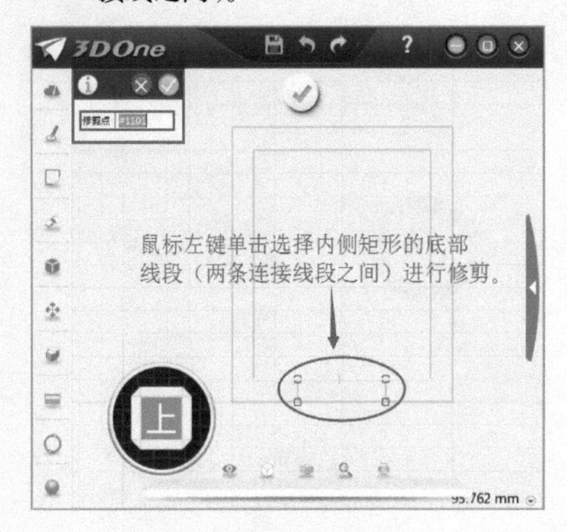

图 7-45

Step16 用鼠标左键单击选择外侧矩形的底部线段（两条连接线之间）继续进行修剪，如图 7-46 所示。

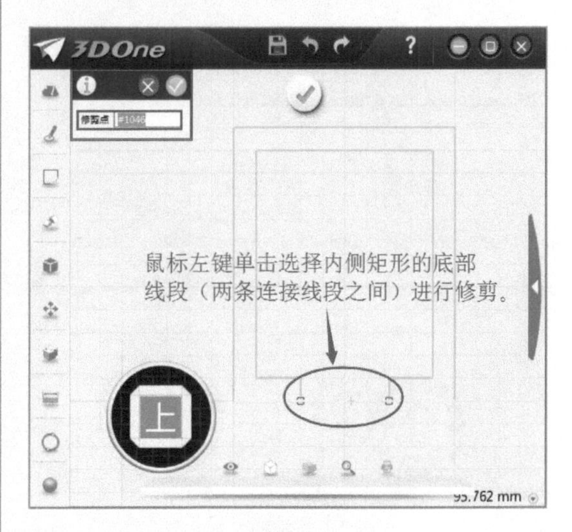

图 7-46

Step17 用鼠标左键单击提示框“✓”按钮，线段修剪完毕，如图 7-47 所示。

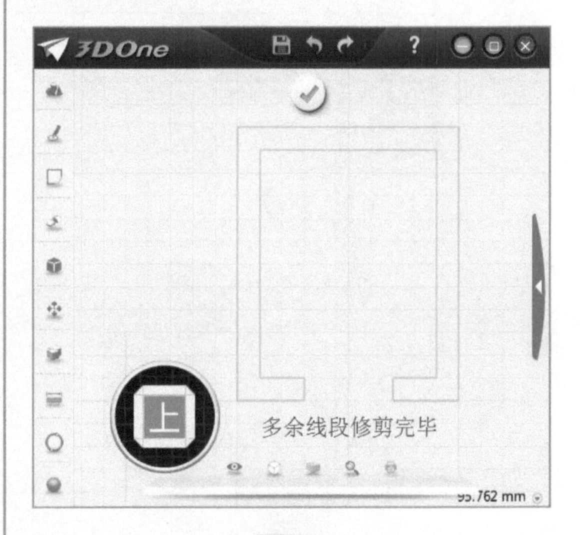

图 7-47

Step18 用鼠标左键单击操作界面中的“✓”按钮，退出草图编辑状态，如图 7-48 所示。

Step19 用鼠标左键单击选中草图，弹出图 7-49 所示的 Minibar 窗口，用鼠标左键单击“拉伸”命令。

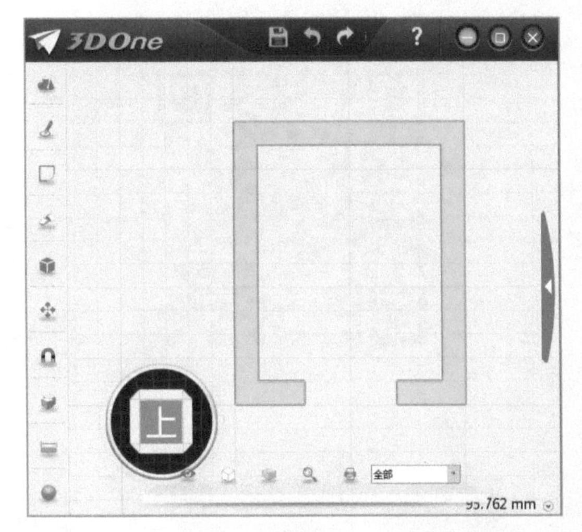

图 7-48

图 7-49

Step20 弹出图 7-50 所示的拉伸提示框，用鼠标左键单击数值进行修改，按 <Enter> 键确定，棋盘拉伸值为“4”。

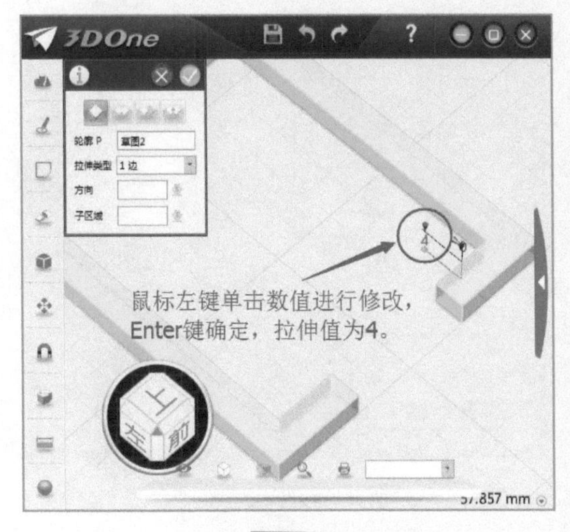

图 7-50

Step21 用鼠标左键单击提示框“✓”按钮，棋盘“拉伸”操作完毕，如图 7-51 所示。

图 7-51

Step22 用鼠标左键单击选中棋盘模型，弹出图 7-52 所示的 Minibar 窗口，用鼠标左键单击“缩放”命令。

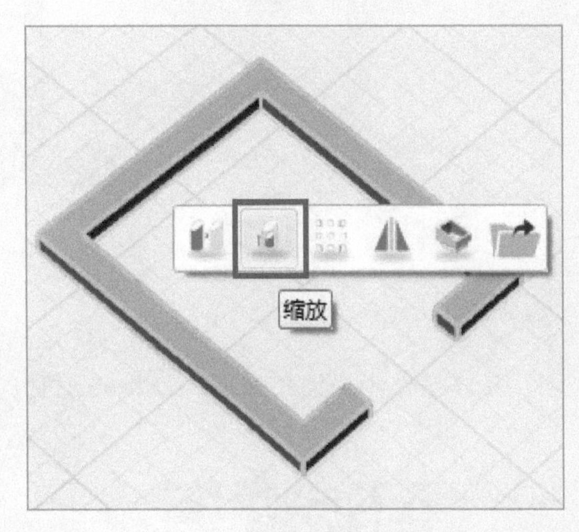

图 7-52

Step23 弹出图 7-53 所示的缩放提示框，将提示框中的缩放比例修改为“0.85”，按 <Enter> 键确定。

Step24 用鼠标左键单击提示框“✓”按钮，棋盘模型制作完毕，如图 7-54 所示。

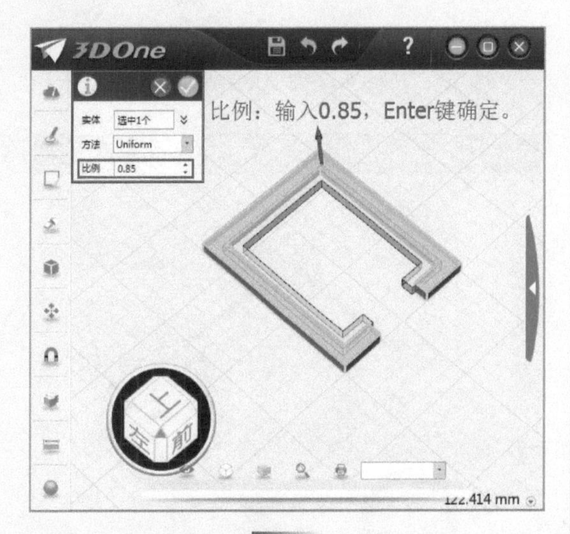

图 7-53

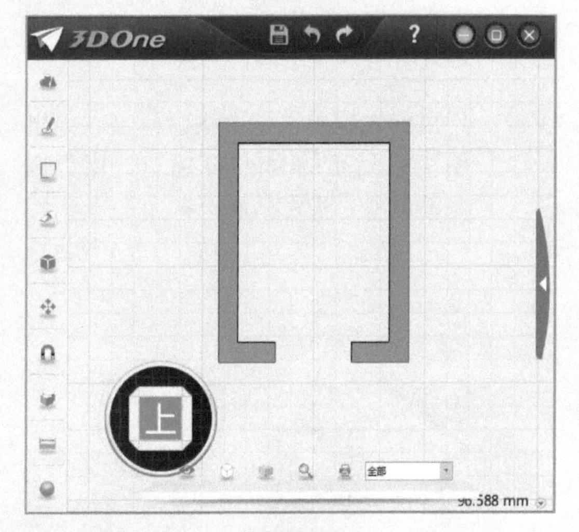

图 7-54

具体操作步骤请扫描下方二维码观看视频。

注：扫描下方二维码可直接观看华容道其他棋子的制作视频。

比翼横空

☐ 华容道模型制作完毕，我将华容道模型摆放到打印平台上。

☐ 打印机的各项参数“设置”可参考图 7–55。

设置: UP BOX(M_A) - SN:506880

层片厚度: 0.20mm

密封表面
角度<: 45 Deg
表面层: 3 Layers

填充
壳　表面

支撑
密封层: 3 Layers　角度<: 30 Deg
间隔: 8 Lines
面积>: 3 mm2

其他
稳固支撑

打印机名

恢复默认参数　确定　取消

图 7-55

☐ 开始打印华容道模型吧！

横刀立马

□打印模型的空余时间，让我们来学习华容道“横刀立马”阵法的图解步骤。

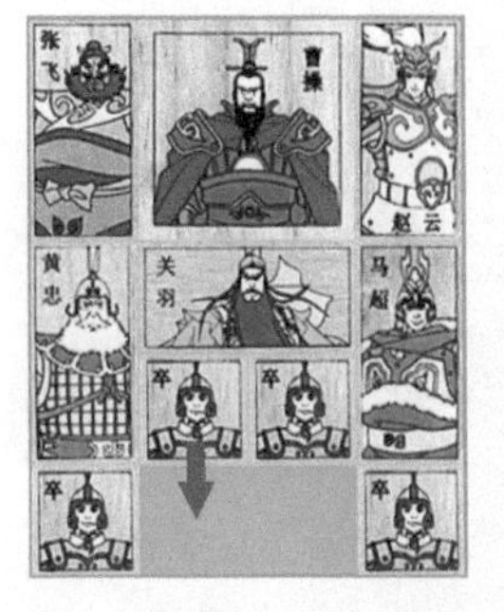

0

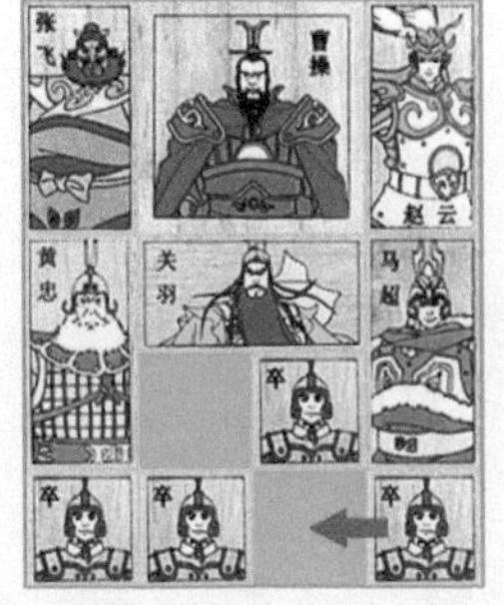

1

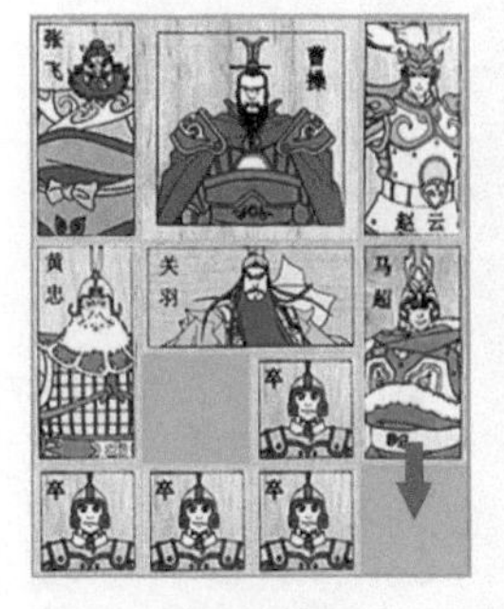

2

3

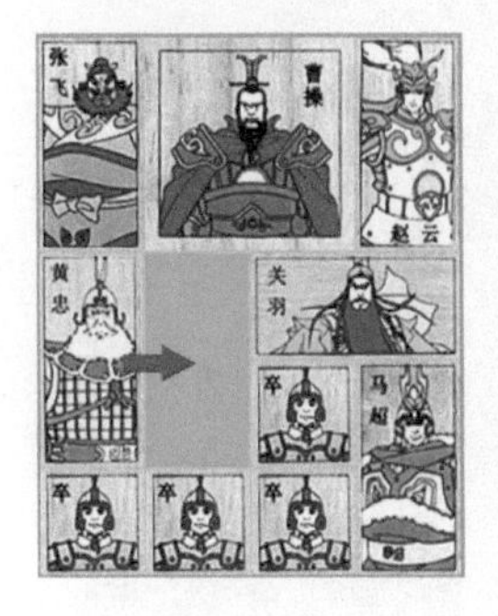

4

5

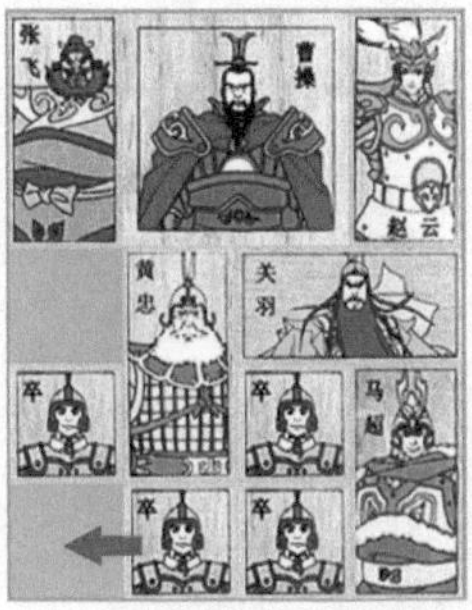

6

7

8

9

10

11

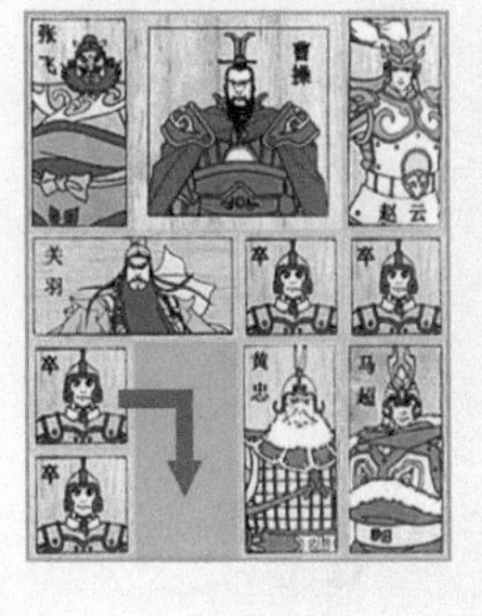

12

13

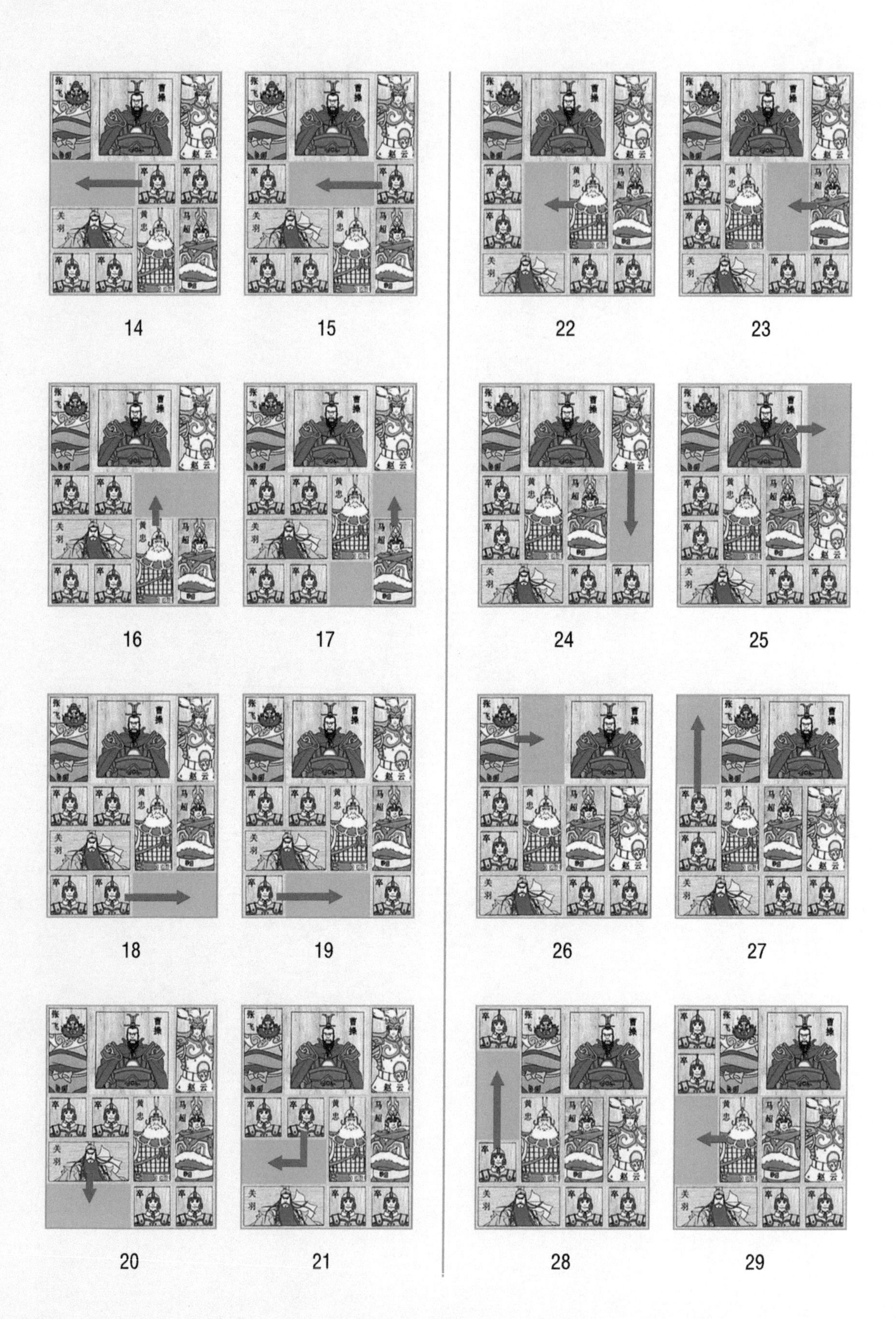
张飞
曹操
赵云
卒
关羽
黄忠
马超
14
15
22
23
16
17
24
25
18
19
26
27
20
21
28
29

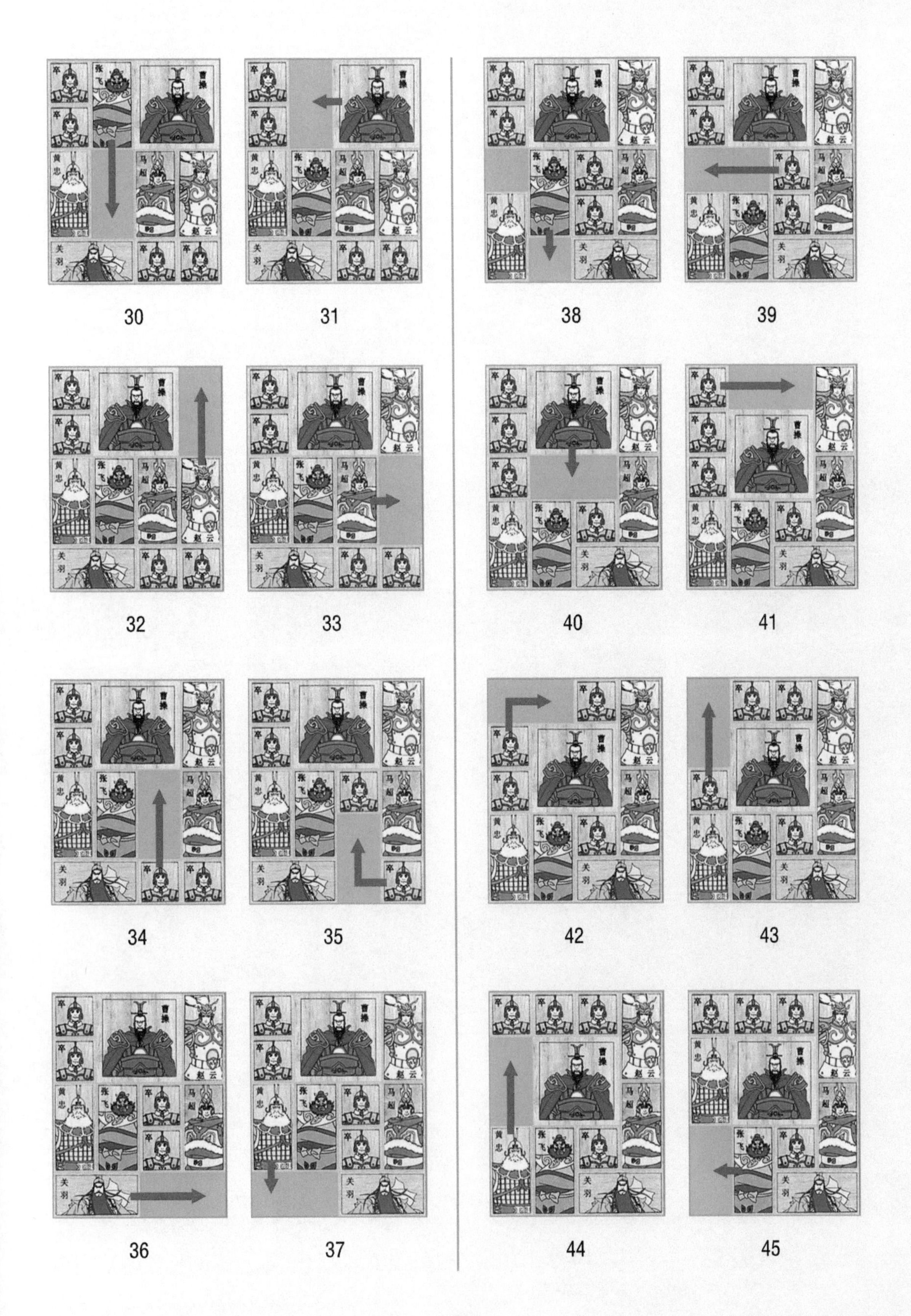
30
31
38
39
32
33
40
41
34
35
42
43
36
37
44
45

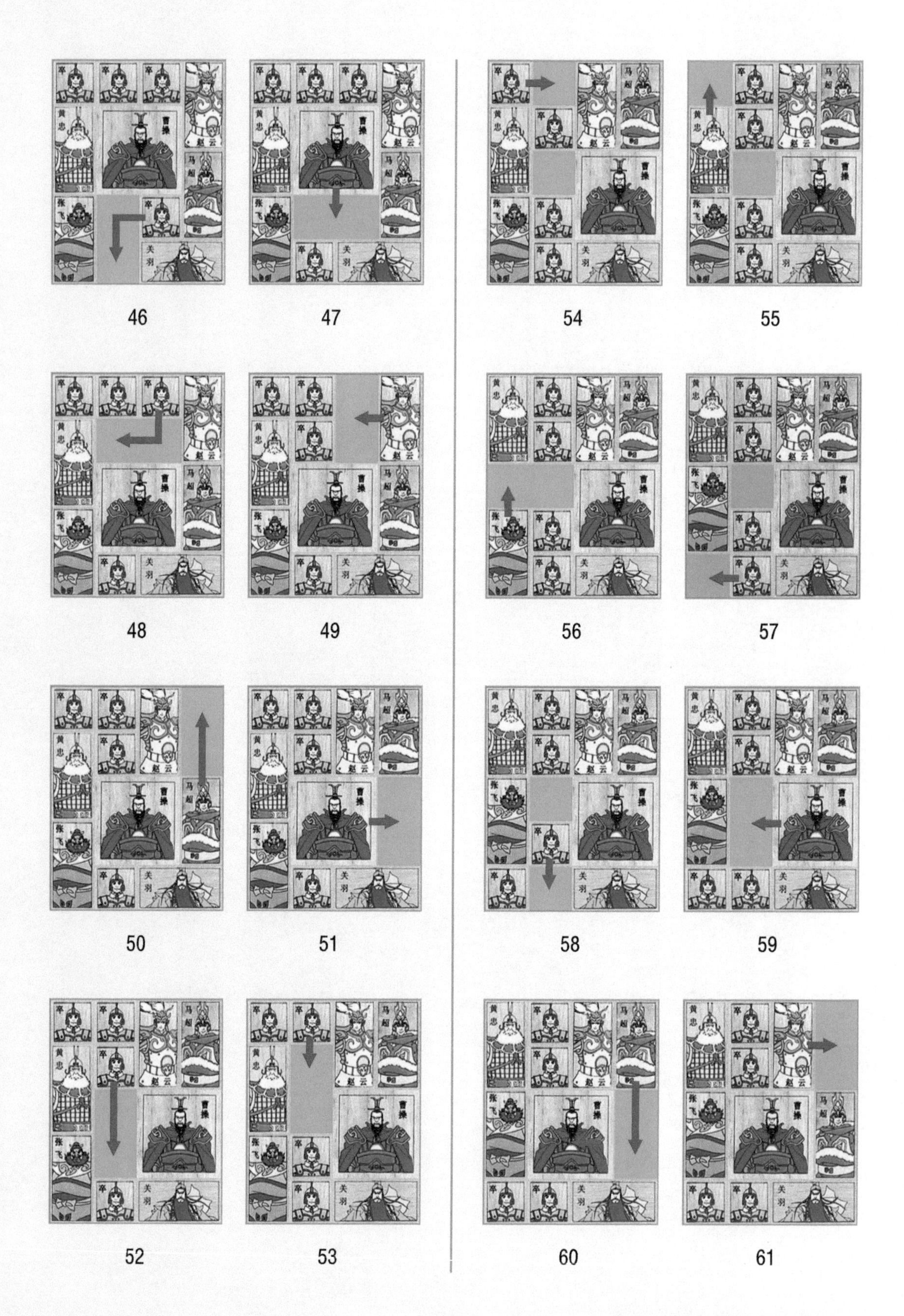
46
47
48
49
50
51
52
53
54
55
56
57
58
59
60
61

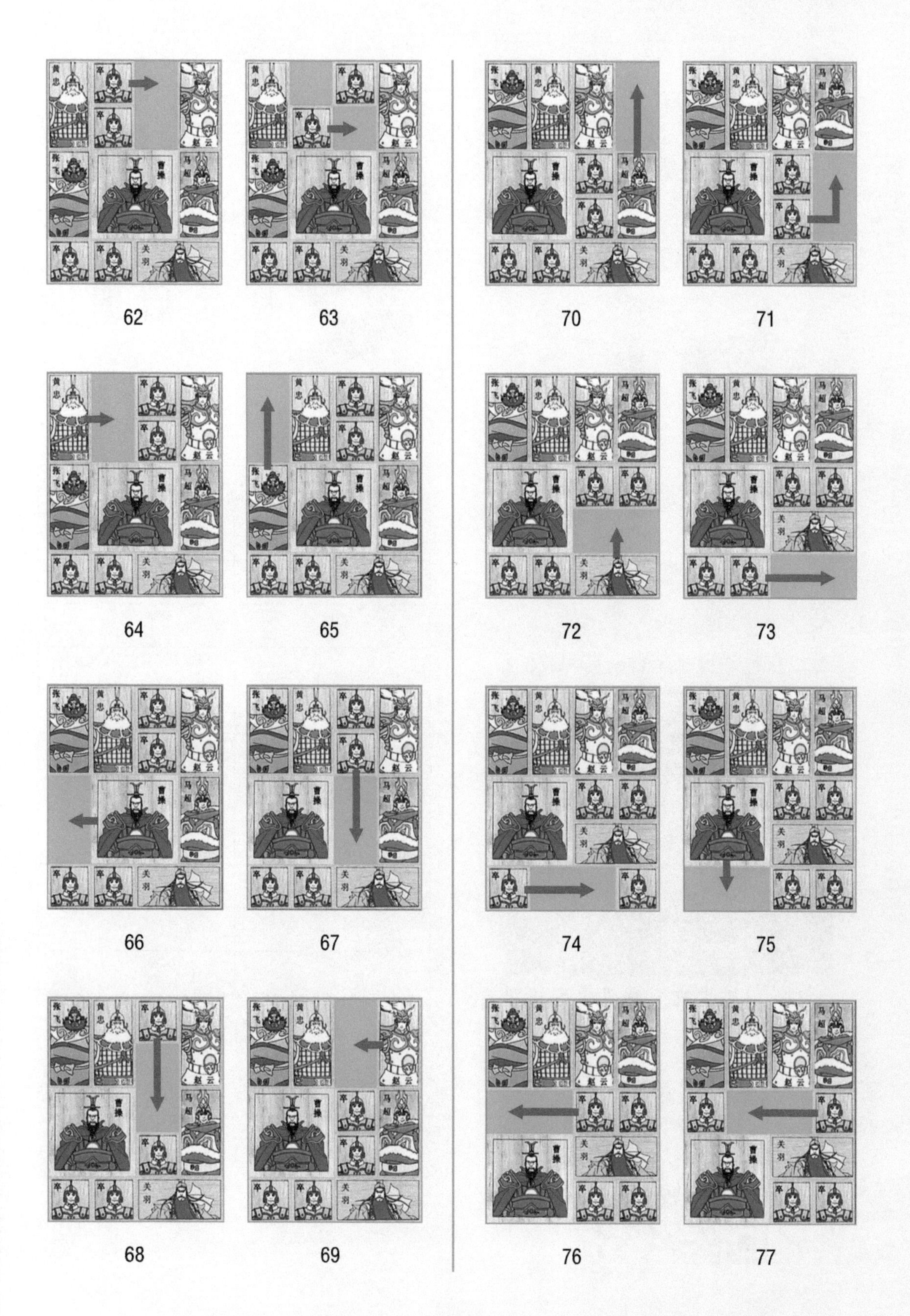
62
63
64
65
66
67
68
69
70
71
72
73
74
75
76
77

78　　79

80

81

□我会观看图解视频，学习如何在软件中使用移动命令将曹操解救出来。

注：扫描下方二维码可直接观看视频。

□我按照图解步骤或视频步骤，将曹操从“横刀立马”阵法中解救出来，共耗时：＿＿＿＿＿＿。

前呼后拥

□让我们比一比，看哪个小组解救曹操的速度最快。

计时表	
小　组	时　间

□用时最短的小组是：

＿＿＿＿＿＿＿＿＿＿＿＿＿＿＿＿

□用时最长的小组是：

＿＿＿＿＿＿＿＿＿＿＿＿＿＿＿＿

自我评价

□请同学们结合自己在课堂上的表现，填写下列表格进行自我评价。

自主测评表	
评分项目	评分等级
华容道棋子制作能力	☆☆☆☆☆
华容道棋盘制作能力	☆☆☆☆☆
拉伸、浮雕、缩放	☆☆☆☆☆
偏移曲线、单击修剪	☆☆☆☆☆
认真完成课堂任务	☆☆☆☆☆
积极参与团队讨论	☆☆☆☆☆
对华容道的兴趣	☆☆☆☆☆
	☆☆☆☆☆
	☆☆☆☆☆
	☆☆☆☆☆
	☆☆☆☆☆
	☆☆☆☆☆
	☆☆☆☆☆
	☆☆☆☆☆
	☆☆☆☆☆

能力拓展

□请同学们尝试用最少的步骤将曹操从不同阵法中解救出来。

□请同学们回家后，用丙烯颜料装饰自己的华容道模型吧！

第八节 炫彩悠悠球

创意嘉年华

□ 我们今天选出的组长是：

□ 让我来观看3D悠悠球的活动视频。

注：扫描下方二维码可直接观看视频。

□ 看完视频后，我知道悠悠球是由：

□ 这几部分组成的。

装备大比拼

□ 悠悠球标准件简介：

标准件是指结构、尺寸、画法、标记等各个方面已经完全标准化，并由专业厂家生产的常用的零部件，如螺纹件、键、销、滚动轴承等。标准化程度高，行业通用性强的机械零部件和元件，也被称为通用件。广义包括标准化的紧固件、连结件、传动件、密封件、液压元件、气压元件、轴承、弹簧等机械零件。狭义仅包括标准化紧固件。此外还有行业标准件，如汽车标准件、模具标准件等，也属于广义标准件。

A. 悠悠球轴承

轴承（Bearing），是用于确定旋转轴与其他零件相对运动位置，起支承或导向作用的零部件。

B. 悠悠球螺钉

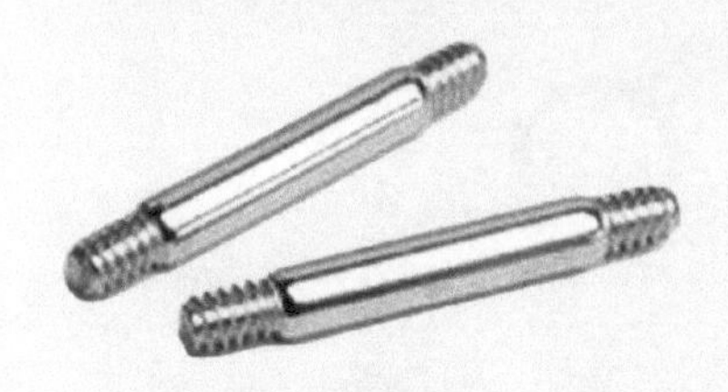

螺钉（Screw），是利用物体的斜面圆形旋转和摩擦力的物理和数学原理，循序渐进地紧固器物机件的工具。

☐ 看看我们周围，还有哪些是标准件：

魔幻悠悠球

☐ 让我来挑选一条适合自己的学习路径，开始学习吧！

☐ 制作悠悠球模型--第 116 ~ 123 页。

☐ 制作垫片模型---第 124 ~ 126 页。

☐ 制作轴承模型---第 126 ~ 129 页。

☐ 悠悠球模型的制作步骤：

Step01 用鼠标左键双击打开 3DOne 软件，如图 8-1 所示。

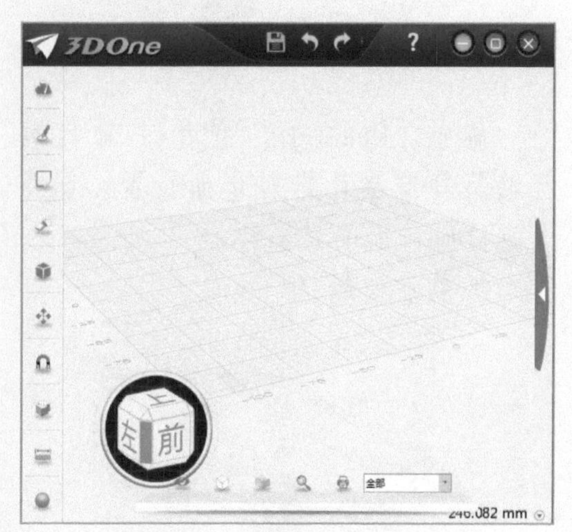

图 8-1

Step02 用鼠标左键选择菜单栏中“草图绘制”→“直线”工具，如图 8-2 所示。

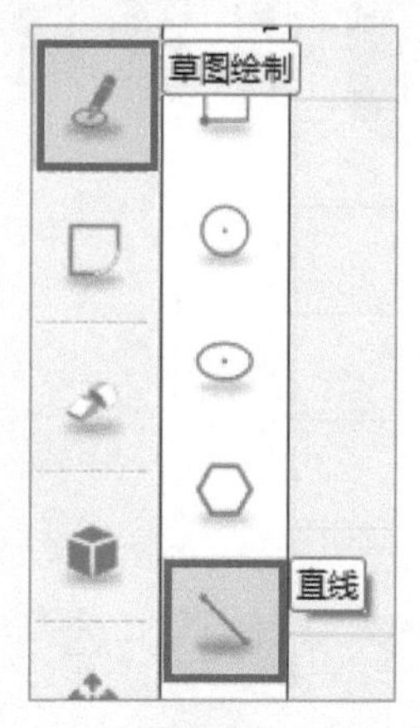

图 8-2

Step03 用鼠标左键在网格任意位置上单击一下，确定以网格为平面参考，如图 8-3 所示。

图 8-3

Step04 用鼠标左键单击“查看视图”→“自动对齐视图”图标，如图 8-4 所示。

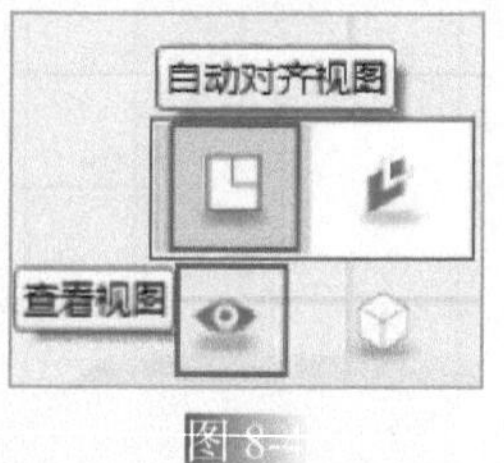

图 8-4

Step05 软件的操作界面则自动对齐为当前平面视图，如图 8-5 所示。

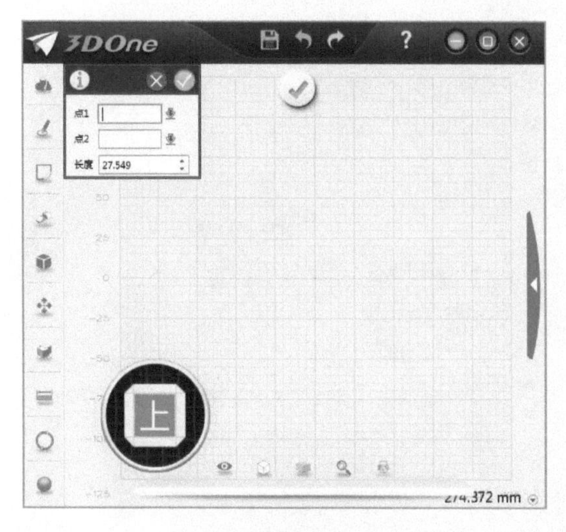

图 8-5

Step06 单击鼠标左键，确定直线的两个水平端点位置，在网格上绘制任意一条水平直线，如图 8-6 所示。

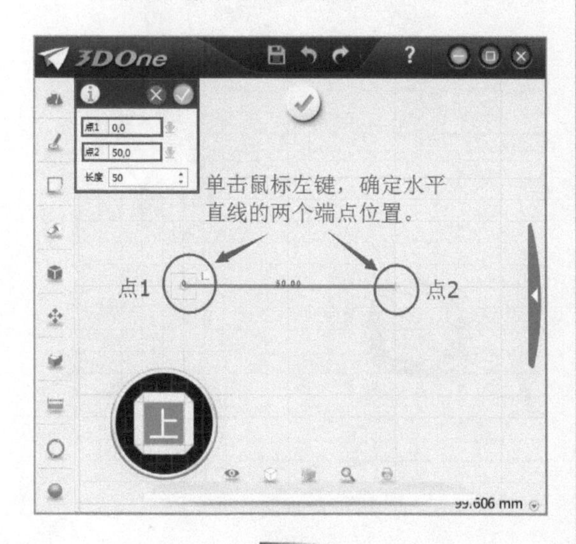

图 8-6

Step07 用鼠标左键单击提示框中的长度值进行修改，按 <Enter> 键确定，水平直线的长度为“32”，如图 8-7 所示。

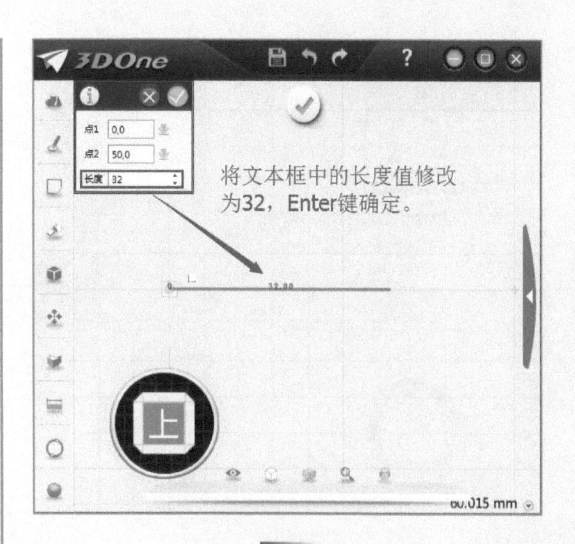

图 8-7

Step08 用鼠标左键单击提示框“✓”按钮，长度为“32”的水平直线绘制完毕，如图 8-8 所示。

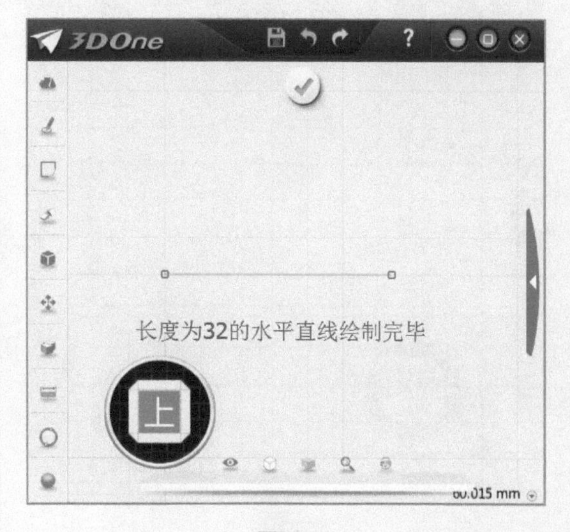

图 8-8

Step09 选择“直线”工具，绘制第二条长度为“1”的竖直直线，竖直直线的第一个端点与第一条直线的右侧端点重合，如图 8-9 所示。

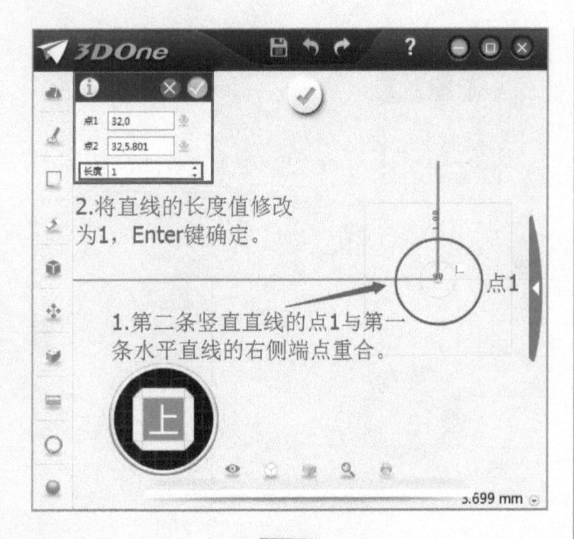

图 8-9

Step10 鼠标左键单击提示框“✓”按钮，第二条长度为“1”的竖直直线绘制完毕，如图 8-10 所示。

图 8-10

Step11 选择“直线”工具，绘制第三条长度为“5.5”的水平直线，直线的第一个端点与第二条直线的第二个端点重合，如图 8-11 所示。

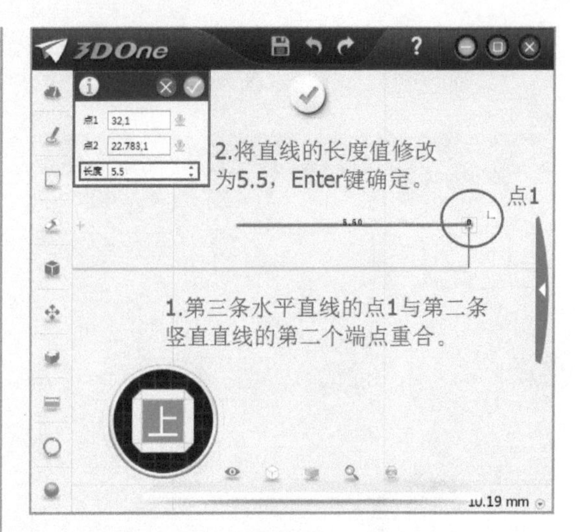

图 8-11

Step12 用鼠标左键单击提示框“✓”按钮，第三条长度为“5.5”的水平直线绘制完毕，如图 8-12 所示。

图 8-12

Step13 选择“直线”工具，绘制第四条长度为“5”的竖直直线，直线的第一个端点与第三条直线的第二个端点重合，绘制步骤如图 8-13 所示。

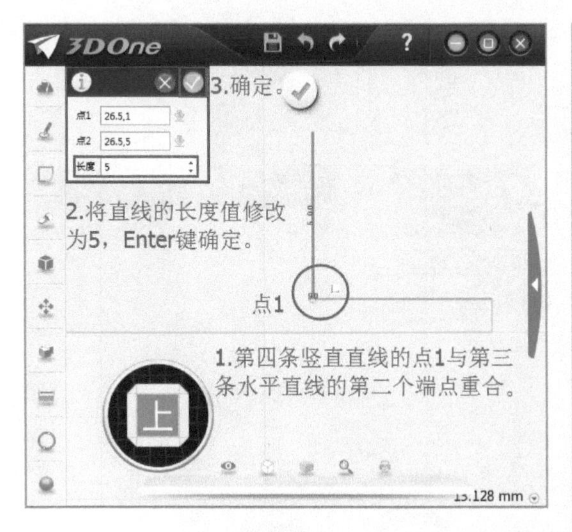

图 8-13

Step14 选择“直线”工具，绘制第五条长度为“7”的水平直线，直线的第一个端点与第四条直线的第二个端点重合，绘制步骤如图 8-14 所示。

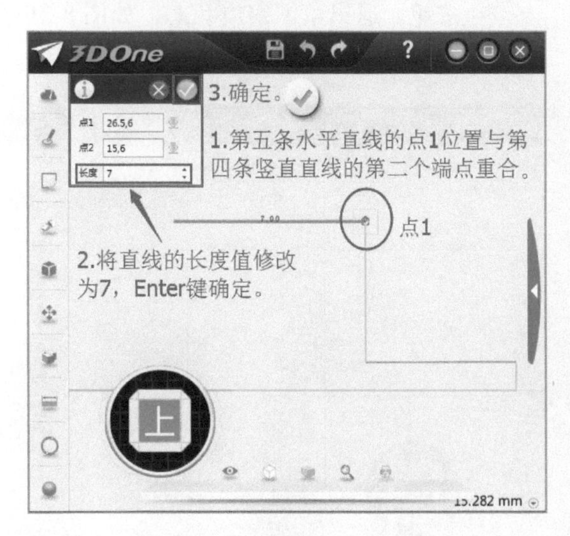

图 8-14

Step15 选择“直线”工具，绘制第六条长度为“2”的竖直直线，直线的第二个端点与第五条直线的第二个端点重合，绘制步骤如图 8-15 所示。

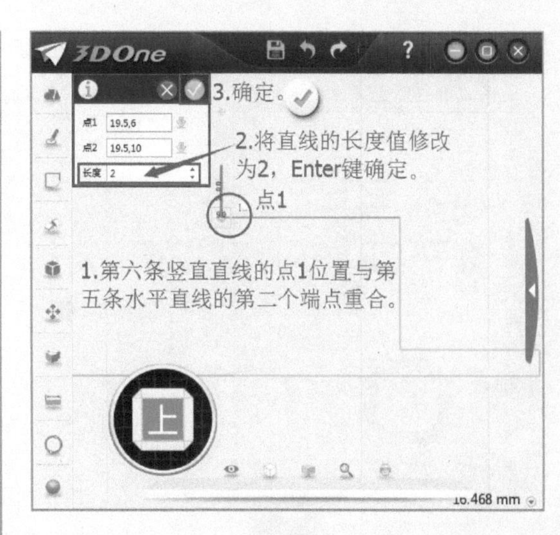

图 8-15

Step16 选择“直线”工具，绘制第七条长度为“9”的竖直直线，直线的第一个端点与第一条直线的左侧端点重合，绘制步骤如图 8-16 所示。

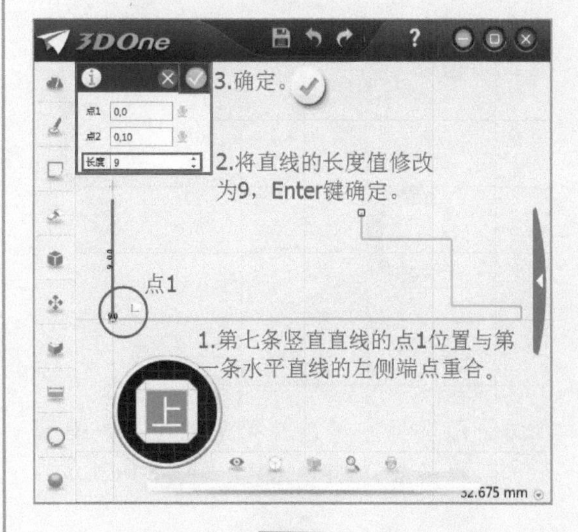

图 8-16

Step17 选择“直线”工具，将草图的两个端点连接起来，直线的两个端点要与草图端点重合，如图 8-17 所示。

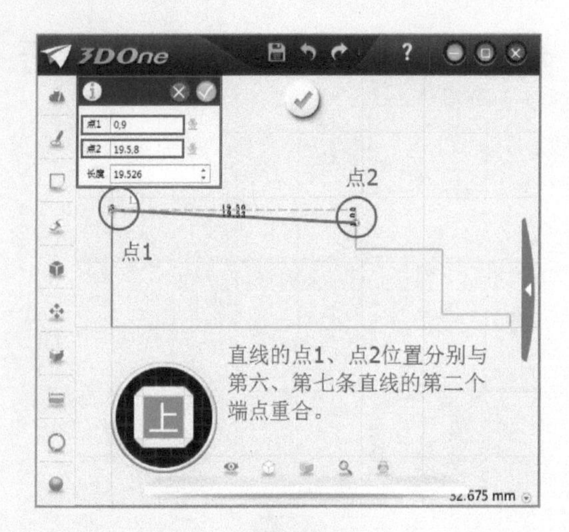

图 8-17

Step18 用鼠标左键单击提示框“✓”按钮，直线绘制完毕，如图 8-18 所示。

图 8-18

Step19 用鼠标左键选择菜单栏中“草图编辑”→“圆角”工具，如图 8-19 所示。

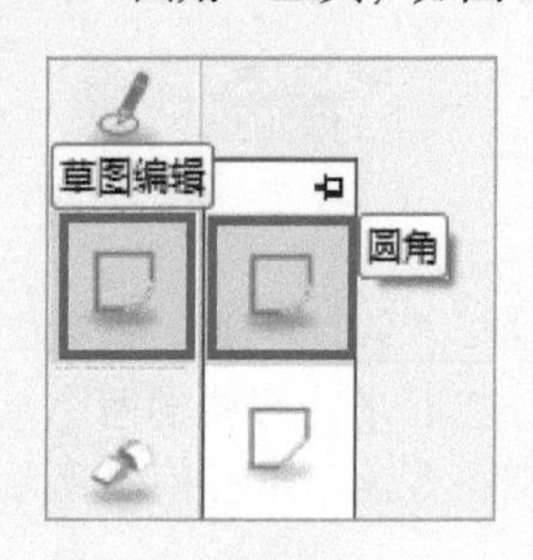

图 8-19

Step20 按照图 8-20 所示的提示框步骤对草图进行“圆角”操作，圆角的半径值为“5”。

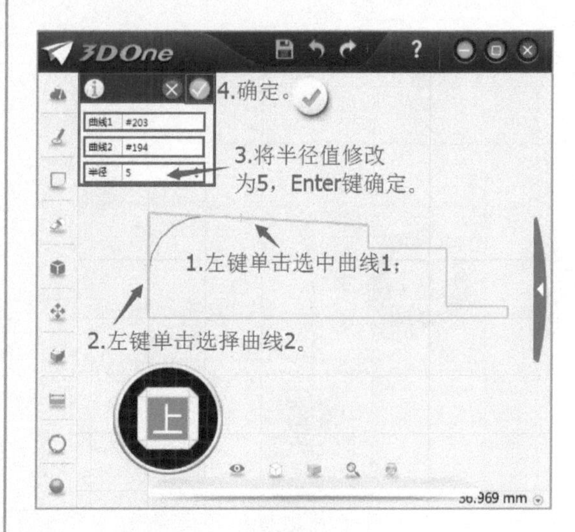

图 8-20

Step21 用鼠标左键单击操作界面中间的“✓”按钮，退出草图编辑状态，如图 8-21 所示。

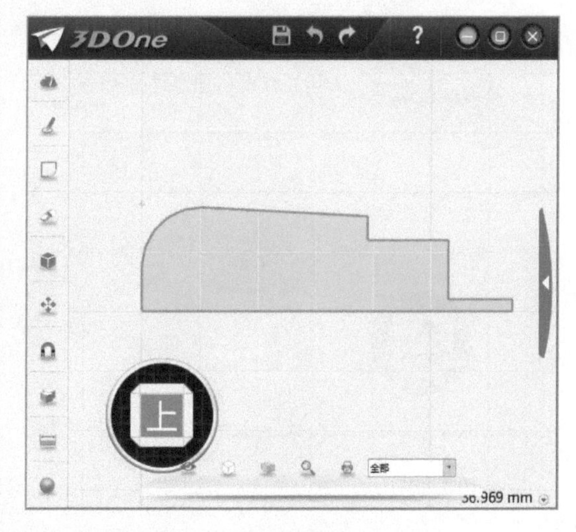

图 8-21

Step22 用鼠标左键单击选中草图，弹出图 8-22 所示的 Minibar 窗口，用鼠标左键单击“旋转”命令。

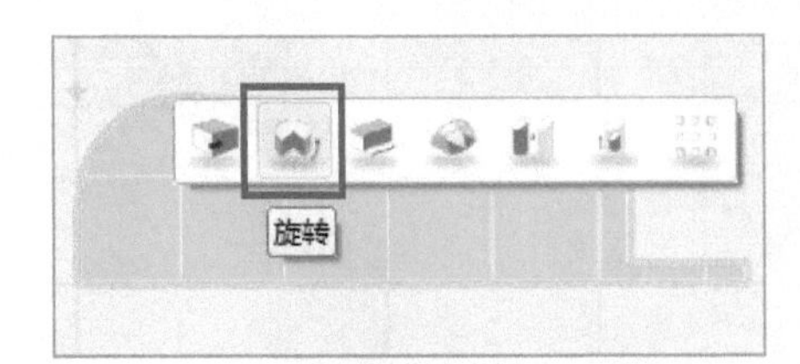

图 8-22

Step23 弹出图 8-23 所示的旋转提示框，轴 A 选择长度为“1”的线段。

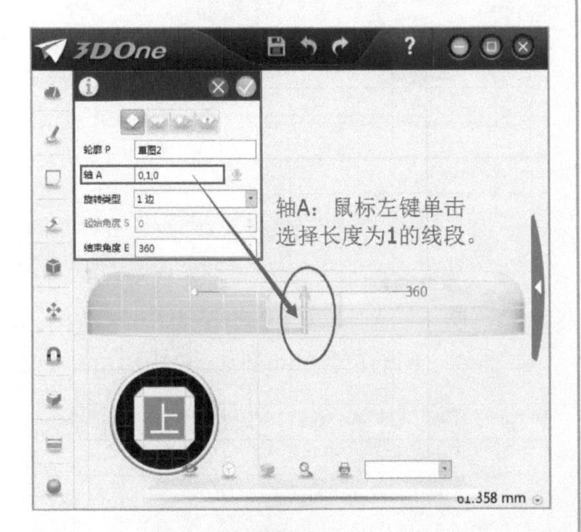

图 8-23

Step24 用鼠标左键单击提示框“✓”按钮，“旋转”操作完毕，如图 8-24 所示。

图 8-24

Step25 用鼠标左键选择菜单栏中“草图绘制”→“圆形”工具，如图 8-25 所示。

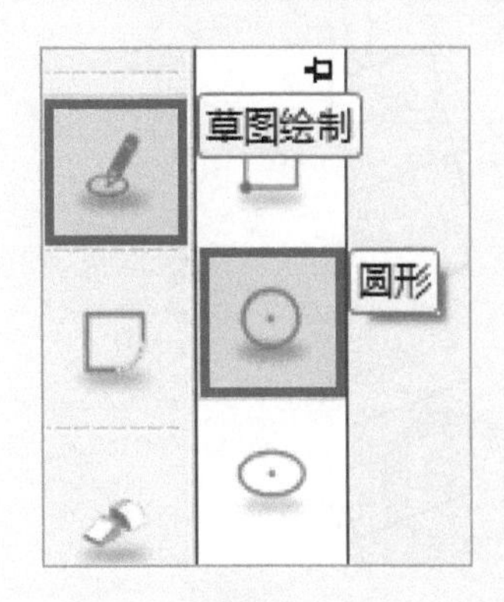

图 8-25

Step26 用鼠标左键在图 8-26 所示的平面上单击一下，确定以此面为平面参考。

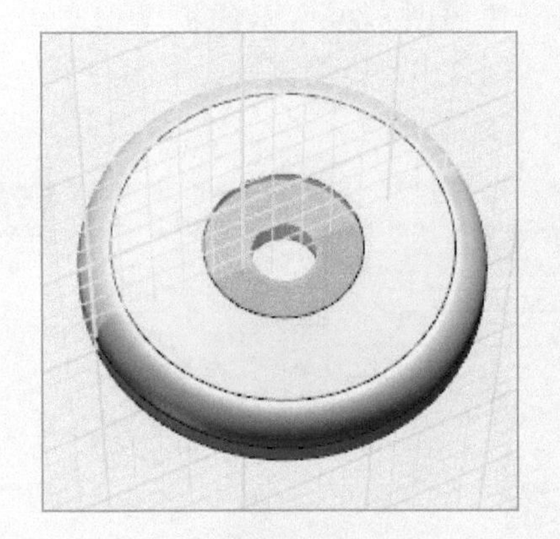

图 8-26

Step27 用鼠标左键单击“查看视图”→“自动对齐视图”图标，如图 8-27 所示。

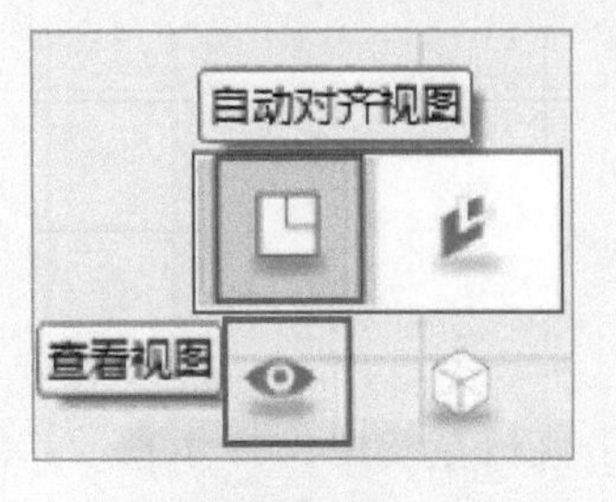

图 8-27

Step28 软件的操作界面则自动对齐为当前平面视图，如图 8-28 所示。

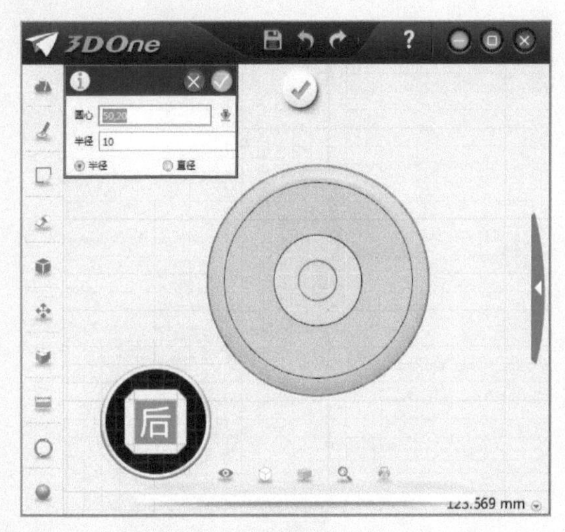

图 8-28

Step29 按照图 8-29 所示的提示框步骤，以圆盘中心点为圆心，绘制一个半径为“9”的圆。

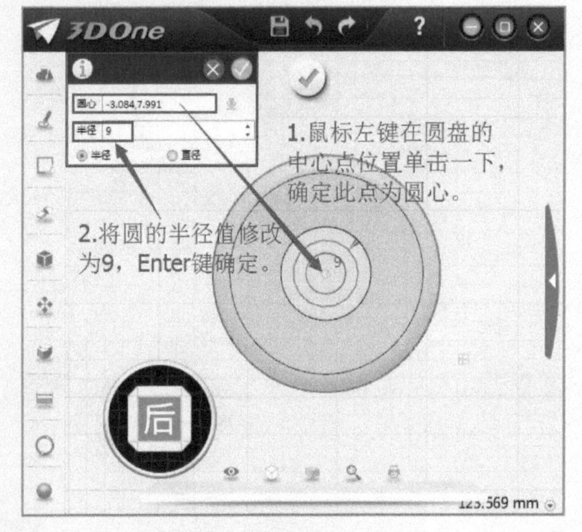

图 8-29

Step30 用鼠标左键单击提示框“✓”按钮，半径为“9”的圆绘制完毕，如图 8-30 所示。

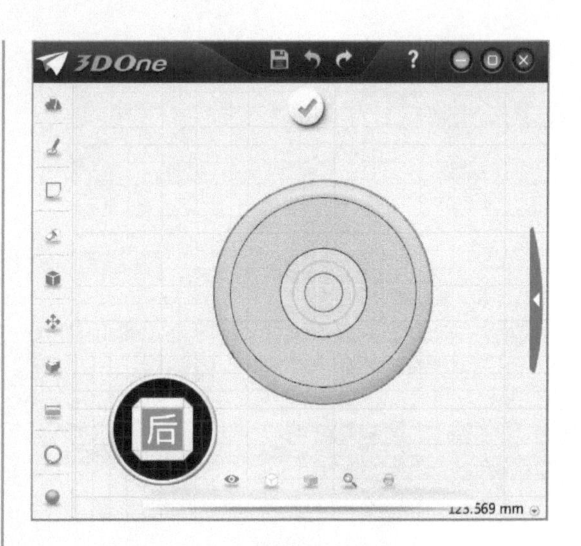

图 8-30

Step31 选择“圆形”工具，在半径为“9”的圆上分别绘制 4 个半径为“1”的圆，4 个圆的位置分布图如 8-31 所示。

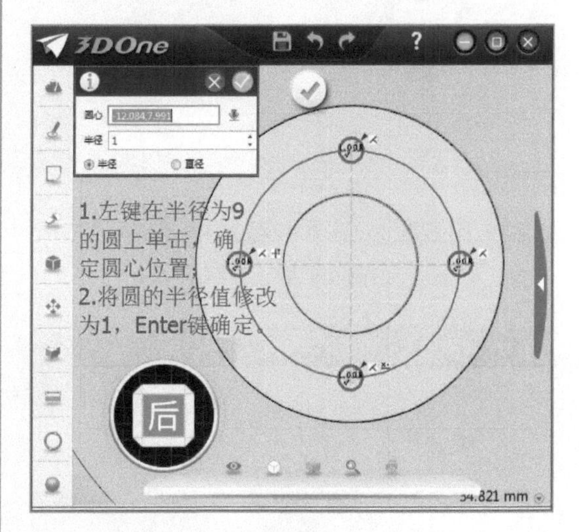

图 8-31

Step32 继续选择“圆形”工具，以圆盘的中心点位置为圆心，绘制一个半径为“4.5”的圆，绘制步骤如图 8-32 所示。

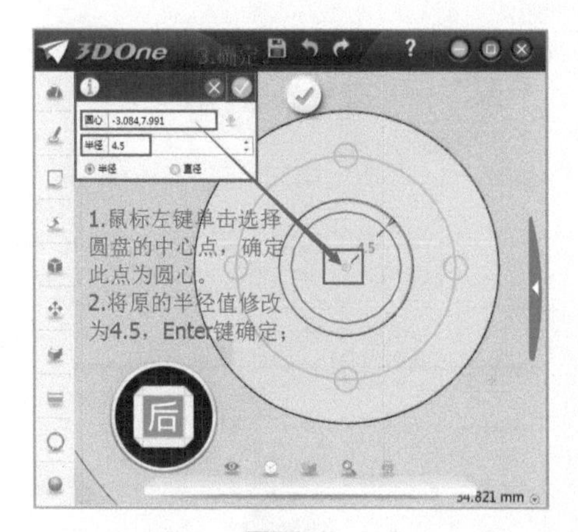

图 8-32

Step33 用鼠标左键选择半径为“9”的圆，按<Delete>键删除，如图 8-33 所示。

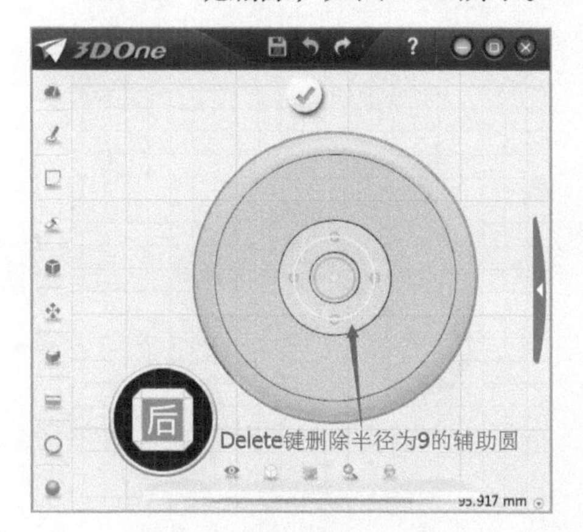

图 8-33

Step34 用鼠标左键单击“✓”按钮，退出草图编辑状态，如图 8-34 所示。

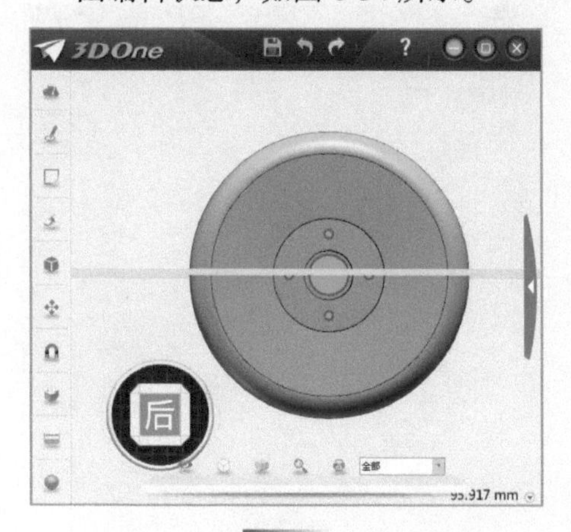

图 8-34

Step35 用鼠标左键单击选择绘制完毕的草图，弹出图 8-35 所示的 Minibar 窗口，用鼠标左键单击“拉伸”命令。

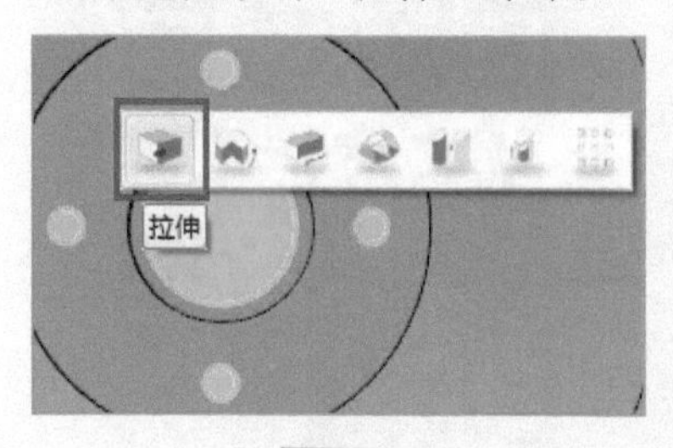

图 8-35

Step36 按照图 8-36 所示的提示框步骤对草图进行“拉伸”操作。

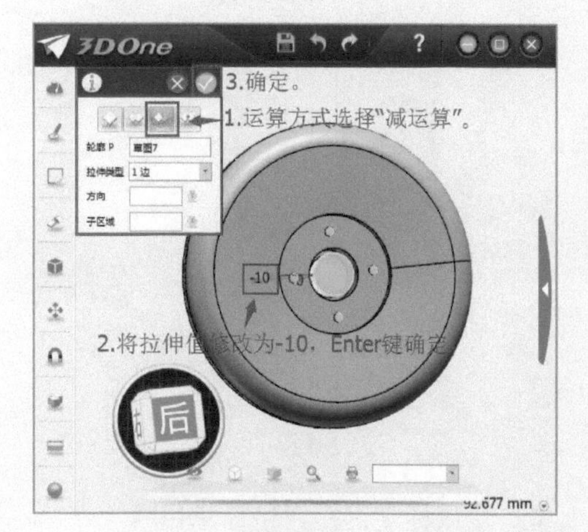

图 8-36

Step37 悠悠球的外壳模型绘制完毕，如图 8-37 所示。

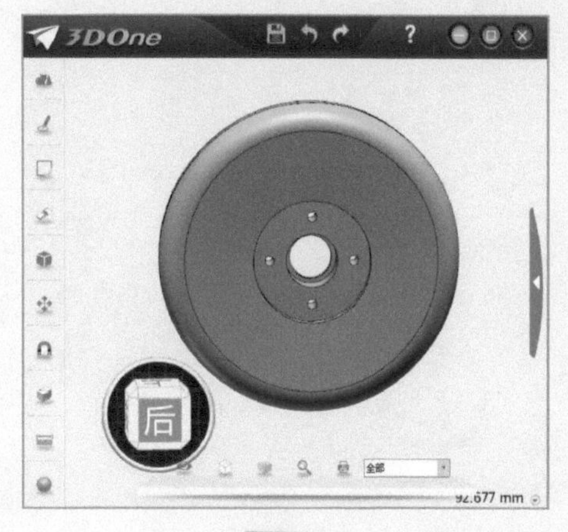

图 8-37

具体操作步骤请扫描下方二维码观看视频。

垫片模型的制作步骤：

Step01 用鼠标左键选择菜单栏中“草图绘制”→“圆形”工具，如图 8-38 所示。

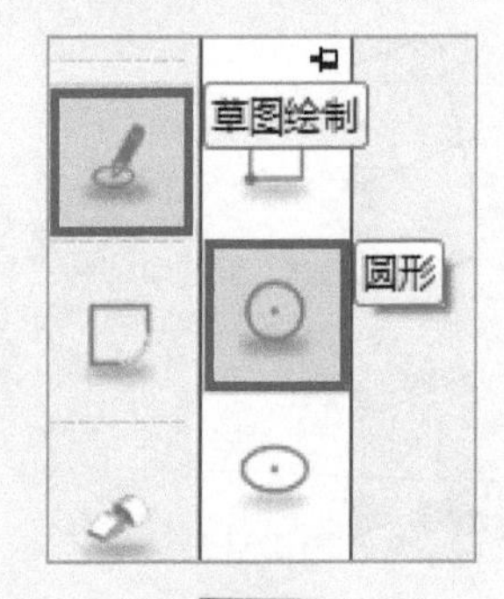

图 8-38

Step02 用鼠标左键在网格任意位置上单击一下，确定以网格为平面参考，如图 8-39 所示。

图 8-39

Step03 用鼠标左键单击“自动对齐视图”→“查看视图”图标，如图 8-40 所示。

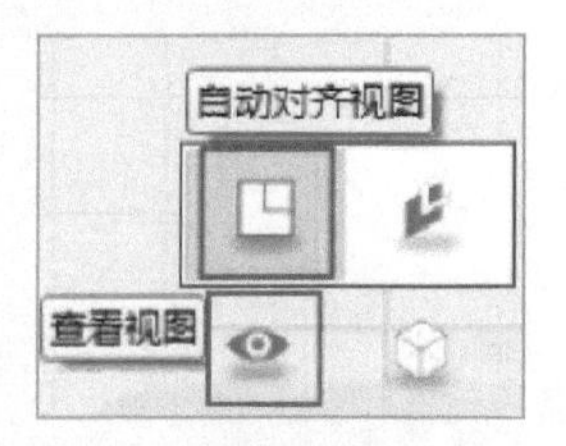

图 8-40

Step04 软件的操作界面则自动对齐为当前平面视图，如图 8-41 所示。

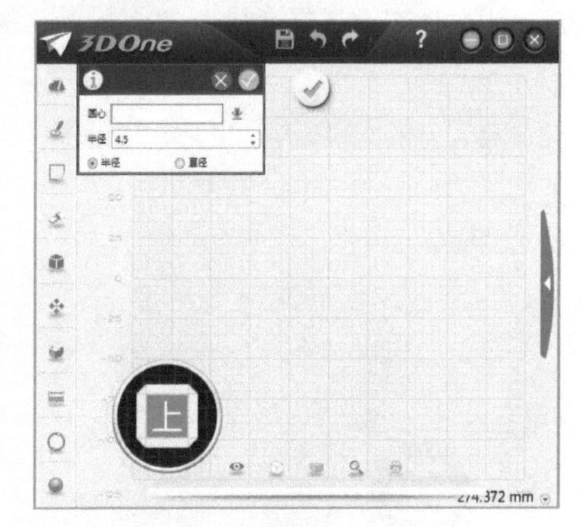

图 8-41

Step05 单击鼠标左键在网格上绘制一个半径为“4.5”的圆形，绘制步骤如图 8-42 所示。

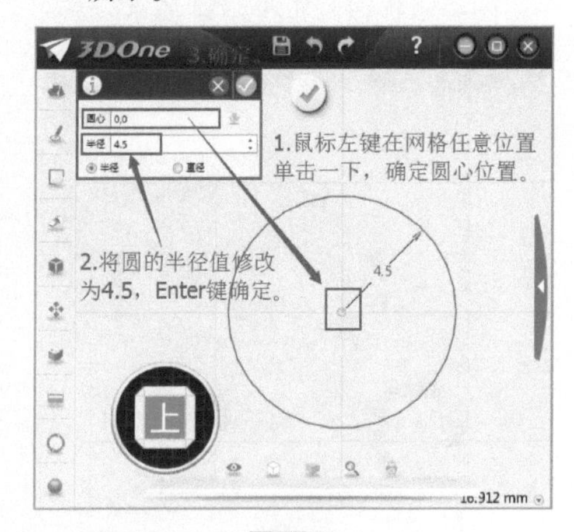

图 8-42

Step06 继续选择“圆形”工具，在网格上绘制一个半径为“9”的圆，第二个圆与第一个圆为同心圆，绘制步骤如图 8-43 所示。

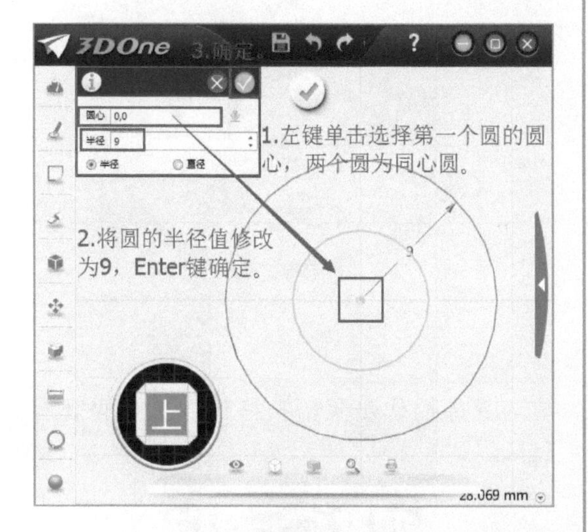

图 8-43

Step07 继续选择“圆形”工具，在网格上绘制一个半径为“12.5”的圆，与前两个圆为同心圆，绘制步骤如图 8-44 所示。

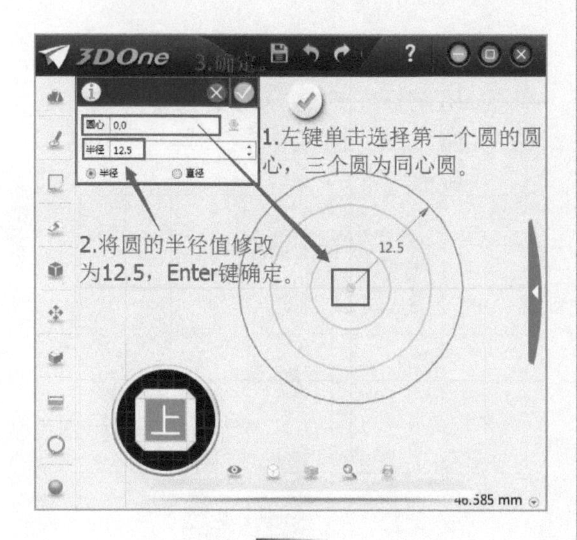

图 8-44

Step08 三个同心圆绘制完毕，如图 8-45 所示。

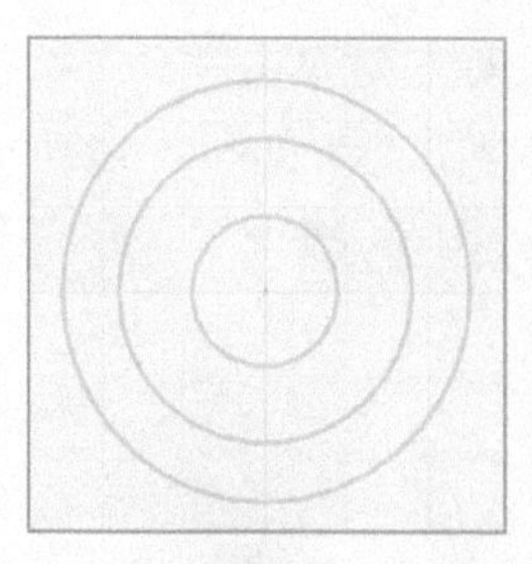

图 8-45

Step09 继续选择“圆形”工具，在半径为“9”的圆上绘制 4 个半径为“1.5”的圆，具体位置如图 8-46 所示。

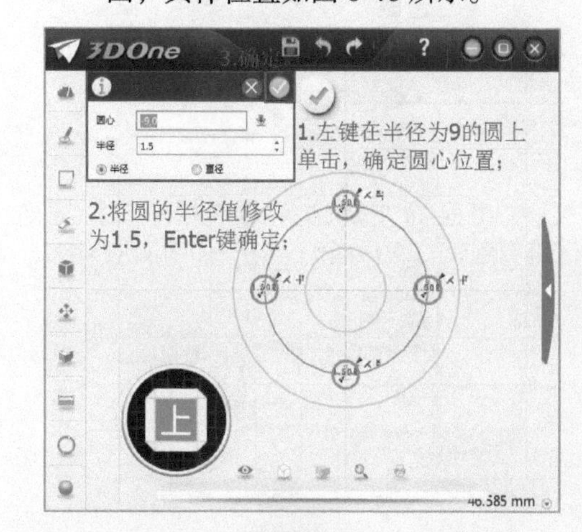

图 8-46

Step10 用鼠标左键单击选中半径为“9”的圆，按 <Delete> 键删除，如图 8-47 所示。

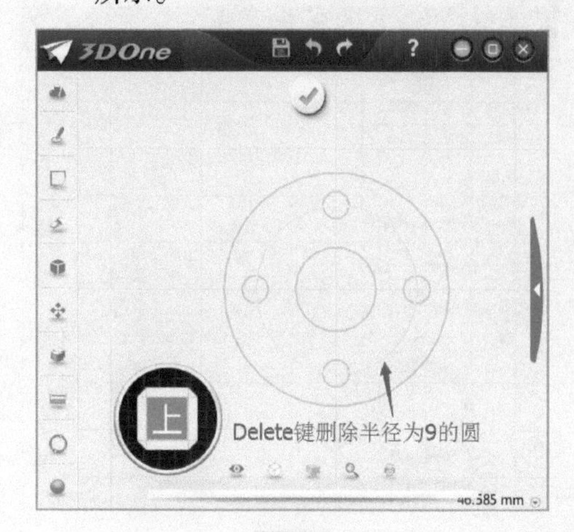

图 8-47

Step11 用鼠标左键单击“✓”按钮，退出草图编辑状态，如图 8-48 所示。

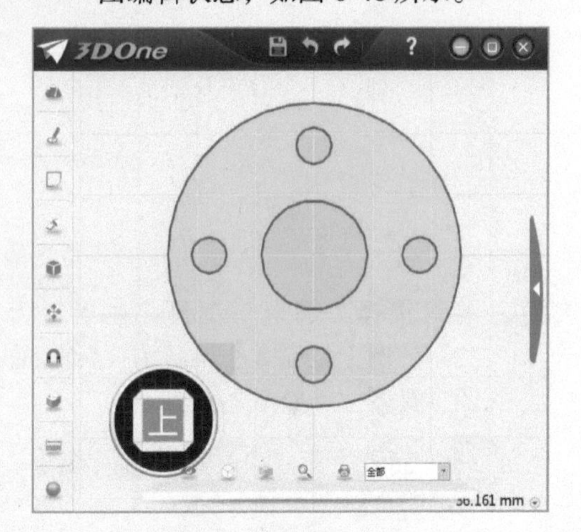

图 8-48

Step12 用鼠标左键选择菜单栏中“特征造型”→“拉伸”工具，如图 8-49 所示。

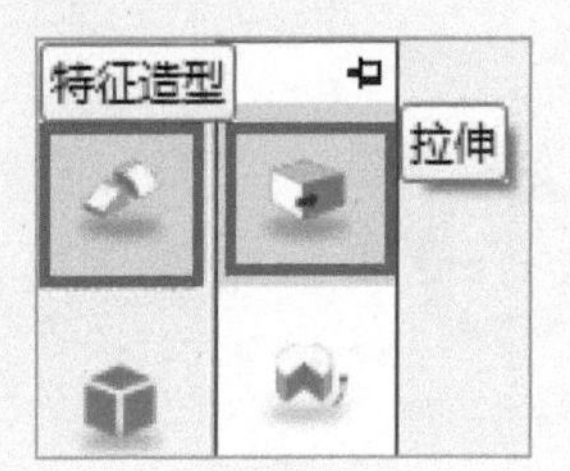

图 8-49

Step13 按照图 8-50 所示的提示框步骤对草图进行“拉伸”操作。

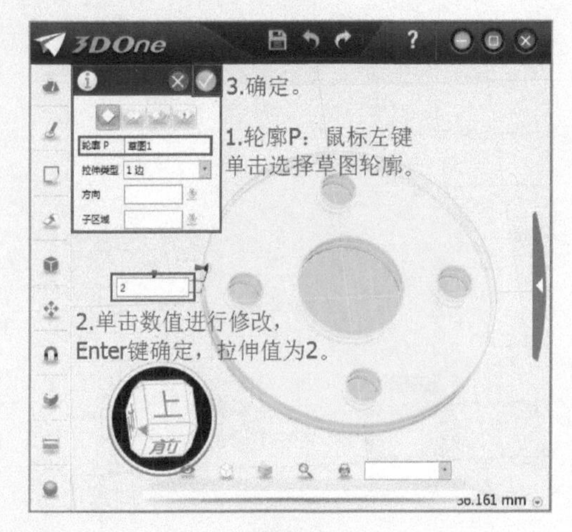

图 8-50

Step14 悠悠球的垫片模型制作完毕，如图 8-51 所示。

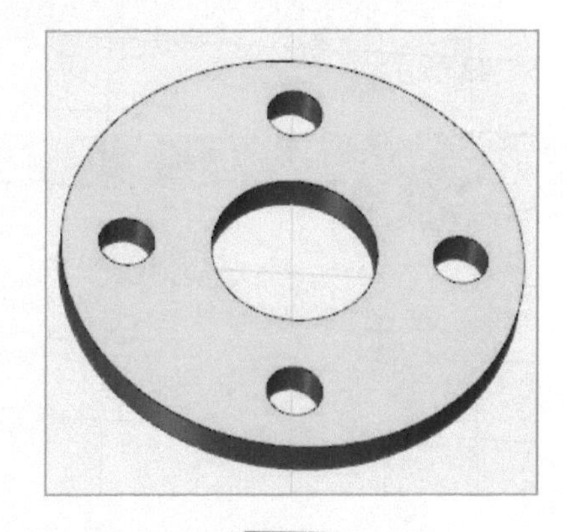

图 8-51

具体操作步骤请扫描下方二维码观看视频。

□ 轴承模型的制作步骤：

Step01 用鼠标左键选择菜单栏中“基本实体”→“圆柱体”工具，如图 8-52 所示。

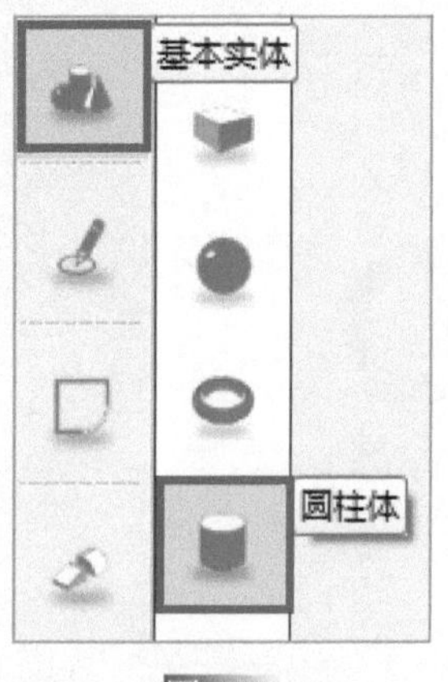

图 8-52

Step02 用鼠标左键在网格任意位置上单击一下，确定圆柱体的中心位置，如图 8-53 所示。

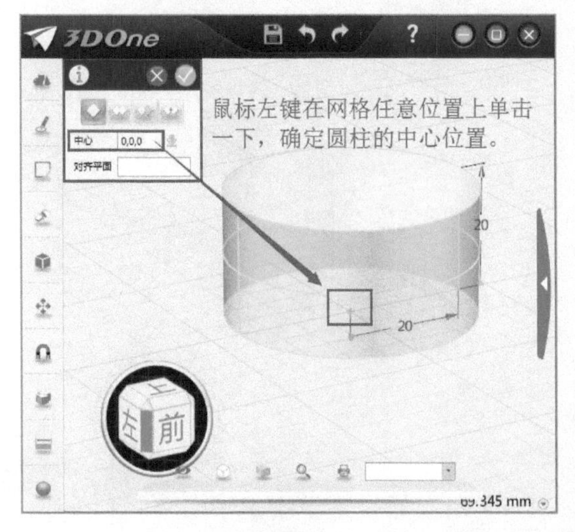

图 8-53

Step03 用鼠标左键单击数值进行修改，按 <Enter> 键确定，圆柱体的高为“3.5”，半径为“4.25”，如图 8-54 所示。

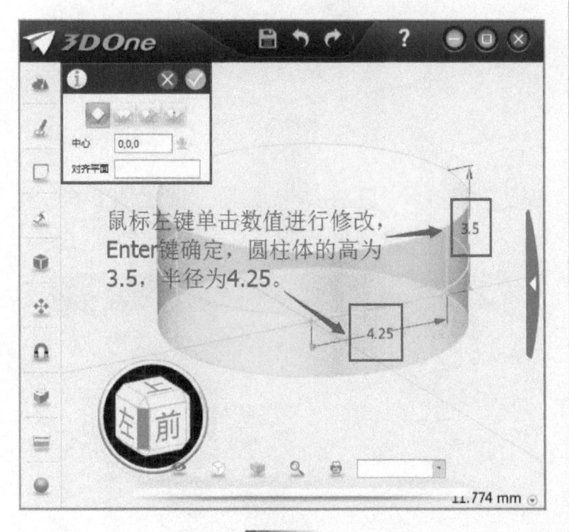

图 8-54

Step04 用鼠标左键单击提示框“✓”按钮，圆柱体创建完毕，如图 8-55 所示。

Step05 选择“圆柱体”工具，用鼠标左键在网格任意位置上单击一下，创建第二个圆柱体，第二个圆柱体的高为“5”，半径为“2.5”，如图 8-56 所示。

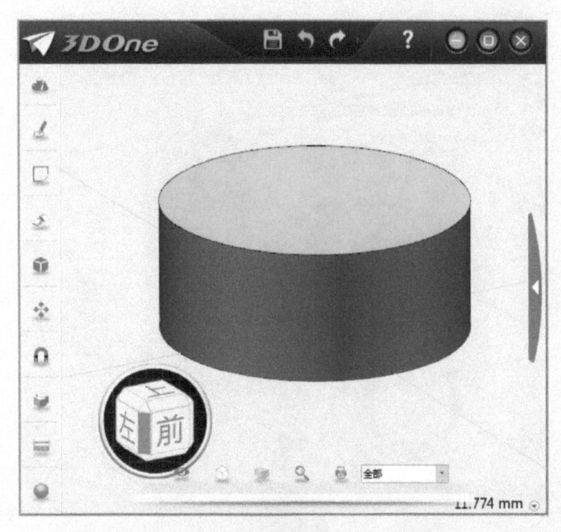

图 8-55

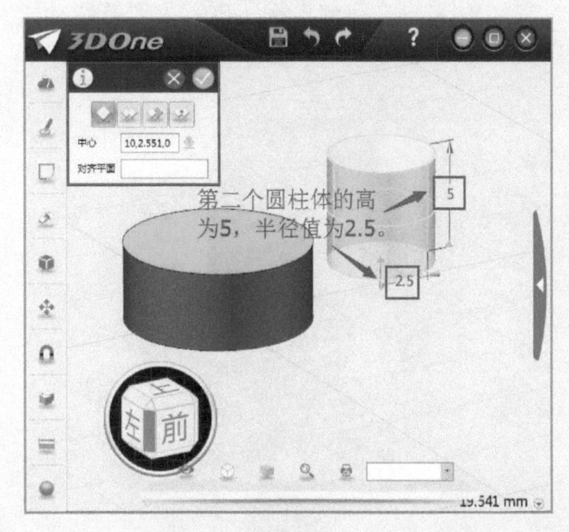

图 8-56

Step06 用鼠标左键单击菜单栏中的“自动吸附”命令，如图 8-57 所示。

图 8-57

Step07 按照图 8-58 所示的提示框步骤，对圆柱体进行“自动吸附”操作。

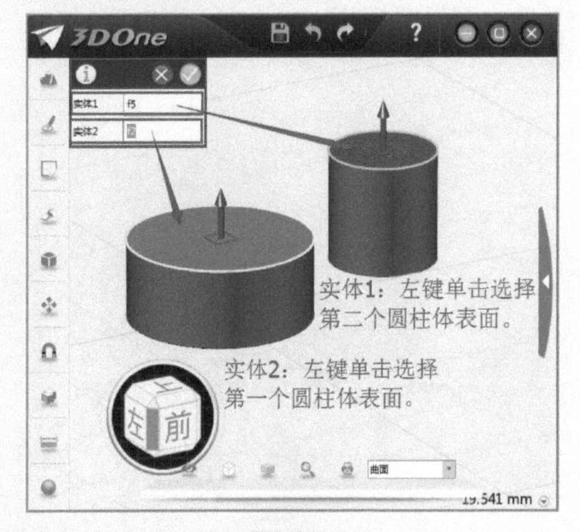

图 8-58

Step08 用鼠标左键单击提示框“✓”按钮，完成“自动吸附”操作，如图 8-59 所示。

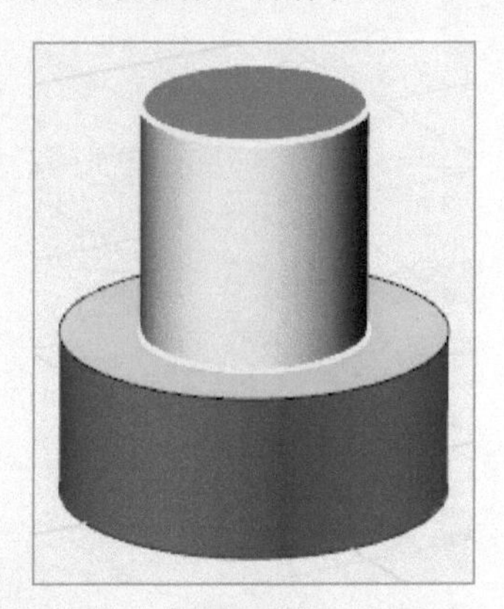

图 8-59

Step09 用鼠标左键单击菜单栏中的“组合编辑”命令，如图 8-60 所示。

图 8-60

Step10 按照图 8-61 所示的提示框步骤对圆柱体进行“组合编辑”操作。

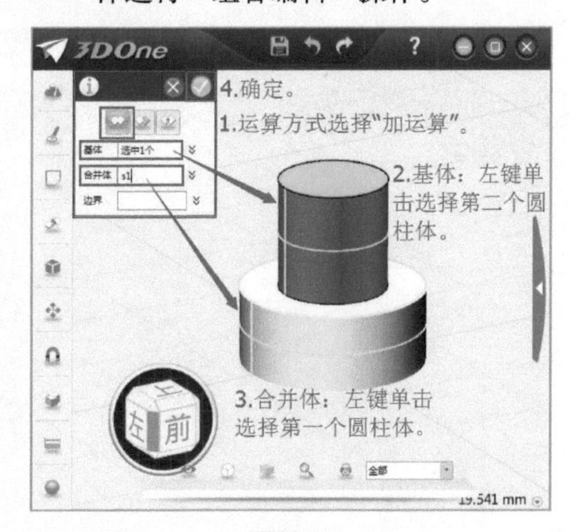

图 8-61

Step11 用鼠标左键单击提示框“✓”按钮，圆柱体合并完毕，如图 8-62 所示。

图 8-62

Step12 选择“圆柱体”工具，按照图 8-63 所示的提示框步骤，创建第三个圆柱体。

图 8-63

Step13 用鼠标左键单击选中圆柱体，弹出图 8-64 所示的 Minibar 窗口，用鼠标左键单击“镜像”命令。

图 8-64

Step14 按照图 8-65 所示的提示框步骤，对圆柱进行“镜像”操作。

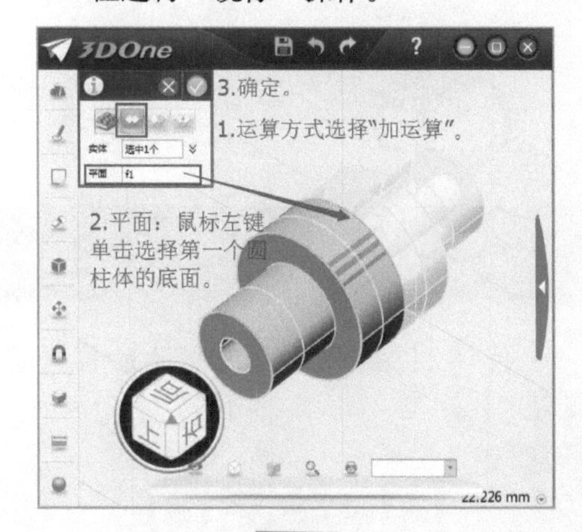

图 8-65

Step15 悠悠球的轴承模型制作完毕，如图 8-66 所示。

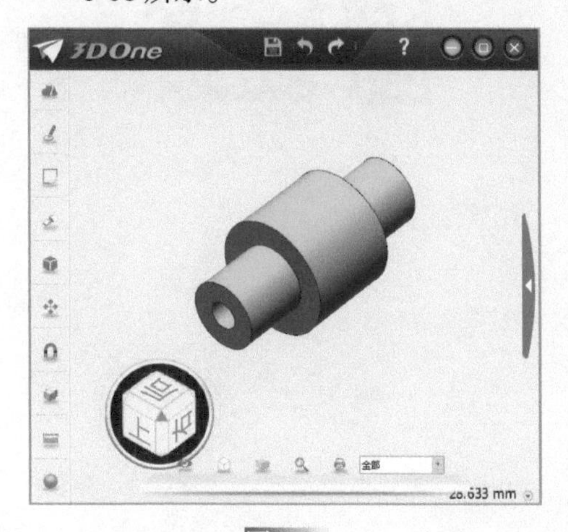

图 8-66

具体操作步骤请扫描下方二维码观看视频。

创意百宝箱

□ 悠悠球模型制作完毕，我将悠悠球模型都摆放到打印平台上。

□ 打印机的各项参数“设置”可参考图 8-67：

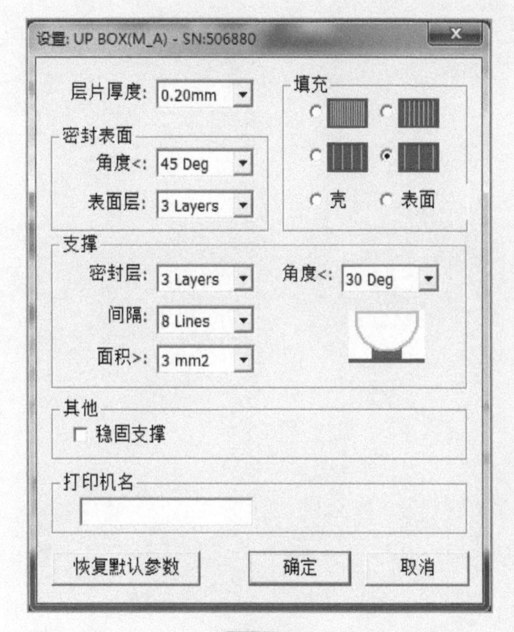

图 8-67

□ 开始打印悠悠球吧！

创想能源库

□我自己设计的悠悠球草图是：

□我设计的悠悠球尺寸是：

□我的悠悠球需要的标准件有：

□我的设计体会是：

终极训练营

□我会观看标准件组装悠悠球的视频。

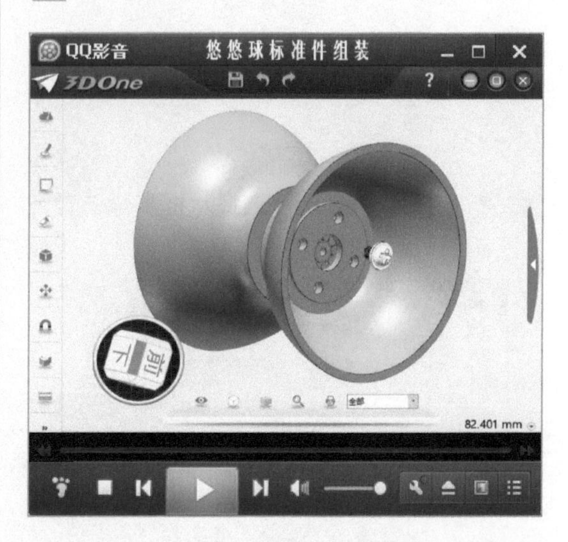

注：扫描下方二维码可直接观看视频。

□看完视频后，我知道了：

☐ 我会下载悠悠球的标准件模型。

A. 轴承模型的下载地址如下：

http://www.i3done.com/model/60331.html#ad-image-0

B. 螺钉模型的下载地址如下：

http://www.i3done.com/model/60332.html#ad-image-0

☐ 我会在软件中，将悠悠球模型组装起来。

☐ 我的组装体会是：

____

____

____

____

YO-YO达人秀

☐ 我们推选的小组代表是：

____

☐ 我们推选的理由是：

____

____

____

☐ 请小组代表给大家展示悠悠球。

大家好，我是________小组的________。

我在制作悠悠球时遇到的困难有：

____

____

____

我的悠悠球需要改进的地方有：

____

____

____

____

谢谢大家！

自我评价

□请同学们结合自己在课堂上的表现，填写下列表格进行自我评价。

自主测评表	
评分项目	评分等级
悠悠球制作能力	☆☆☆☆☆
悠悠球组装能力	☆☆☆☆☆
圆角、旋转、镜像	☆☆☆☆☆
自动吸附、组合编辑	☆☆☆☆☆
认真完成课堂任务	☆☆☆☆☆
积极参与团队讨论	☆☆☆☆☆
对悠悠球的兴趣	☆☆☆☆☆
	☆☆☆☆☆
	☆☆☆☆☆
	☆☆☆☆☆
	☆☆☆☆☆
	☆☆☆☆☆
	☆☆☆☆☆
	☆☆☆☆☆
	☆☆☆☆☆

能力拓展

□请同学们利用今天所学的知识点，给自己设计一款纽扣！

□请同学们回家后，用丙烯颜料装饰自己的悠悠球吧！

第九节 益智孔明锁

益智思维

□我们今天选出的组长是：

____

□让我来观察一下，下列这三组图片分别都是从哪几个视角来进行展示的。

第一组：

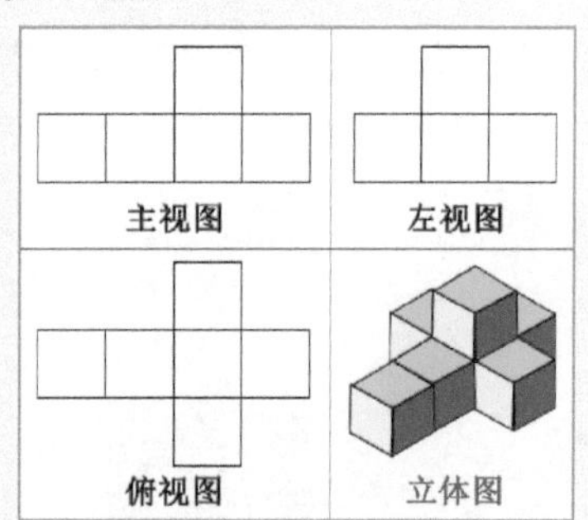

第二组：

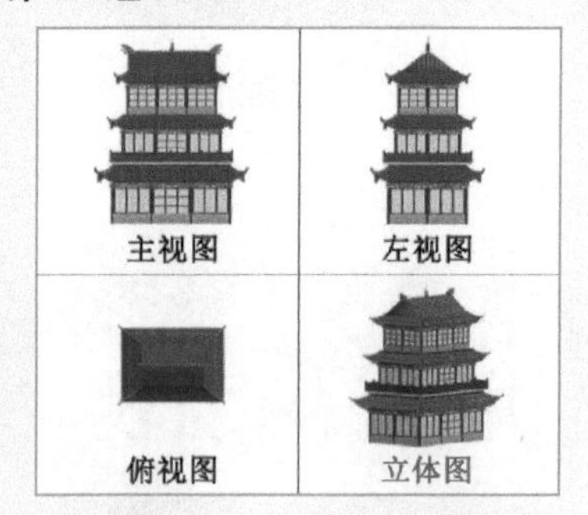

第三组：

□我发现，这三组图片都是从：

____

____

____

这几个视角分别进行展示的。

□让我来验证一下，我的想法是否正确呢？

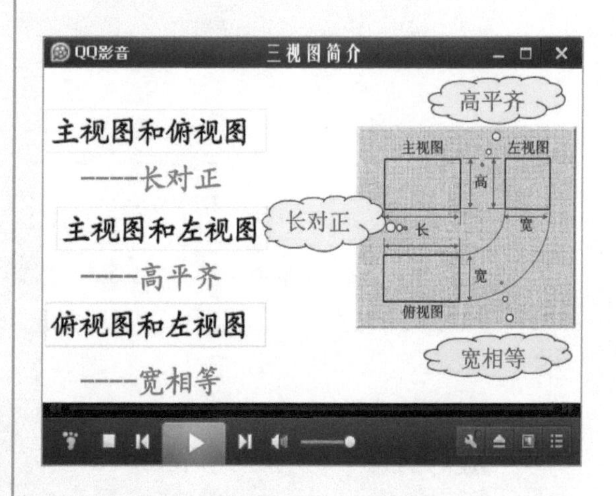

注：扫描下方二维码可直接观看视频。

□看完视频后，我知道了：

____

____

____

思维创新

□ 图 9-1 展示的是一个孔明锁，让我来尝试分析一下它的特点吧！

图 9-1

□ 第一、二根孔明锁的三视图如图 9-2 所示：

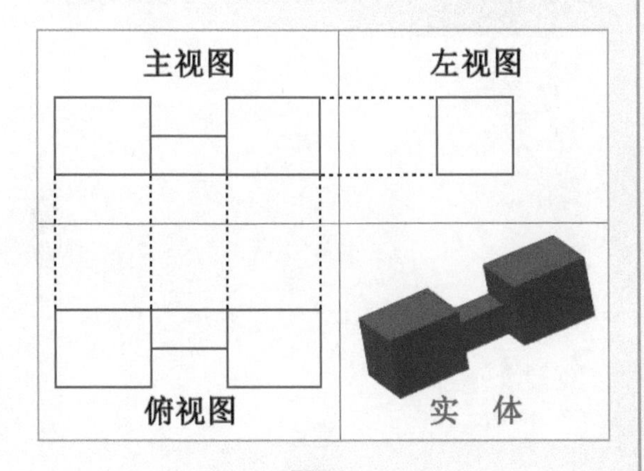

图 9-2

□ 第三根孔明锁的三视图如图 9-3 所示：

主视图　左视图

俯视图　实　体

图 9-3

□ 通过分析上面的三视图，我发现第一根孔明锁和第二个孔明锁都是由一个________体、一个________体和一个________体这三部分组成的；

第三根孔明锁是由一个________体、一个________体、一个________体和一个________体这四部分组成的。

□ 孔明锁的模型制作，我们组是这样分配的：

孔明锁制作分配表		
孔明锁	是否完成	负责人
第一根	是（　）否（　）	
第二根	是（　）否（　）	
第三根	是（　）否（　）	

创意阶梯

- 让我来挑选一条适合自己的学习路径，开始学习吧！
- 第一根孔明锁---第 136 ~ 140 页。
- 第二根孔明锁---第 140 ~ 148 页。
- 第三根孔明锁---第 148 ~ 151 页。
- 第一根孔明锁的制作步骤：

Step01 用鼠标左键双击打开 3DOne 软件，如图 9-4 所示。

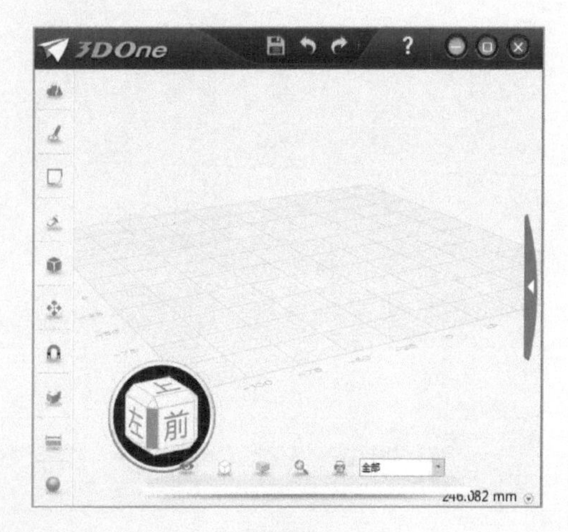

图 9-4

Step02 用鼠标左键选择菜单栏中“基本实体”→“六面体”工具，如图 9-5 所示。

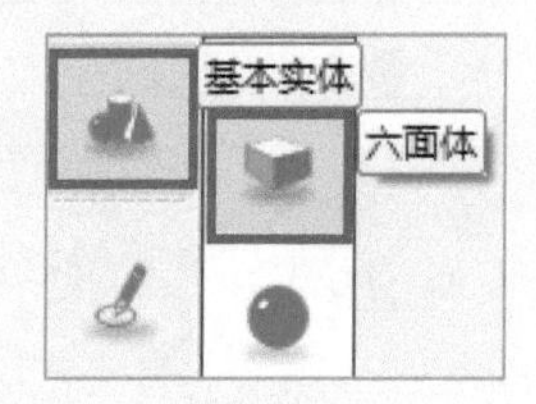

图 9-5

Step03 用鼠标左键在网格任意位置上单击一下，确定第一个六面体的中心点位置，如图 9-6 所示。

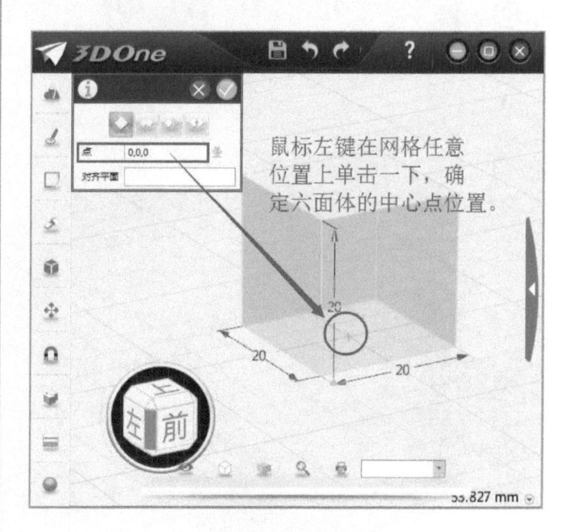

图 9-6

Step04 用鼠标左键单击数值进行修改，按 <Enter> 键确定，第一个六面体的尺寸为 16mm × 8mm × 8mm，如图 9-7 所示。

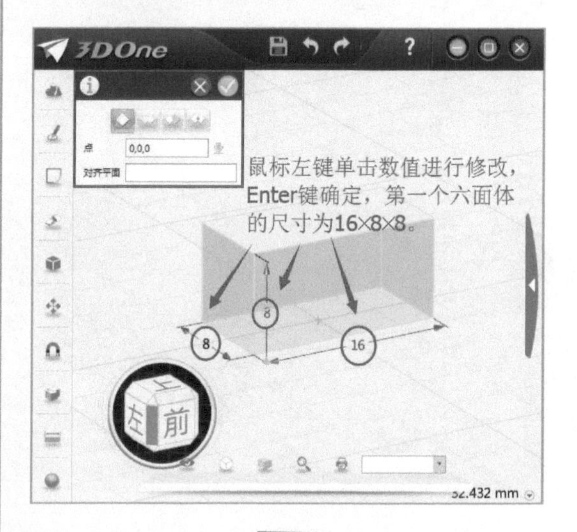

图 9-7

Step05 用鼠标左键单击提示框“✓”按钮，孔明锁的第一个六面体创建完毕，如图 9-8 所示。

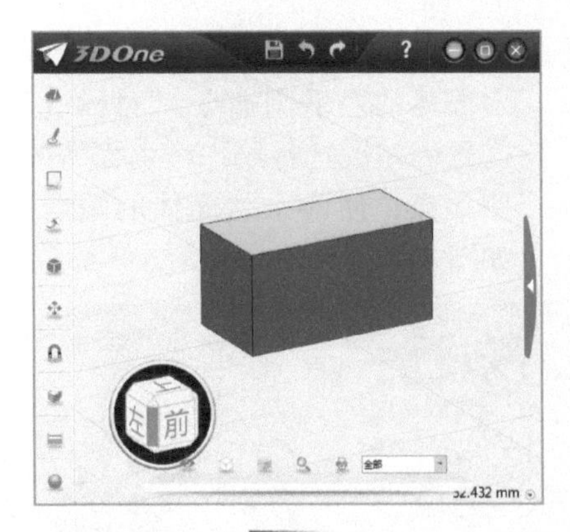

图 9-8

Step06 继续选择“六面体”工具，在网格上创建第二个六面体，六面体的尺寸为8mm×4 mm×4 mm，如图 9-9 所示。

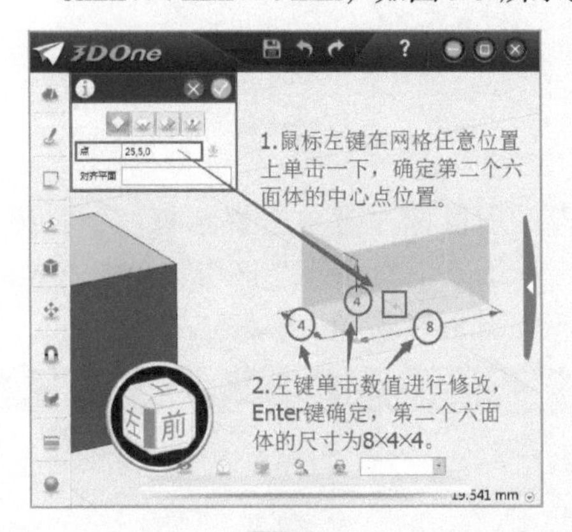

图 9-9

Step07 用鼠标左键单击提示框“✓”按钮，孔明锁的第二个六面体创建完毕，如图 9-10 所示。

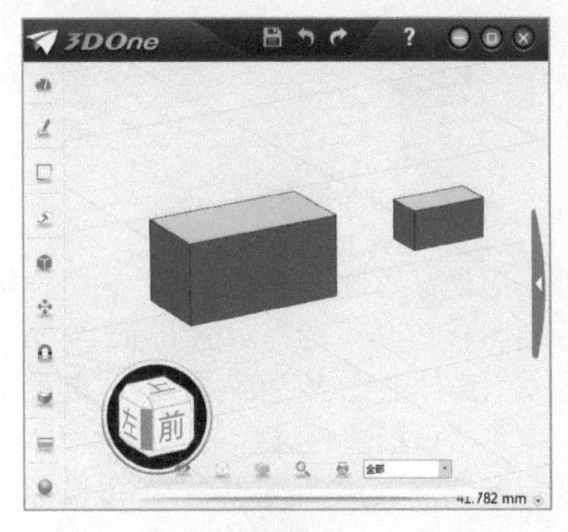

图 9-10

Step08 用鼠标左键选择菜单栏中“基本编辑”→“镜像”工具，如图 9-11 所示。

图 9-11

Step09 按照图 9-12 所示的提示框步骤，对第一个六面体进行“镜像”操作。

图 9-12

Step10 “镜像”操作完毕，得到孔明锁的第三个六面体，如图 9-13 所示。

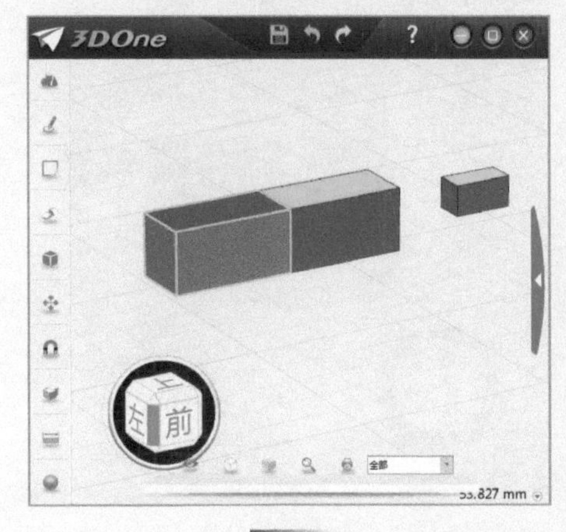

图 9-13

Step11 用鼠标左键选择菜单栏中“基本编辑”→“移动”工具，如图 9-14 所示。

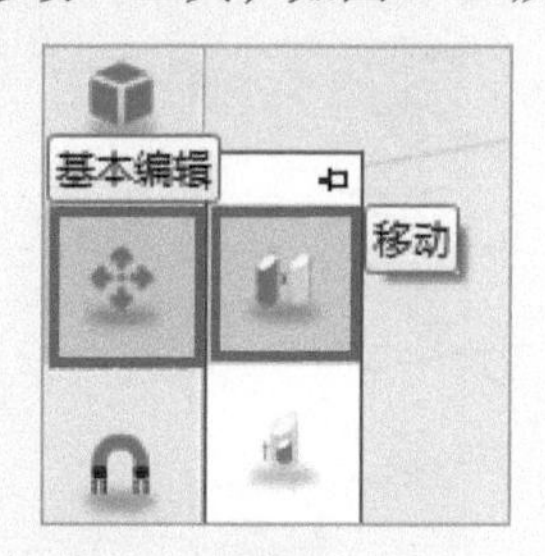

图 9-14

Step12 弹出图 9-15 所示的移动提示框，用鼠标左键单击“点到点移动”命令。

图 9-15

Step13 用鼠标左键单击选择第二个六面体，对应提示框中的“实体”，如图 9-16 所示。

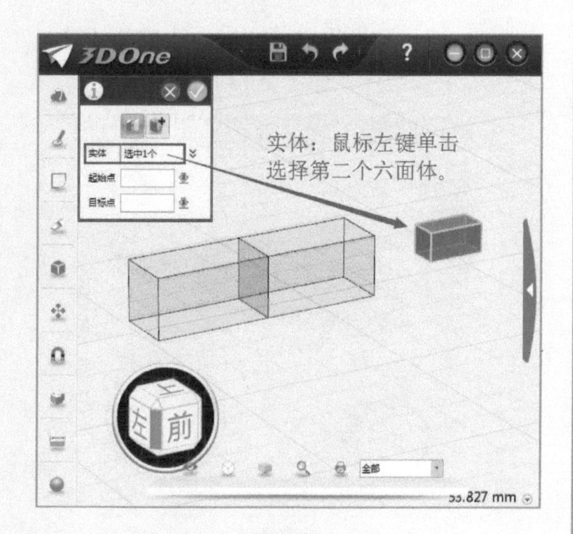

图 9-16

Step14 “起始点”：单击鼠标左键选择第二个六面体的左下侧端点；“目标点”：单击鼠标左键选择第一个六面体的右下侧端点，使两个六面体的端点重合，如图 9-17 所示。

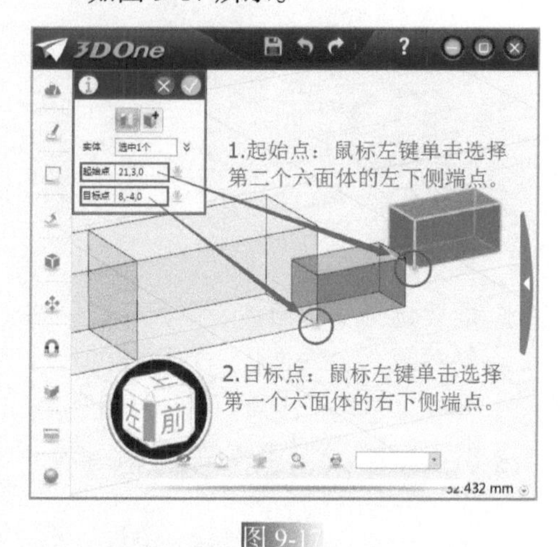

图 9-17

Step15 用鼠标左键单击提示框“✓”按钮，第二个六面体“移动”操作完毕，如图 9-18 所示。

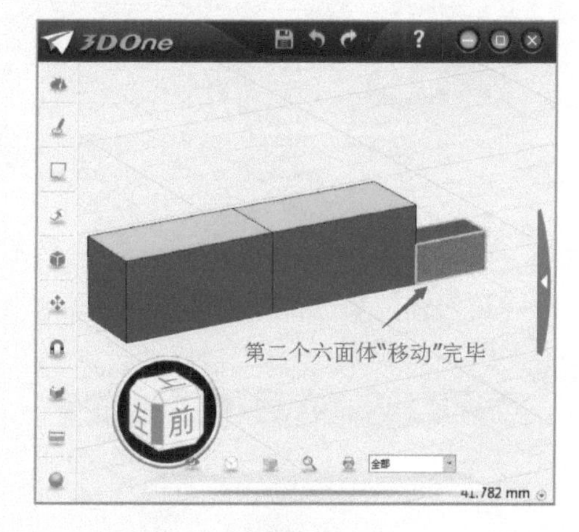

图 9-18

Step16 用鼠标左键选择“移动”命令，按照图 9-19 所示的提示框步骤，对第三个六面体进行“移动”操作。“起始点”：单击鼠标左键选择第三个六面体的左下侧端点；“目标点”：单击鼠标左键选择第一个六面体的右下侧端点。

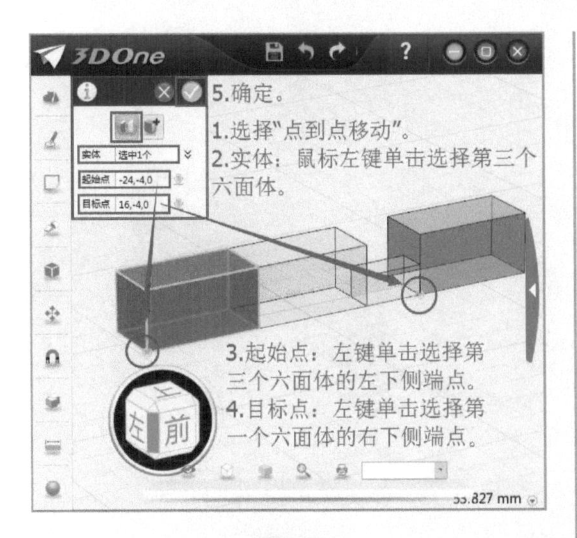

图 9-19

Step17 第三个六面体“移动”操作完毕，如图 9-20 所示。

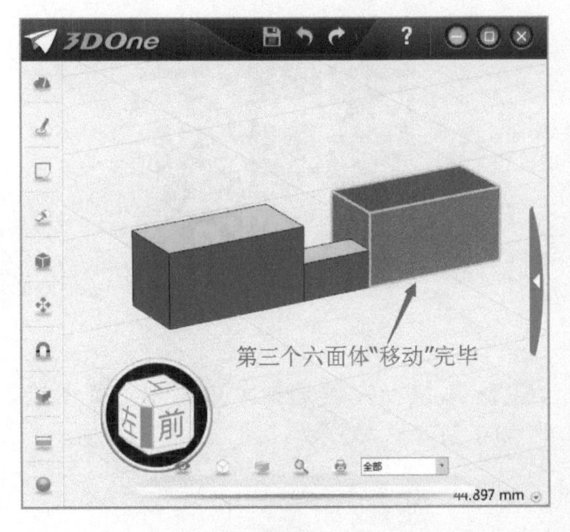

图 9-20

Step18 用鼠标左键单击选择菜单栏中的“组合编辑”命令，如图 9-21 所示。

Step19 按照图 9-22 所示的提示框步骤，对六面体进行“组合编辑”操作。

Step20 将光标移动放置在模型拼接面上，双击鼠标左键选中六面体的面，弹出图 9-23 所示的 Minibar 窗口，用鼠标左键单击“DE 面偏移”命令。

图 9-21

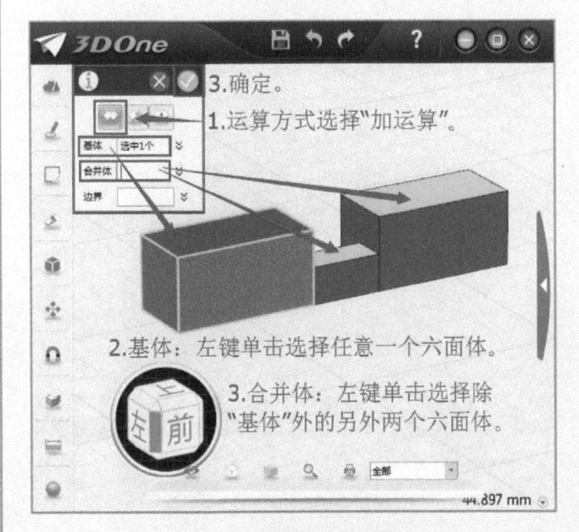

图 9-22

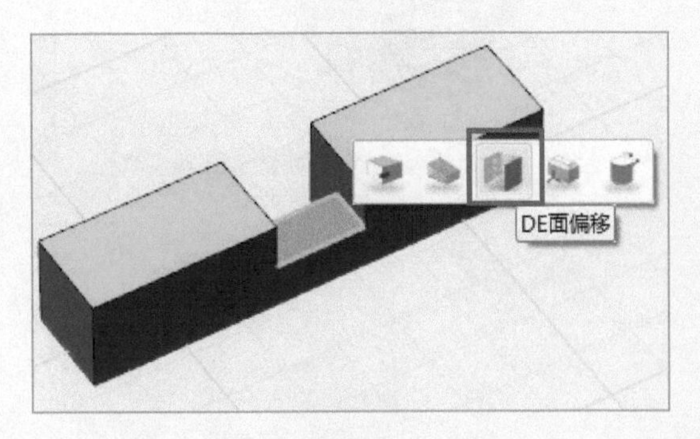

图 9-23

Step21 按照图 9-24 所示的提示框步骤，对拼接面进行“DE 面偏移”操作，在提示框中输入偏移值“−0.1”，按 <Enter> 键确定，单击提示框“✓”按钮，完成操作。

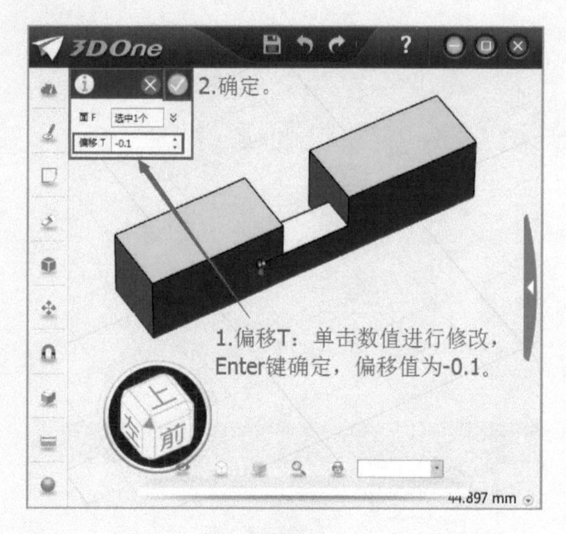

图 9-24

Step22 双击鼠标左键选中六面体的另一个拼接面，进行“DE 面偏移”操作，在提示框中输入偏移值“-0.1”，按 <Enter> 键确定，如图 9-25 所示。

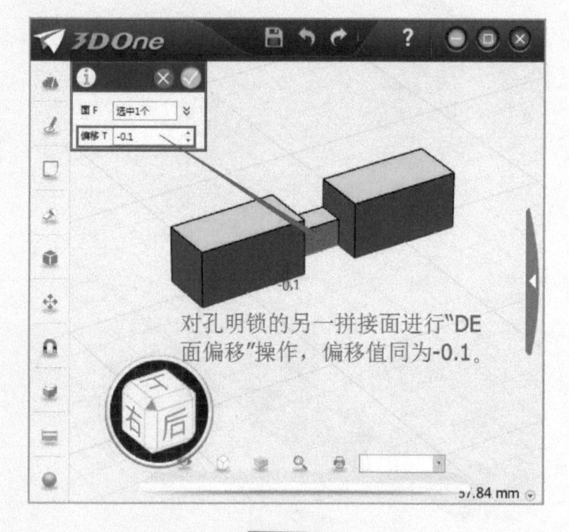

图 9-25

Step23 用鼠标左键单击提示框“✓”按钮，第一根孔明锁制作完毕，如图 9-26 所示。

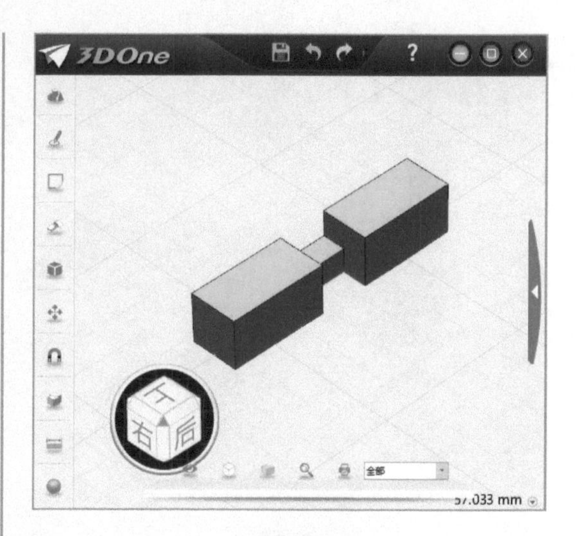

图 9-26

具体操作步骤请扫描下方二维码观看视频。

□ 第二根孔明锁的制作步骤：

Step01 用鼠标左键选择菜单栏中“草图绘制”→“矩形”工具，如图 9-27 所示。

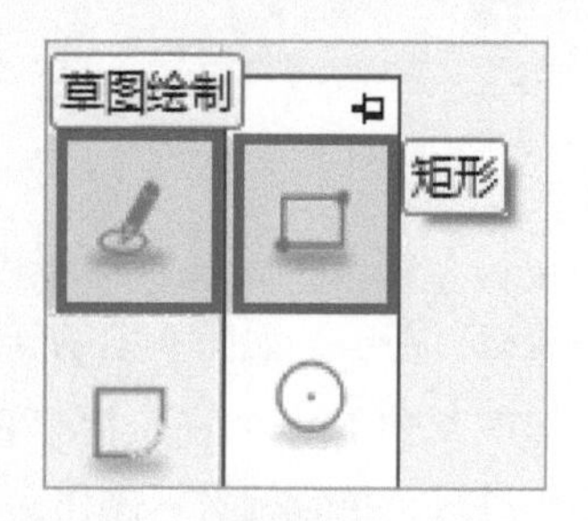

图 9-27

Step02 用鼠标左键在网格任意位置上单击一下，确定以网格为平面参考，如图 9-28 所示。

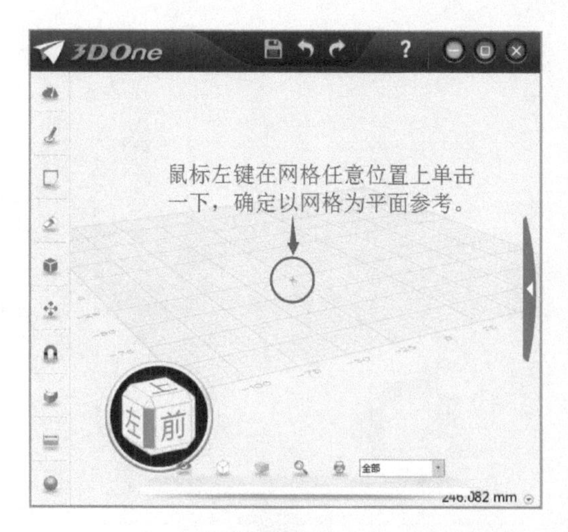

图 9-28

Step03 用鼠标左键单击“查看视图”→“自动对齐视图”图标，如图 9-29 所示。

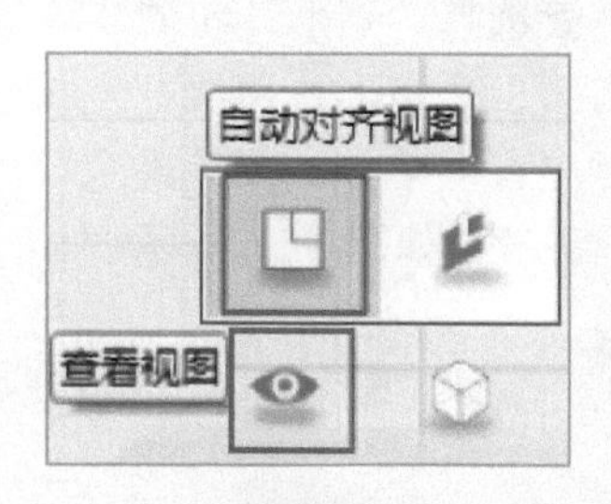

图 9-29

Step04 软件的操作界面则自动对齐为当前平面视图，如图 9-30 所示。

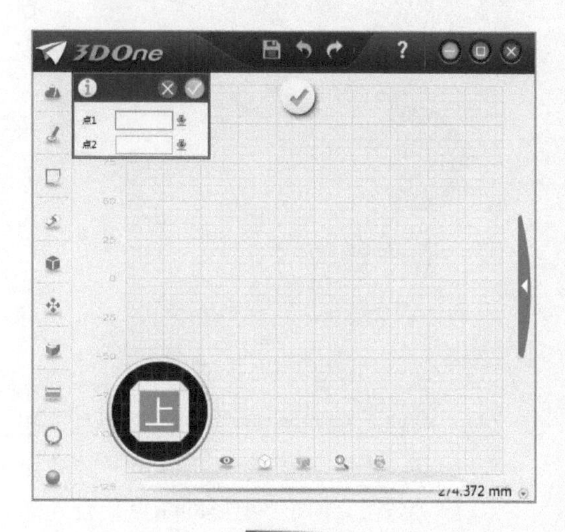

图 9-30

Step05 用鼠标左键在网格任意位置上单击一下，确定矩形的“点 1”位置，如图 9-31 所示。

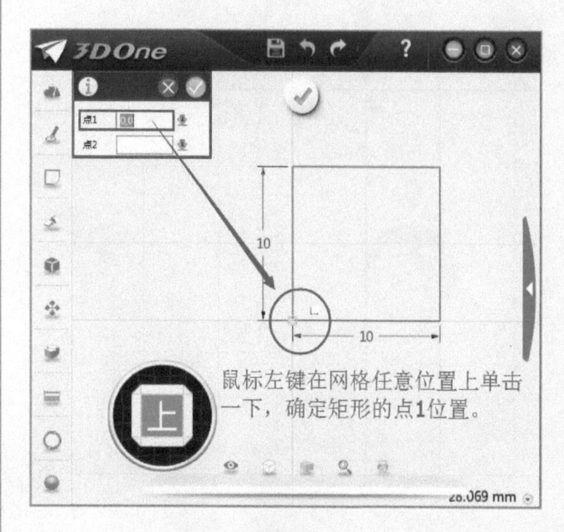

图 9-31

Step06 将鼠标移动一定距离后，用鼠标左键在网格上单击一下，确定第一个矩形“点 2”的位置，如图 9-32 所示。

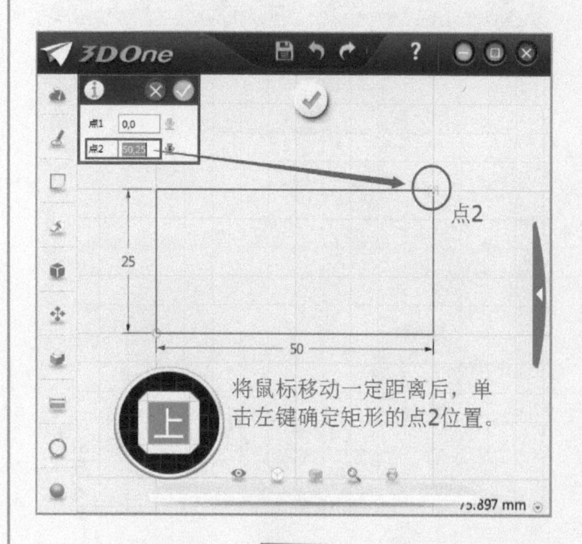

图 9-32

Step07 用鼠标左键单击数值进行修改，按 <Enter> 键确定，第一个矩形的尺寸为 16mm × 8 mm，如图 9-33 所示。

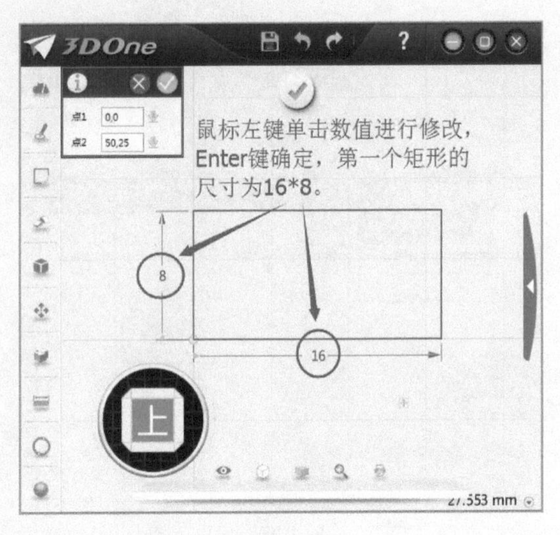

图 9-33

Step08 用鼠标左键单击提示框“✓”按钮，第一个矩形的草图绘制完毕，如图 9-34 所示。

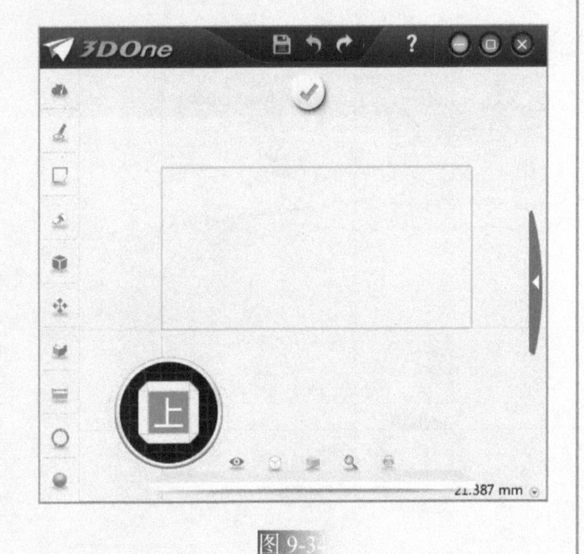

图 9-34

Step09 用鼠标左键单击操作界面中间的“✓”按钮，退出草图编辑状态，第一个矩形绘制完毕，如图 9-35 所示。

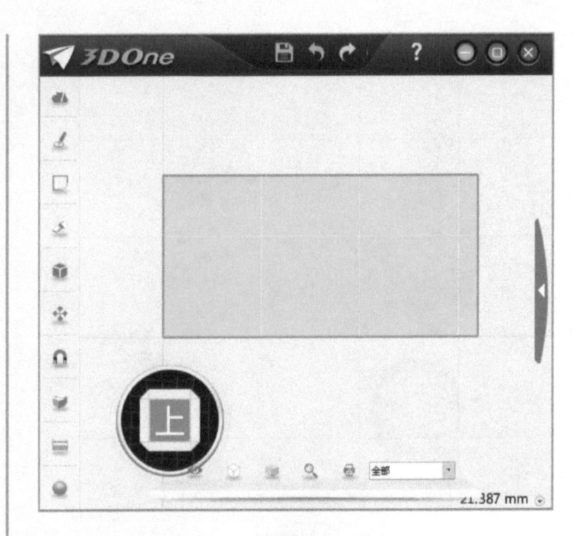

图 9-35

Step10 继续选择“矩形”工具，在网格上绘制第二个矩形，用鼠标左键在网格任意位置上单击一下，确定以网格为平面参考，如图 9-36 所示。

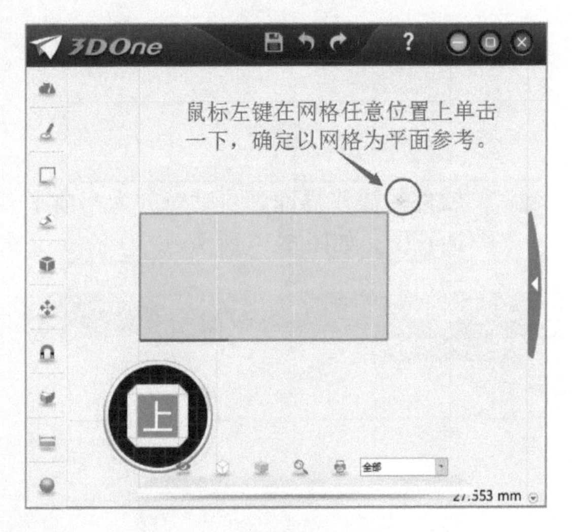

图 9-36

Step11 用鼠标左键单击第一个矩形的右下侧端点，确定此点为第二个矩形的“点1”位置，使两个矩形的端点重合，如图 9-37 所示。

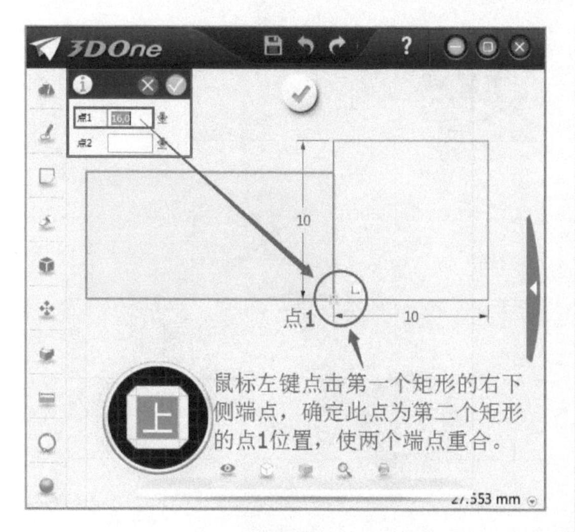

图 9-37

Step12 将鼠标移动一定距离后，单击左键确定第二个矩形“点 2”的位置，如图 9-38 所示。

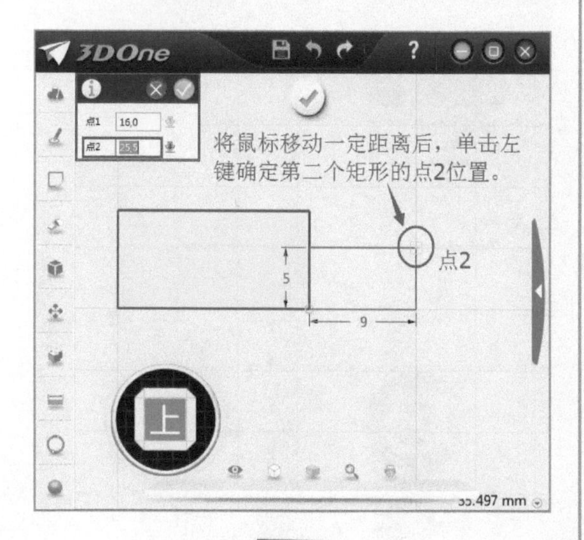

图 9-38

Step13 用鼠标左键单击数值进行修改，按 <Enter> 键确定，第二个矩形的尺寸为 8mm × 4 mm，如图 9-39 所示。

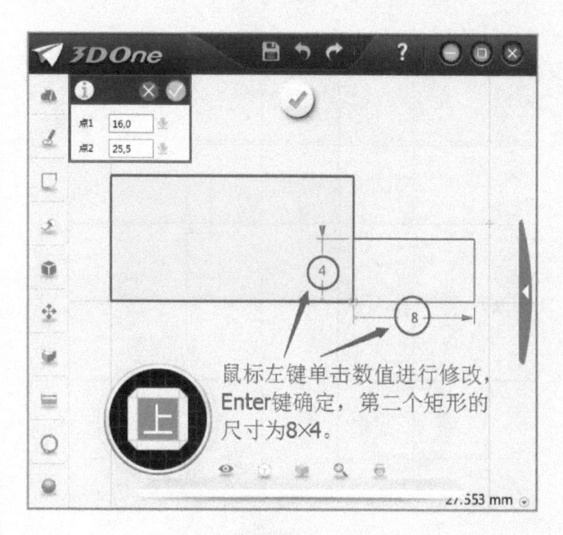

图 9-39

Step14 用鼠标左键单击提示框“✓”按钮，第二个矩形的草图绘制完毕，如图 9-40 所示。

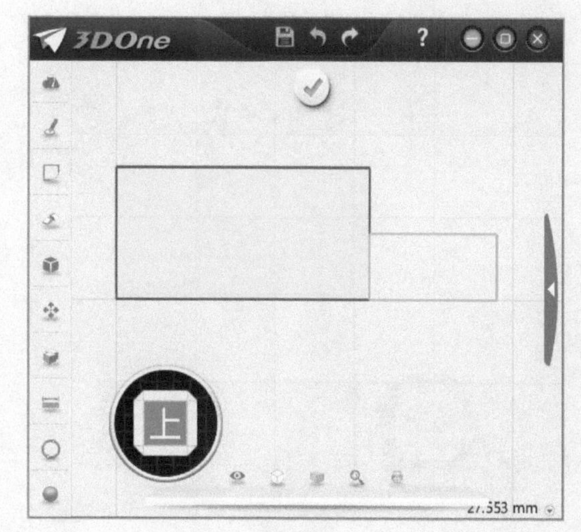

图 9-40

Step15 用鼠标左键单击操作界面中间的“✓”按钮，退出草图编辑状态，第二个矩形绘制完毕，如图 9-41 所示。

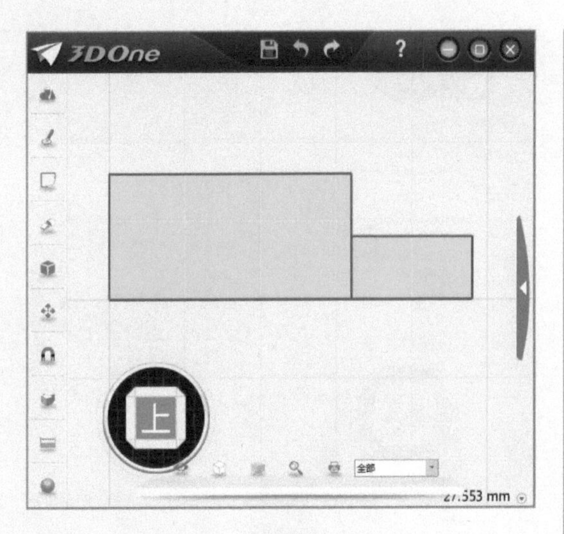

图 9-41

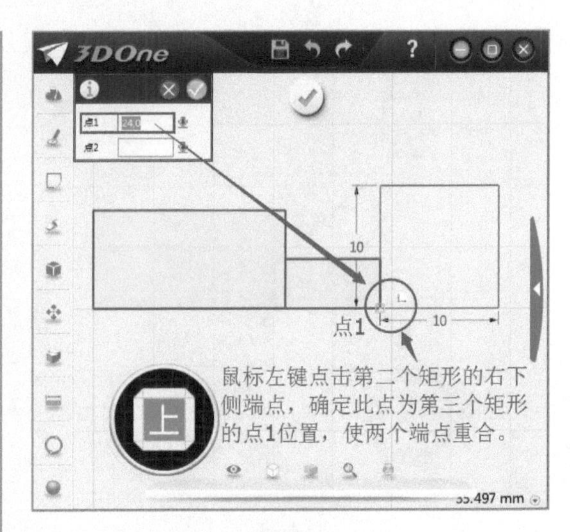

图 9-43

Step16 继续选择“矩形”工具，在网格上绘制第三个矩形，鼠标左键在网格上单击一下，确定以网格为平面参考，如图 9-42 所示。

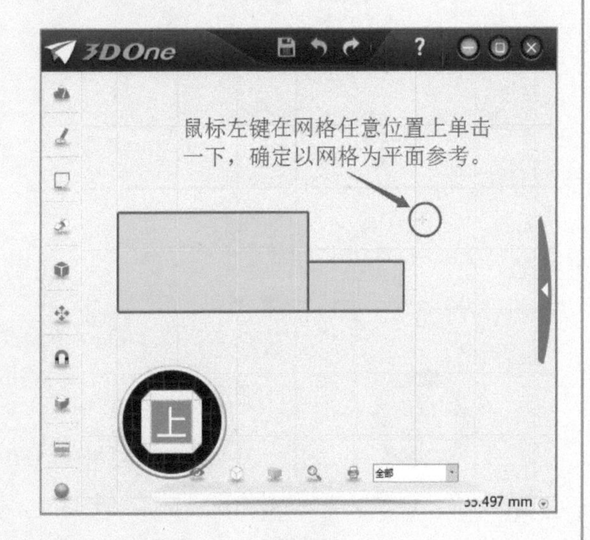

图 9-42

Step17 用鼠标左键单击第二个矩形的右下侧端点，确定此点为第三个矩形“点 1”的位置，使两个矩形的端点重合，如图 9-43 所示。

Step18 将鼠标移动一定距离后，单击左键确定第三个矩形“点 2”的位置，如图 9-44 所示。

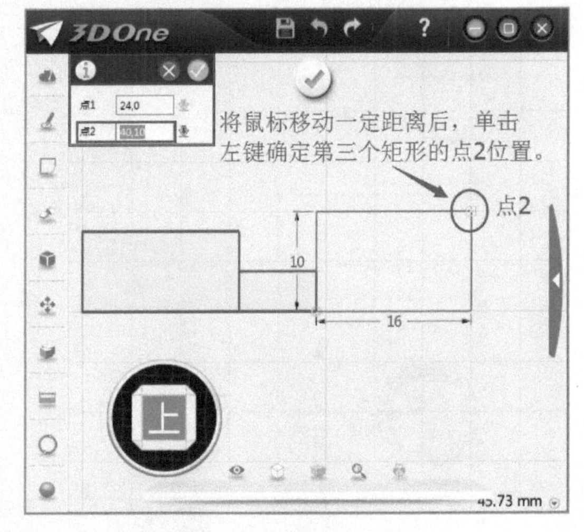

图 9-44

Step19 用鼠标左键单击数值进行修改，按 <Enter> 键确定，第三个矩形的尺寸为 16mm × 8 mm，如图 9-45 所示。

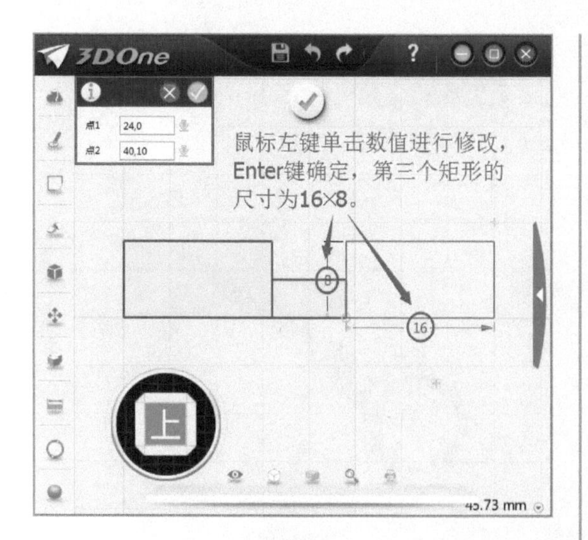

图 9-45

Step20 用鼠标左键单击提示框“✓”按钮，第三个矩形的草图绘制完毕，如图 9-46 所示。

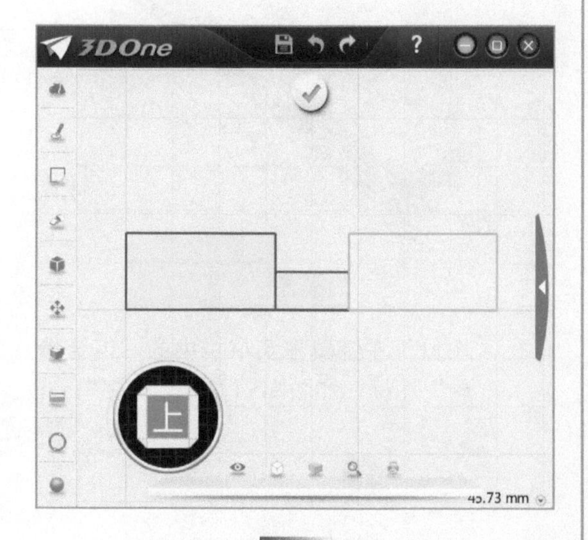

图 9-46

Step21 用鼠标左键单击操作界面中间的“✓”按钮，退出草图编辑状态，第三个矩形绘制完毕，如图 9-47 所示。

Step22 用鼠标左键单击选中第一个矩形，弹出图 9-48 所示的 Minibar 窗口，用鼠标左键单击“拉伸”命令。

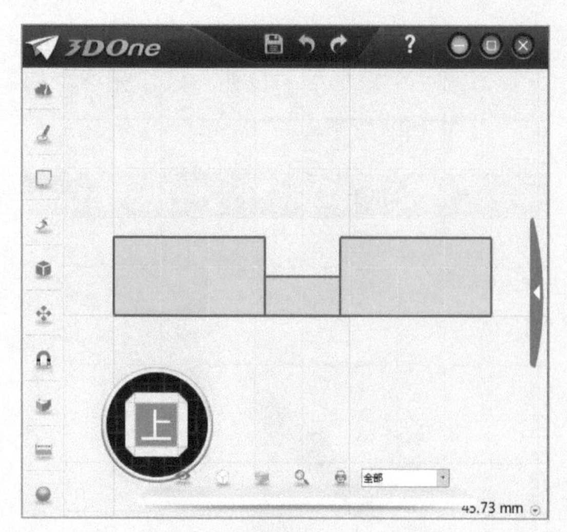

图 9-47

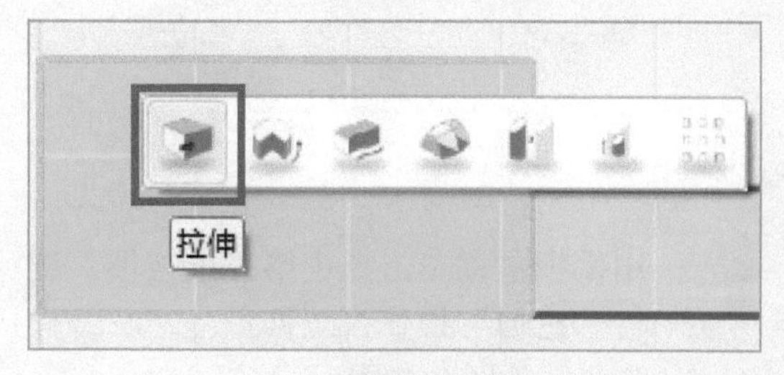

图 9-48

Step23 用鼠标左键单击数值进行修改，按 <Enter> 键确定，拉伸值为“8”，如图 9-49 所示。

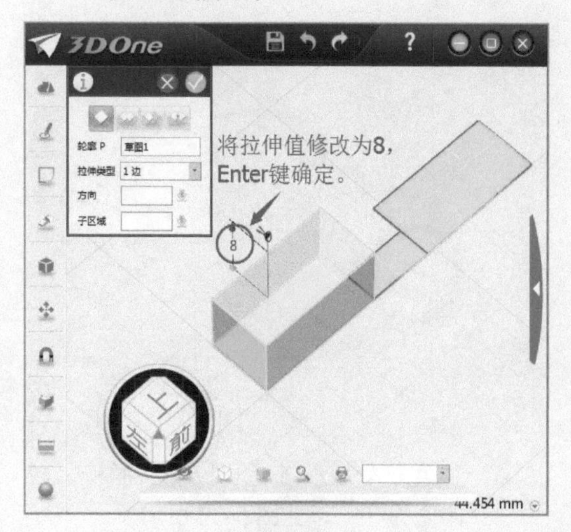

图 9-49

Step24 用鼠标左键单击提示框“✓”按钮，第一个矩形的“拉伸”操作完毕，如图 9-50 所示。

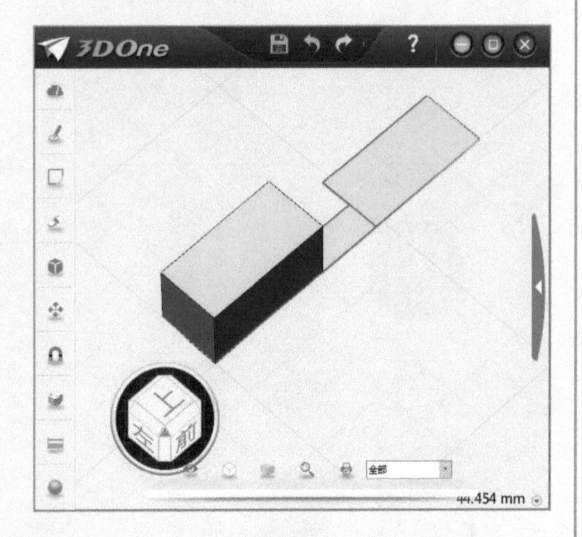

图 9-50

Step25 用鼠标左键单击选中第二个矩形，进行“拉伸”操作，拉伸值为“4”，操作步骤如图 9-51 所示。

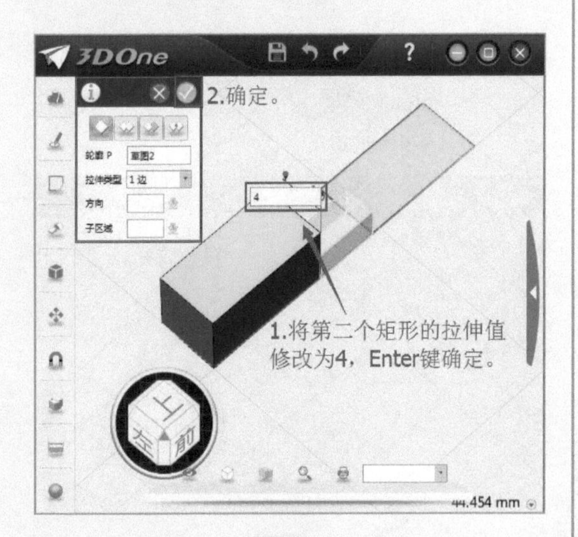

图 9-51

Step26 对第三个矩形进行“拉伸”操作，拉伸值为“8”，如图 9-52 所示。

Step27 三个矩形全部“拉伸”完毕，如图 9-53 所示。

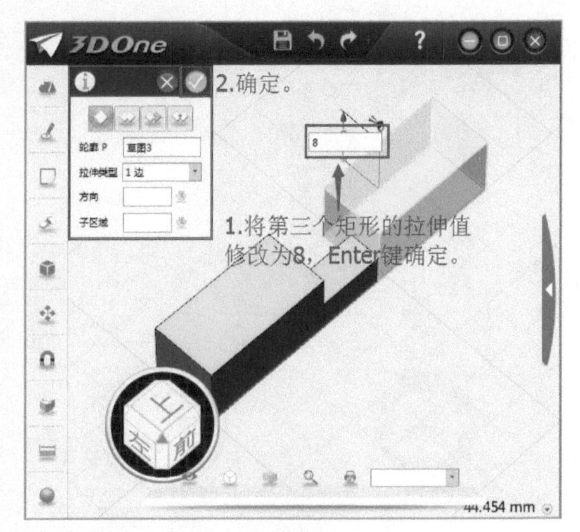

图 9-52

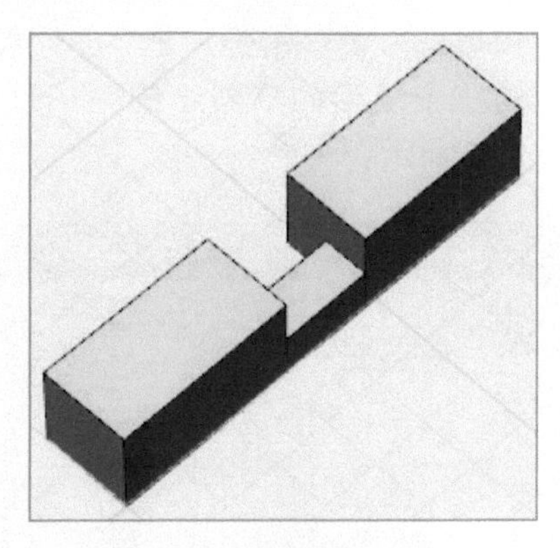

图 9-53

Step28 用鼠标左键单击菜单栏中的“组合编辑”图标，如图 9-54 所示。

图 9-54

Step29 按照图 9-55 所示的提示框步骤，对孔明锁模型进行“组合编辑”操作。

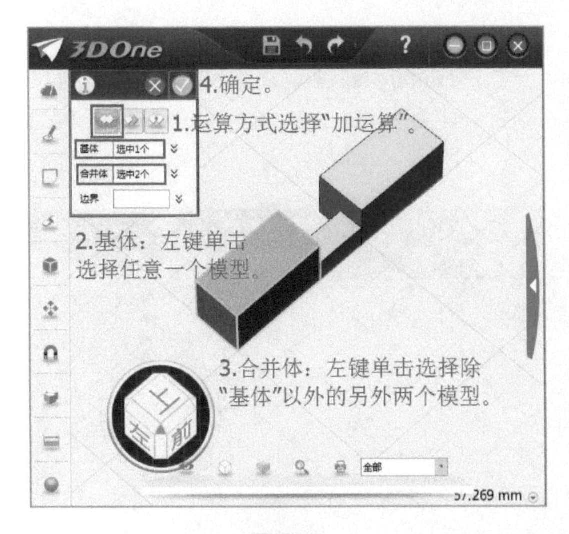

图 9-55

Step30 将光标移动放置在孔明锁模型的拼接面上，双击鼠标左键选中面，弹出图 9-56 所示的 Minibar 窗口，用鼠标左键单击“DE 面偏移”命令。

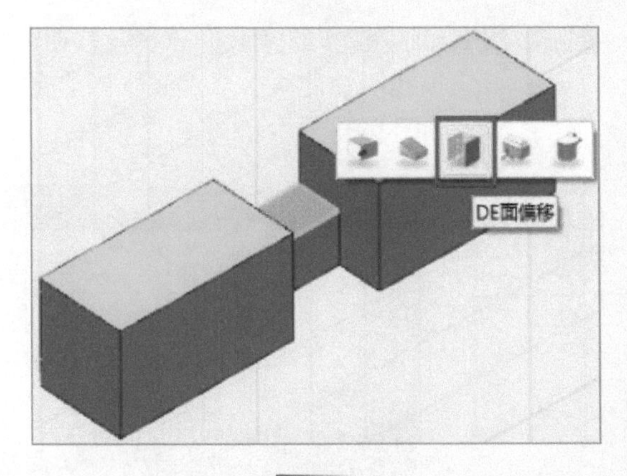

图 9-56

Step31 按照图 9-57 所示的提示框步骤，对孔明锁模型的拼接面进行“偏移”操作。

Step32 双击鼠标左键选中孔明锁模型的另一个拼接面，进行“DE 面偏移”操作，偏移值为“–0.1”，如图 9-58 所示。

Step33 用鼠标左键单击提示框“✓”按钮，第二根孔明锁制作完毕，如图 9-59 所示。

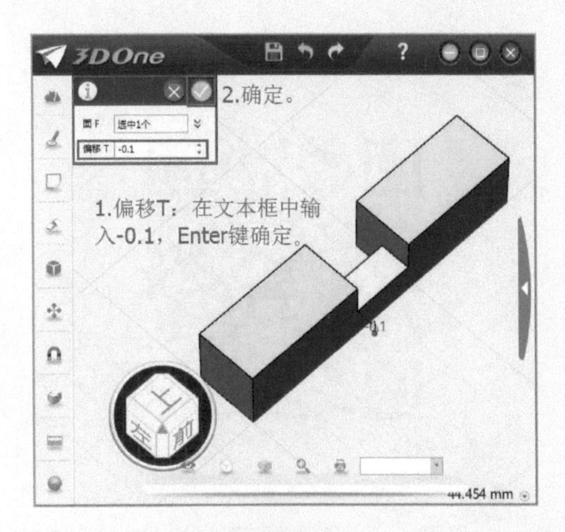

图 9-57

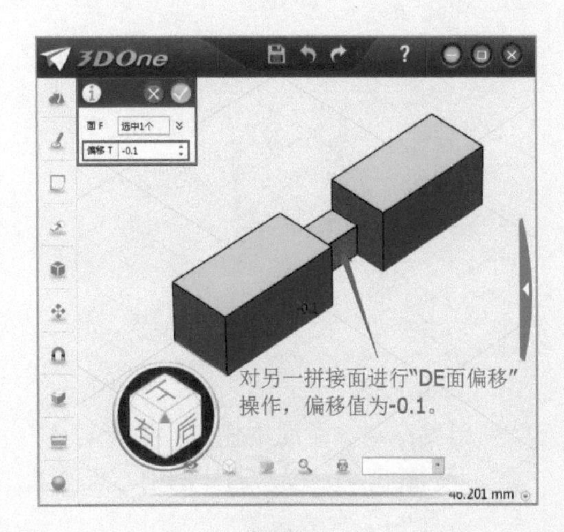

图 9-58

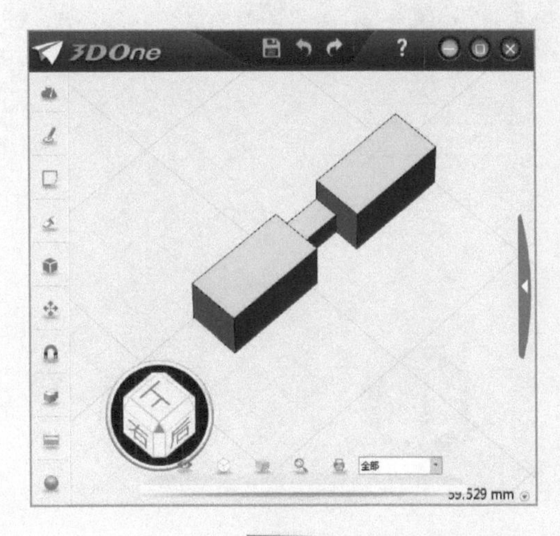

图 9-59

具体操作步骤请扫描下方二维码观看视频。

第三根孔明锁的制作步骤：

Step01 用鼠标左键选择菜单栏中“基本实体”→“六面体”工具，如图 9-60 所示。

图 9-60

Step02 用鼠标左键在网格任意位置上单击一下，确定第一个六面体的中心点位置，如图 9-61 所示。

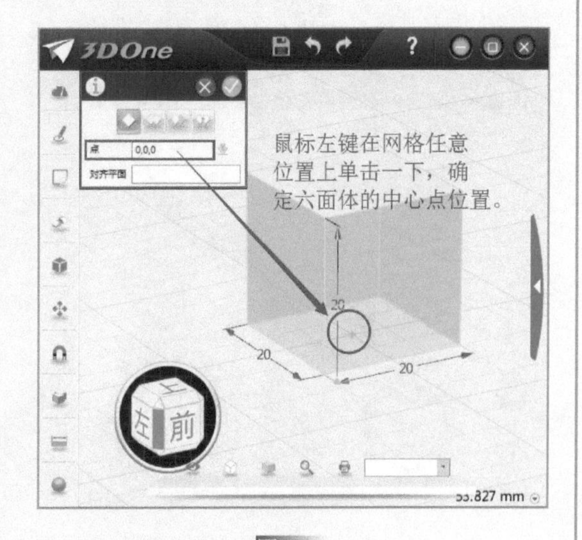

图 9-61

Step03 用鼠标左键单击数值进行修改，按 <Enter> 键确定，第一个六面体的尺寸为 16mm × 8 mm × 8 mm，如图 9-62 所示。

图 9-62

Step04 用鼠标左键单击提示框“✓”按钮，第三根孔明锁的第一个六面体创建完毕，如图 9-63 所示。

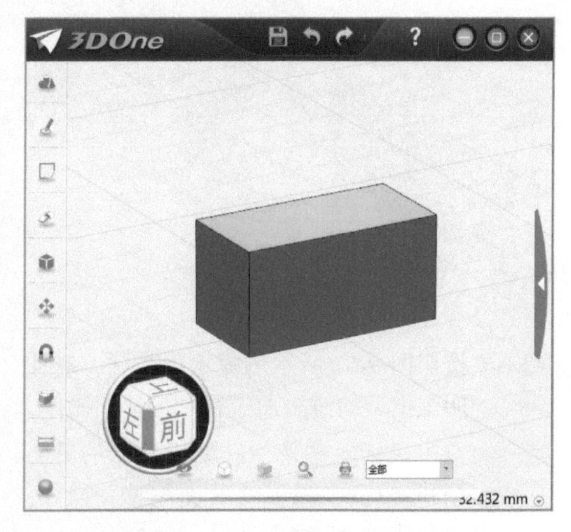

图 9-63

Step05 继续选择“六面体”工具，在网格上创建第二个六面体，六面体的尺寸为 8mm × 4 mm × 4 mm，如图 9-64 所示。

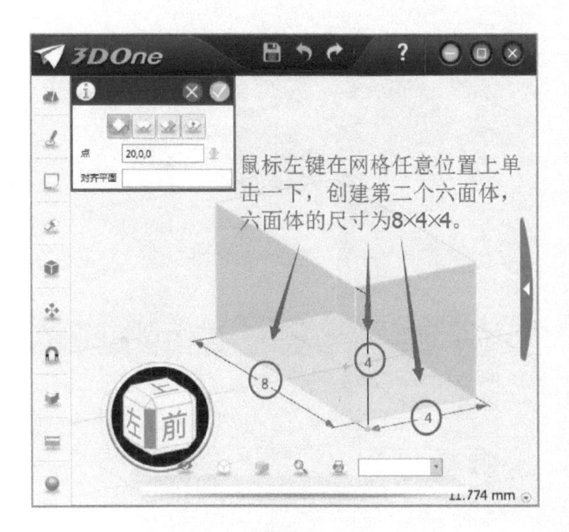

图 9-64

Step06 用鼠标左键单击提示框“✓”按钮，第三根孔明锁的第二个六面体创建完毕，如图 9-65 所示。

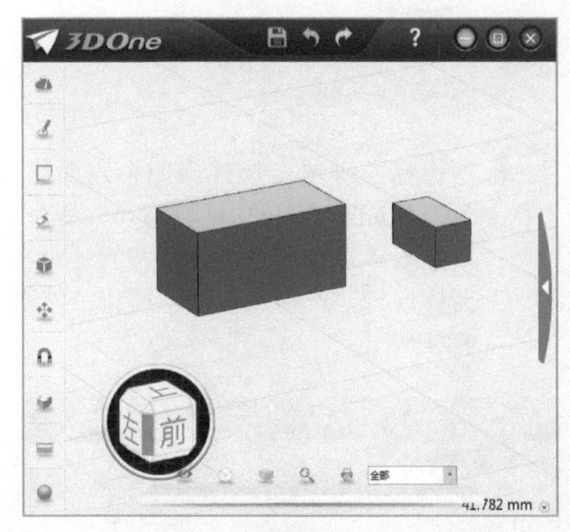

图 9-65

Step07 用鼠标左键单击选中第二个六面体，弹出图 9-66 所示的 Minibar 窗口，用鼠标左键单击“移动”命令。

Step08 按照图 9-67 所示的提示框步骤，对第二个六面体进行“点到点移动”操作。

Step09 继续选择“六面体”工具，在网格上创建第三个六面体，六面体的尺寸为 4mm × 4 mm × 8 mm，如图 9-68 所示。

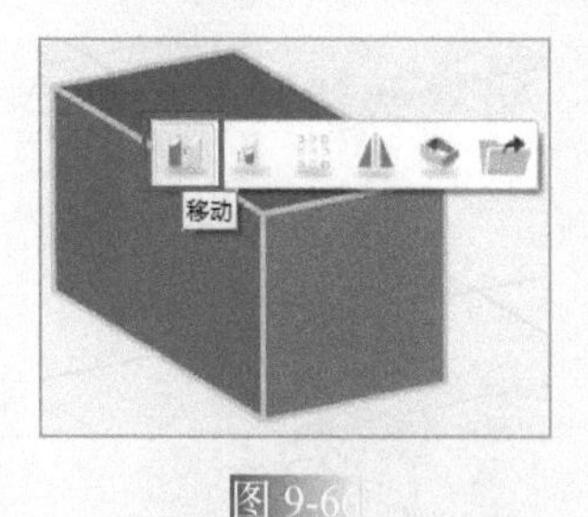

图 9-66

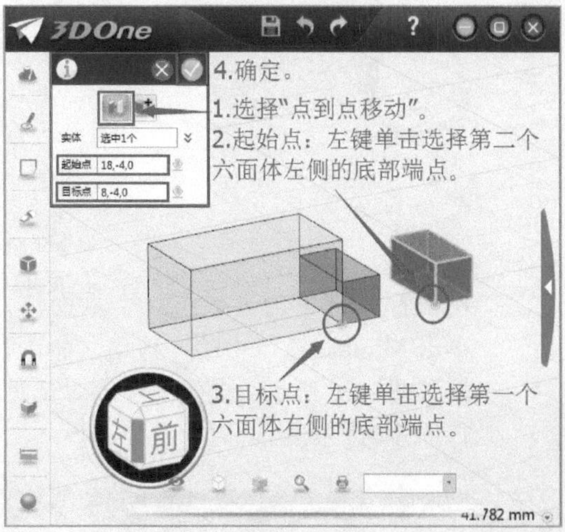

图 9-67

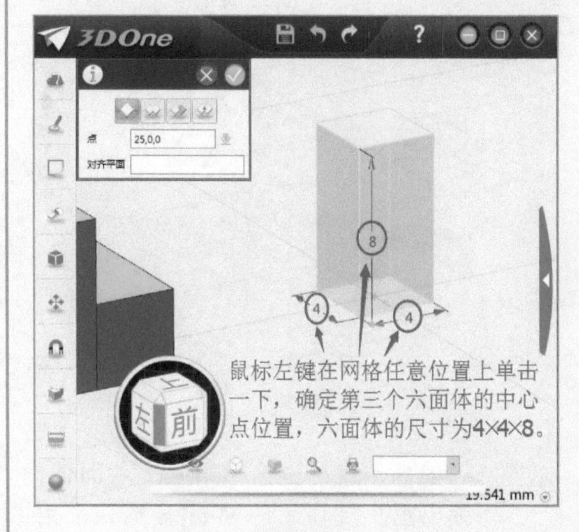

图 9-68

Step10 用鼠标左键单击提示框“✓”按钮，第三根孔明锁的第三个六面体创建完毕，如图 9-69 所示。

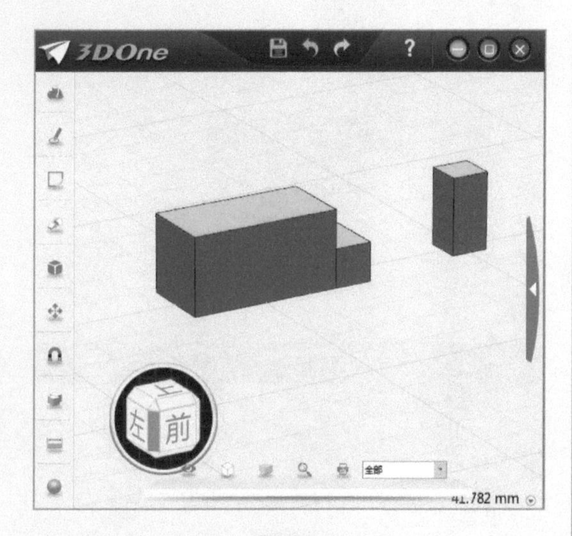

图 9-69

Step11 用鼠标左键单击选择第三个六面体，单击 Minibar 窗口中的“移动”命令，按照图 9-70 所示的提示框步骤对其进行“移动”操作。

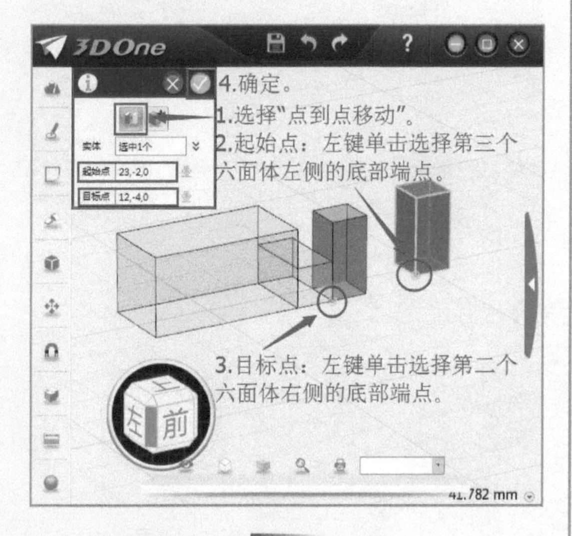

图 9-70

Step12 用鼠标左键单击选中第一个六面体，弹出图 9-71 所示的 Minibar 窗口，用鼠标左键单击“镜像”命令。

Step13 按照图 9-72 所示的提示框步骤，对第一个六面体进行“镜像”操作。

图 9-71

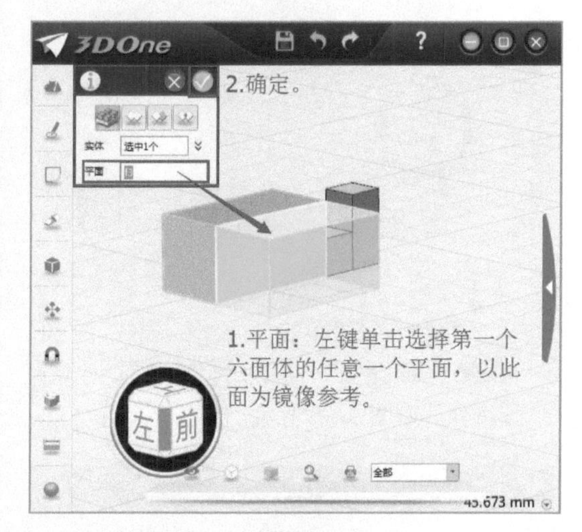

图 9-72

Step14 用鼠标左键单击选择第四个六面体，单击 Minibar 窗口中的“移动”命令，按照图 9-73 所示的提示框步骤，对六面体进行“点到点移动”操作，如图 9-73 所示。

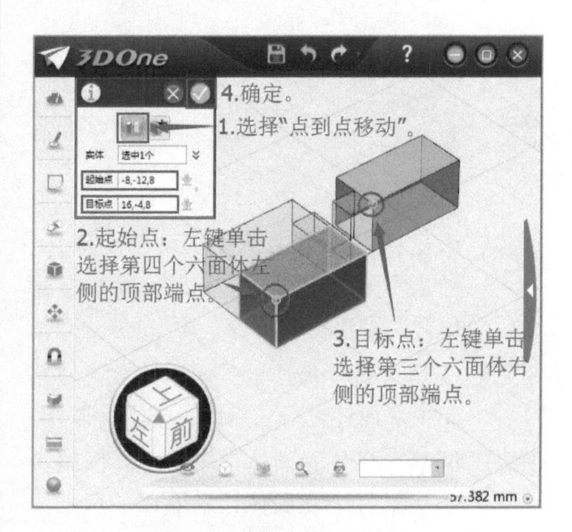

图 9-73

Step15 用鼠标左键单击菜单栏中的“组合编辑”图标，如图 9-74 所示。

图 9-74

Step16 按照图 9-75 所示的提示框步骤，对第三根孔明锁的四个六面体模型进行“组合编辑”操作。

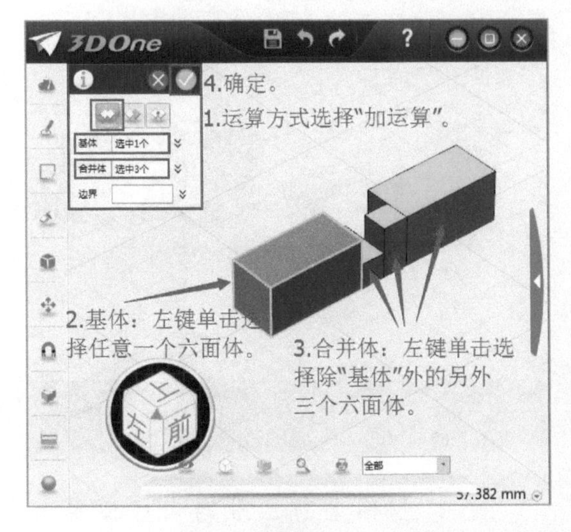

图 9-75

Step17 将光标移动放置在拼接面上，双击鼠标左键选中面，弹出图 9-76 所示的 Minibar 窗口，用鼠标左键单击“DE 面偏移”命令。

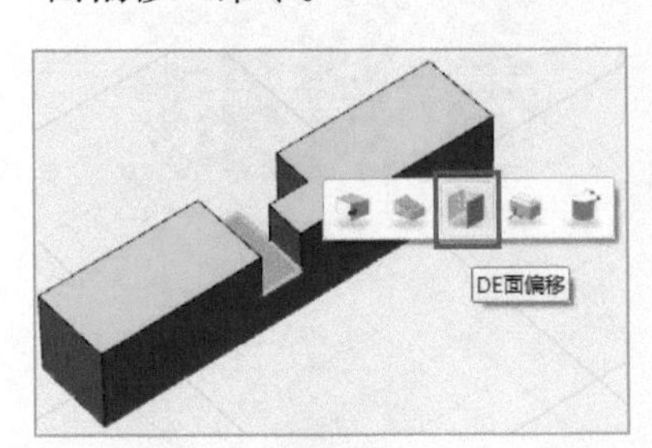

图 9-76

Step18 按照图 9-77 所示的提示框步骤，对拼接面进行“DE 面偏移”操作。

Step19 分别对另外三个拼接面进行“DE 面偏移”操作，偏移面如图 9-78 所示。

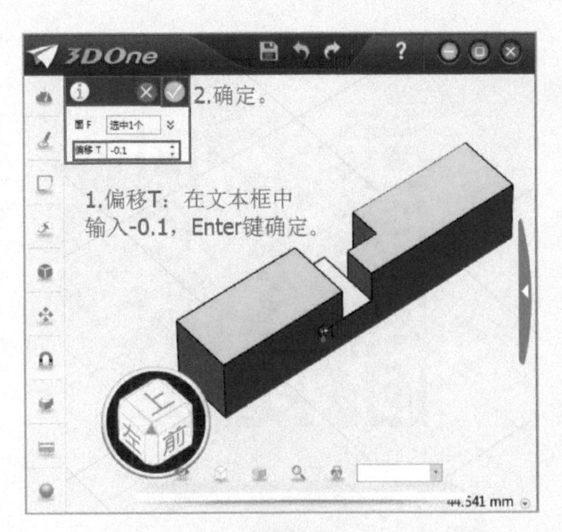

图 9-77

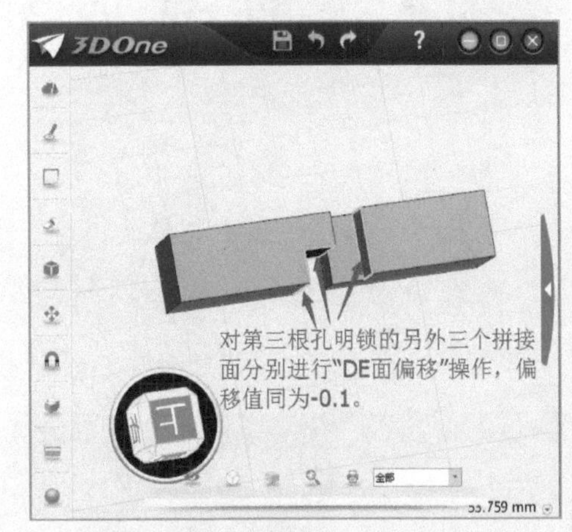

图 9-78

Step20 四个拼接面都完成“偏移”操作，第三根孔明锁制作完毕，如图 9-79 所示。

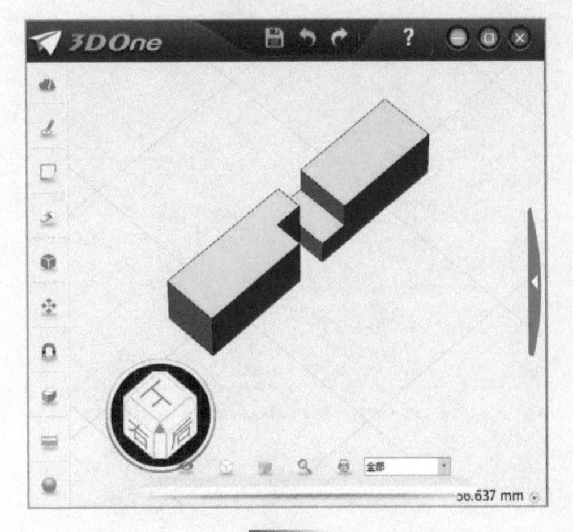

图 9-79

具体操作步骤请扫描下方二维码观看视频。

爱创乐园

□三根孔明锁模型制作完毕，我将孔明锁模型都摆放到打印平台上。

□打印机的各项参数“设置”可参考图 9-80：

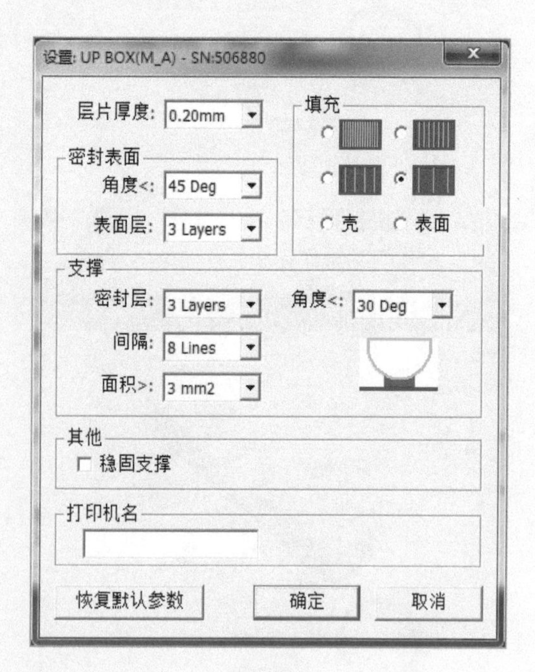

图 9-80

□开始打印孔明锁吧！

艺术创想

□在打印的空余时间，让我来学习关于虚拟装配的知识吧！

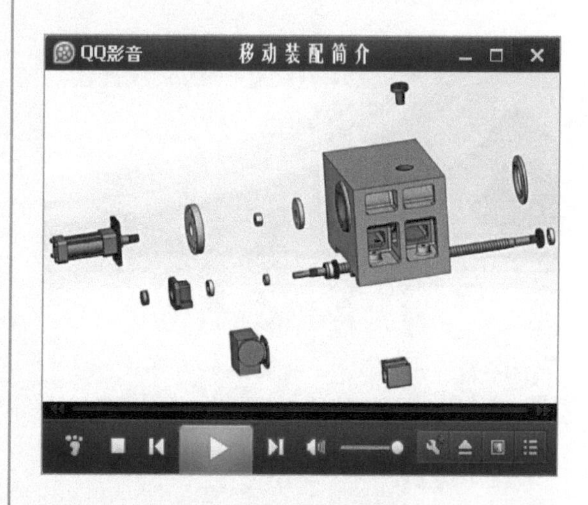

注：扫描下方二维码可直接观看视频。

□看完视频后，我知道对模型进行“DE 面偏移”操作是为了：

多彩创意

□ 让我来给孔明锁模型增添点色彩吧！

Step01 用鼠标左键单击菜单栏中的“材质渲染”图标，如图 9-81 所示。

图 9-81

Step02 弹出图 9-82 所示的材质球编辑框，用鼠标左键单击选择需要进行渲染的孔明锁模型，对应提示框中的“实体”选项。

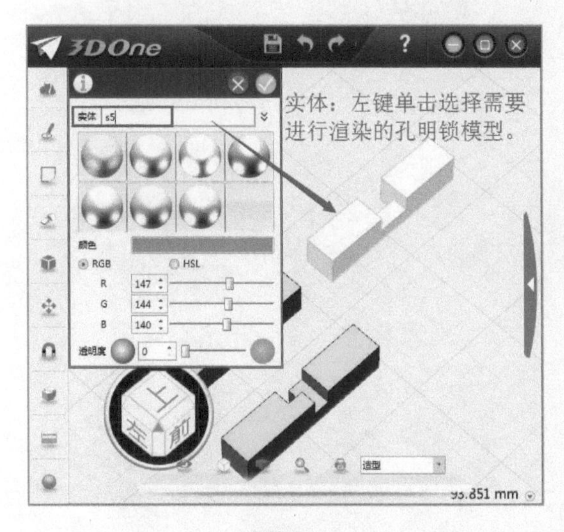

图 9-82

Step03 用鼠标左键单击渲染提示框中的颜色条形框，如图 9-83 所示。

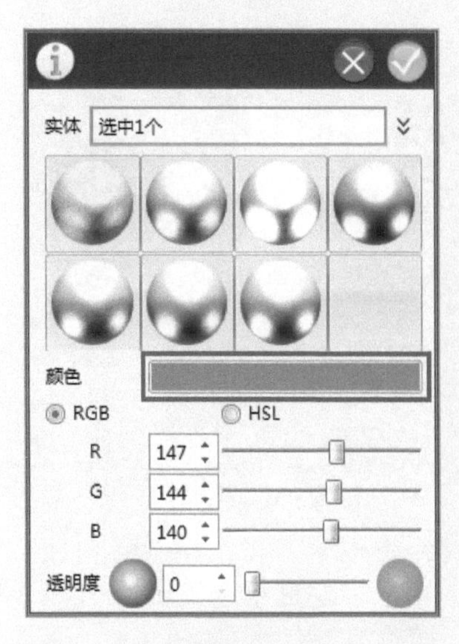

图 9-83

Step04 弹出图 9-84 所示的提示框，用鼠标左键单击选择提示框中的 18 种标准颜色对模型进行渲染。

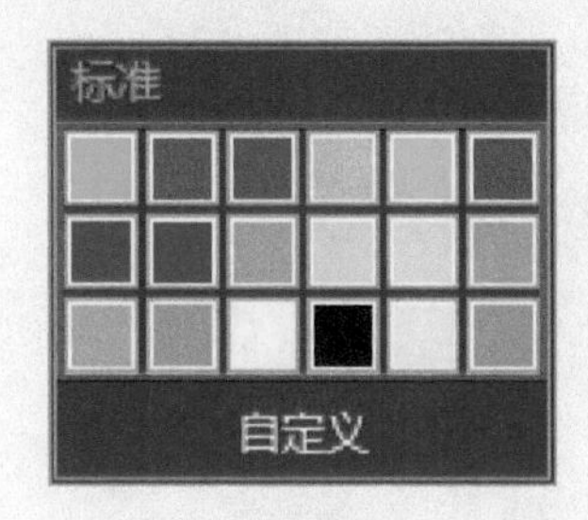

图 9-84

Step05 用鼠标左键单击提示框中的“自定义”按钮，如图 9-85 所示。

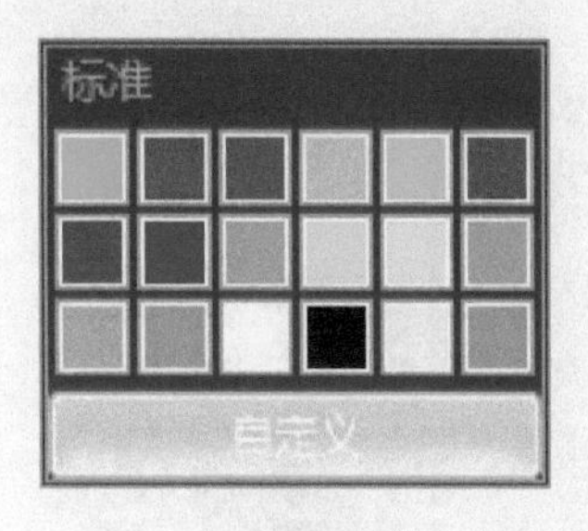

图 9-85

Step06 按照图 9-86 所示的提示框步骤，选择不同的方式自定义渲染颜色。

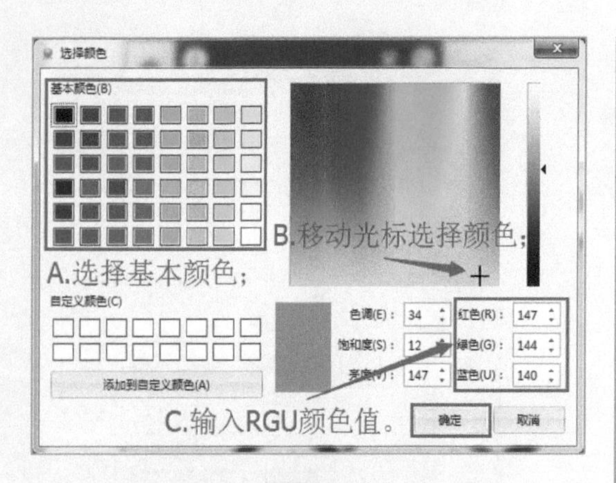

图 9-86

Step07 用鼠标左键单击提示框"✓"按钮，模型渲染完毕，如图 9-87 所示。

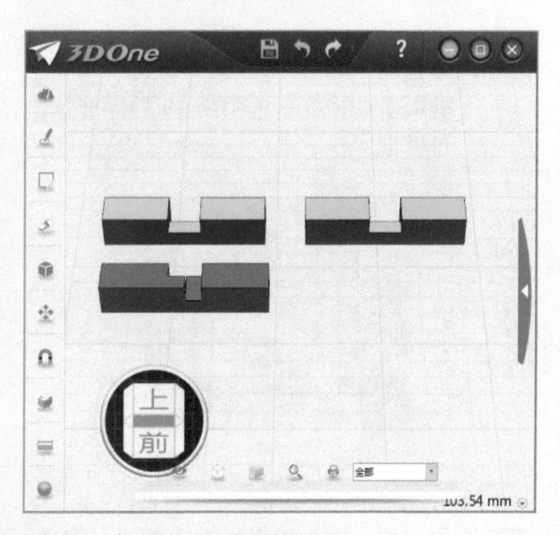

图 9-87

具体操作步骤请扫描下方二维码观看视频。

我型我秀

□ 我会参照渲染结果，用丙烯颜料给孔明锁进行上色。

□ 真实上色结果和虚拟渲染的差别是：

□ 让我来对图 9-88 中六种不同结构的孔明锁进行分析。

图 9-88

□ 我自己设计的孔明锁草图是：

□ 我会在软件中，将自己设计的孔明锁模型制作出来！

□ 请小组代表给大家展示孔明锁作品。

大家好，我是＿＿＿＿＿小组的＿＿＿＿＿。

我设计孔明锁的最大亮点是：

＿＿＿＿＿＿＿＿＿＿＿＿＿＿＿＿

＿＿＿＿＿＿＿＿＿＿＿＿＿＿＿＿

＿＿＿＿＿＿＿＿＿＿＿＿＿＿＿＿

孔明锁的知识，我们还能用在生活中的：＿＿＿＿＿＿＿＿

＿＿＿＿＿＿＿＿＿＿＿＿＿＿＿＿

＿＿＿＿＿＿＿＿＿＿＿＿＿＿＿＿

＿＿＿＿＿＿＿＿＿＿等方面。

谢谢大家！

自我评价

□ 请同学们结合自己在课堂上的表现，填写下列表格进行自我评价。

自主测评表	
评分项目	评分等级
三视图的理解能力	☆☆☆☆☆
镜像、移动、拉伸	☆☆☆☆☆
组合编辑、DE面偏移	☆☆☆☆☆
孔明锁的制作能力	☆☆☆☆☆
认真完成课堂任务	☆☆☆☆☆
积极参与团队讨论	☆☆☆☆☆
对孔明锁的兴趣	☆☆☆☆☆
	☆☆☆☆☆
	☆☆☆☆☆
	☆☆☆☆☆
	☆☆☆☆☆
	☆☆☆☆☆
	☆☆☆☆☆
	☆☆☆☆☆
	☆☆☆☆☆

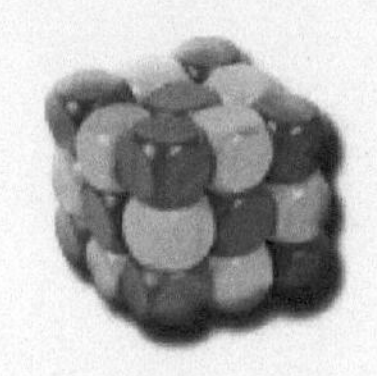

能力拓展

□ 请同学们想一想，生活中有哪些地方用到了榫卯结构？

□ 请同学们给自己的铅笔设计一款新的铅笔帽！

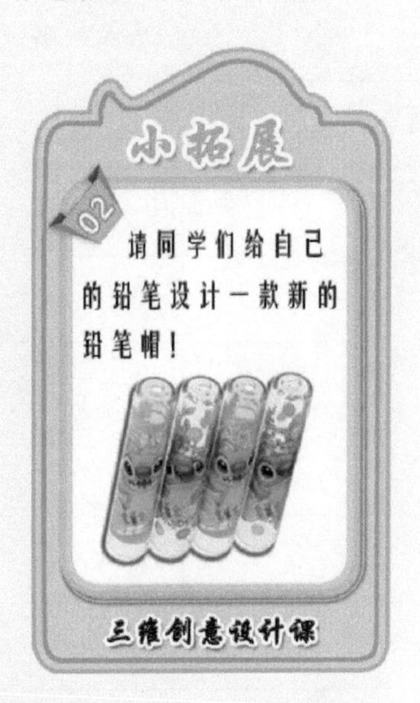

□ 请同学们完善自己的孔明锁案例！

第十节 飞舞竹蜻蜓

科技创新区

□我们今天选出的组长是：

____

□让我来观看螺旋桨的视频简介。

注：扫描下方二维码可直接观看视频。

□看完视频后，我知道螺旋桨是根据

____

____

____

__________原理发明的。

互动交流区

□让我来尝试分析图10-1中竹蜻蜓的组成结构。

图10-1

□通过分析图片，我发现竹蜻蜓是由：

____

____

____

这几部分共同组成的。

□我认为竹蜻蜓能飞起来的原因是：

____

____

____

创新制作区

□竹蜻蜓模型的制作步骤：

Step01 用鼠标左键双击打开 3DOne 软件，如图 10-2 所示。

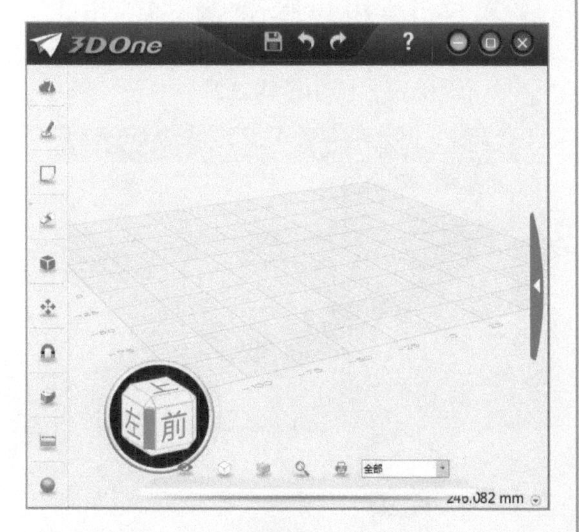

图 10-2

Step02 用鼠标左键单击选择菜单栏中的“基本实体”→“六面体”工具，如图 10-3 所示。

图 10-3

Step03 用鼠标左键在网格任意位置上单击一下，确定六面体的中心点位置，如图 10-4 所示。

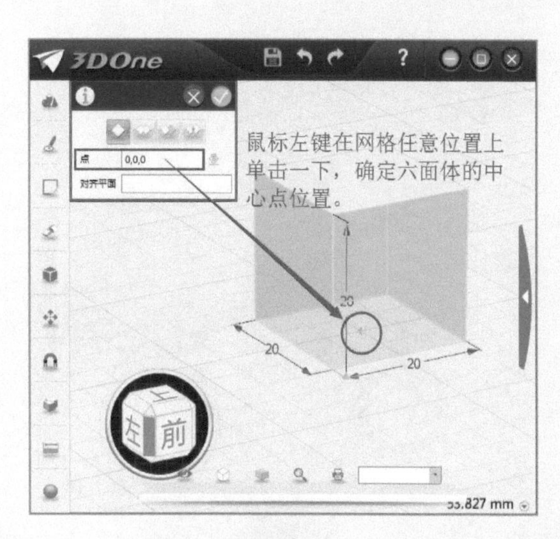

图 10-4

Step04 用鼠标左键单击数值进行修改，按 <Enter> 键确定，六面体的尺寸为 90mm × 10 mm × 3 mm，如图 10-5 所示。

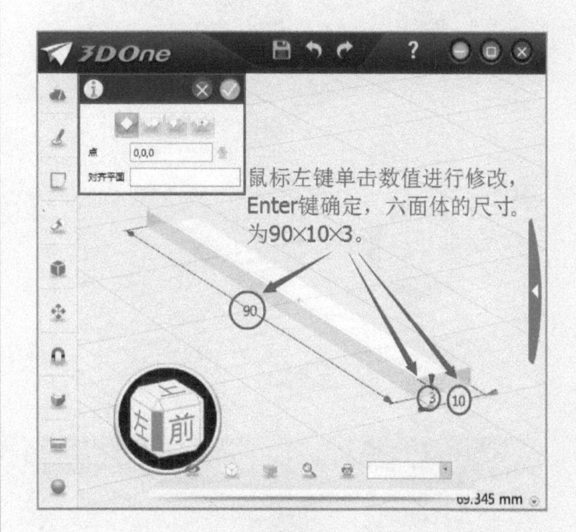

图 10-5

Step05 用鼠标左键单击提示框“✓”按钮，六面体创建完毕，如图 10-6 所示。

Step06 将光标移动放置在六面体的边线位置上，用鼠标左键双击选中六面体的边，如图 10-7 所示。

Step07 用左手按住 <Ctrl> 键，右手用鼠标左键单击六面体的另一条边，同时选中六面体的两条边，如图 10-8 所示。

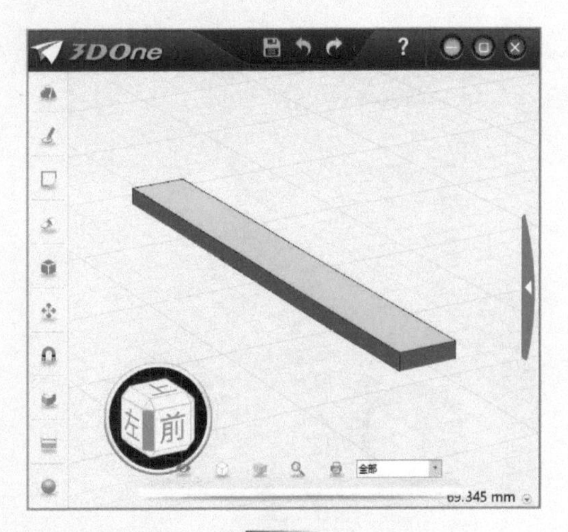

图 10-6

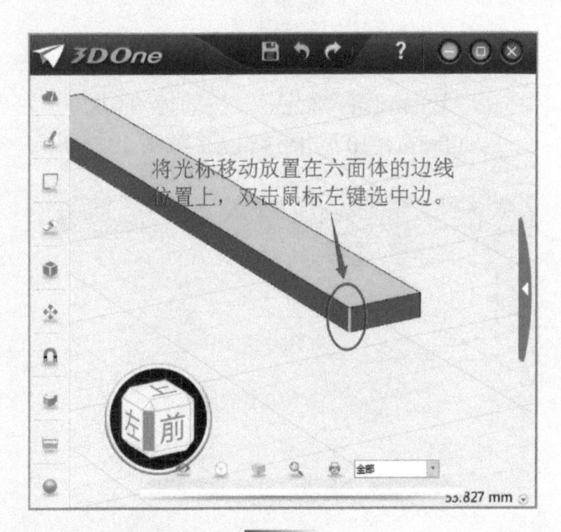

图 10-7

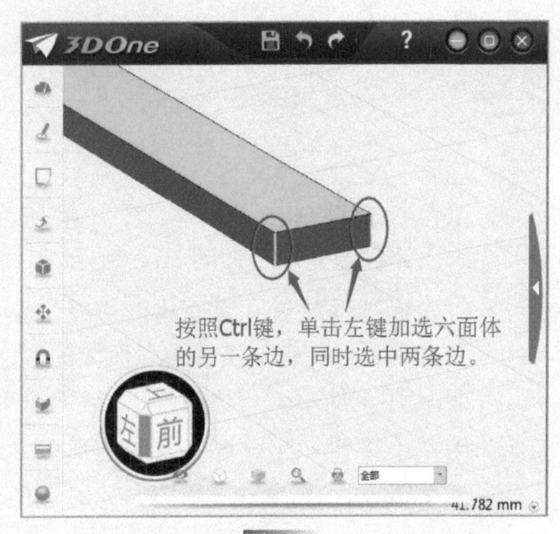

图 10-8

Step08 弹出图 10-9 所示的 Minibar 窗口，用鼠标左键单击“圆角”命令。

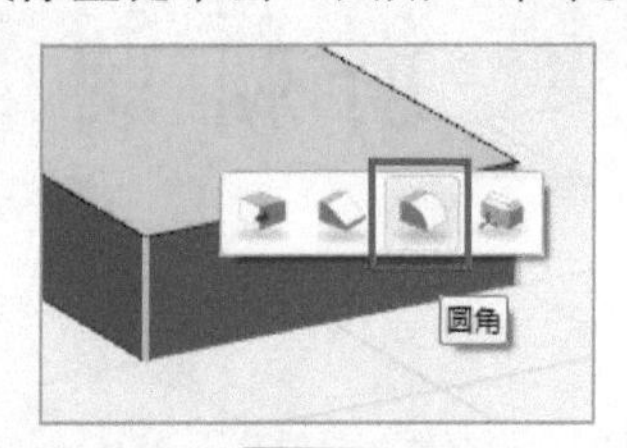

图 10-9

Step09 弹出图 10-10 所示的提示框，用鼠标左键单击数值进行修改，按 <Enter> 键确定，圆角值为“2”。

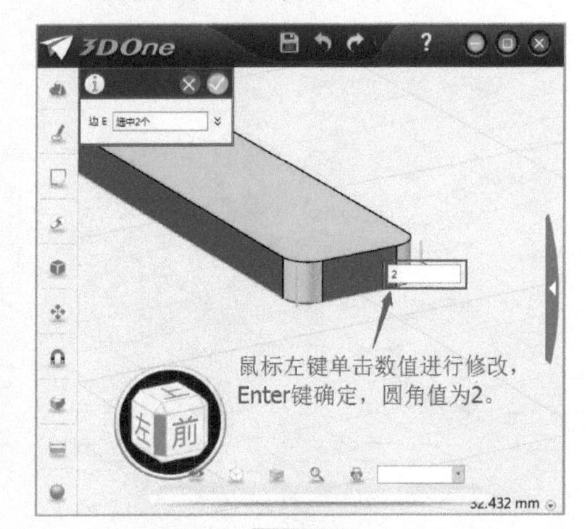

图 10-10

Step10 用鼠标左键单击提示框“✓”按钮，六面体“圆角”操作完毕，如图 10-11 所示。

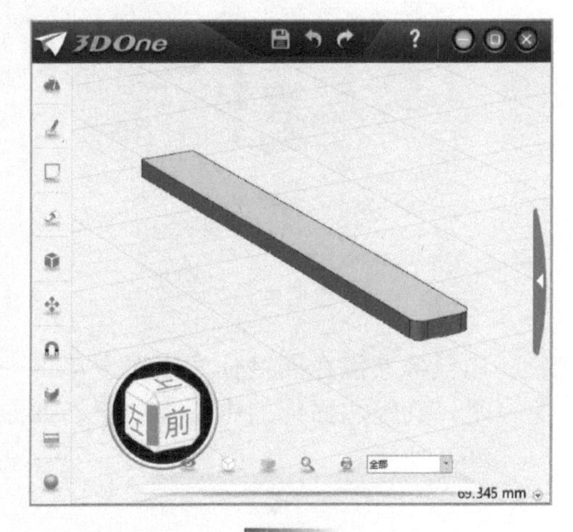

图 10-11

Step11 按住 <Ctrl> 键，同时选中六面体另外一端的两条边，对其进行“圆角”命令，圆角值同为“2”，如图 10-12 所示。

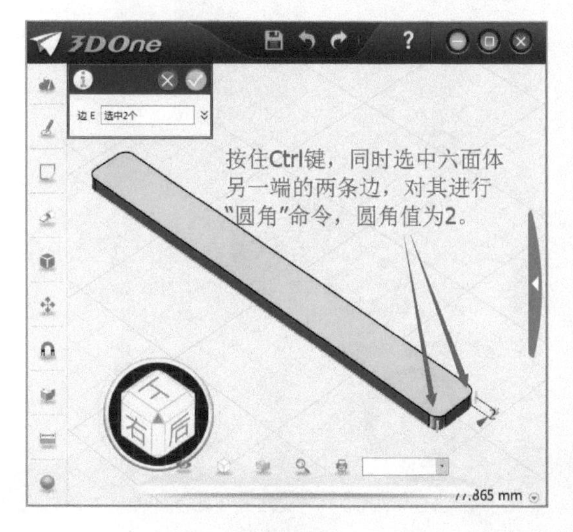

图 10-12

Step12 用鼠标左键单击提示框“✓”按钮，六面体“圆角”操作完毕，如图 10-13 所示。

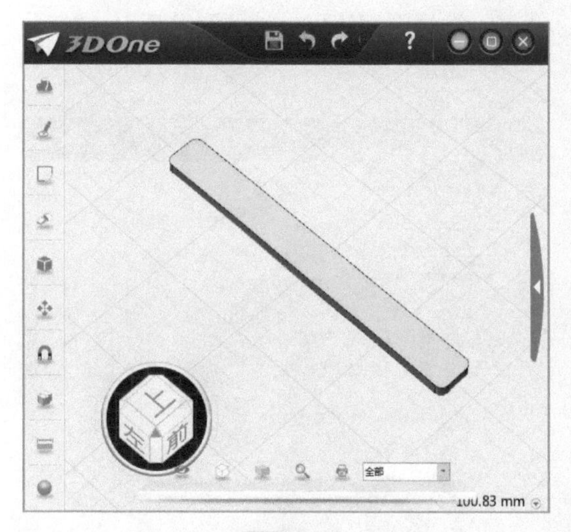

图 10-13

Step13 用鼠标左键选择菜单栏中“特殊功能”→“扭曲”命令，如图 10-14 所示。

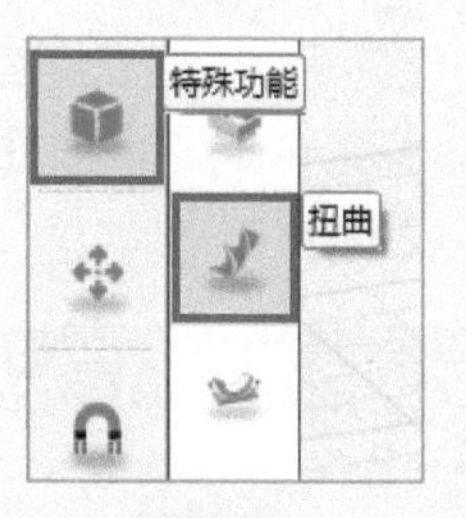

图 10-14

Step14 弹出图 10-15 所示的提示框，用鼠标左键单击选择六面体，对应提示框中的“造型”选项。

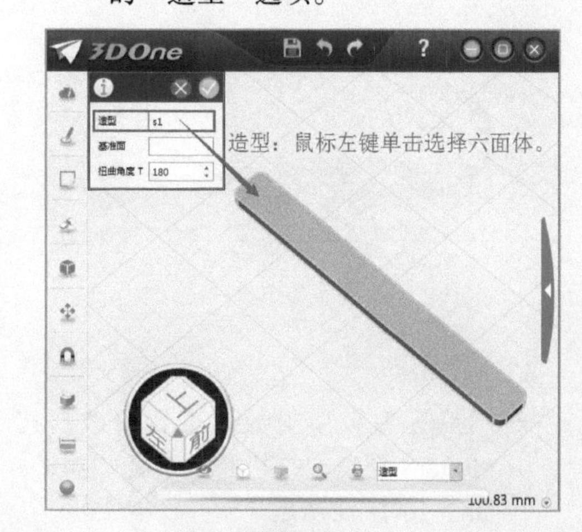

图 10-15

Step15 用鼠标左键单击六面体的圆角顶面，对应提示框中的“基准面”选项，如图 10-16 所示。

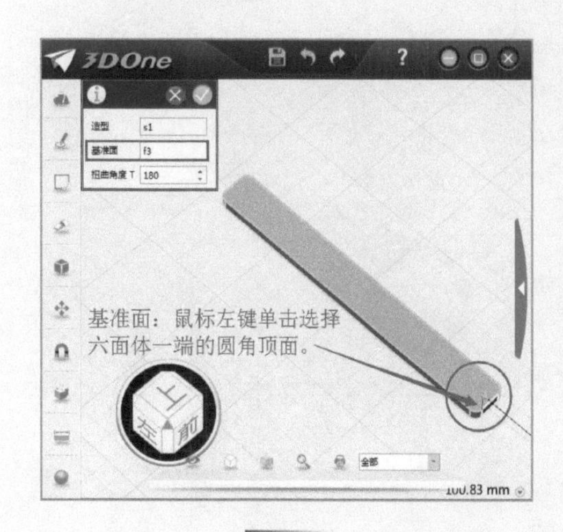

图 10-16

Step16 修改提示框中的“扭曲角度”，按<Enter>键确定，扭曲角度为“30”，如图 10-17 所示。

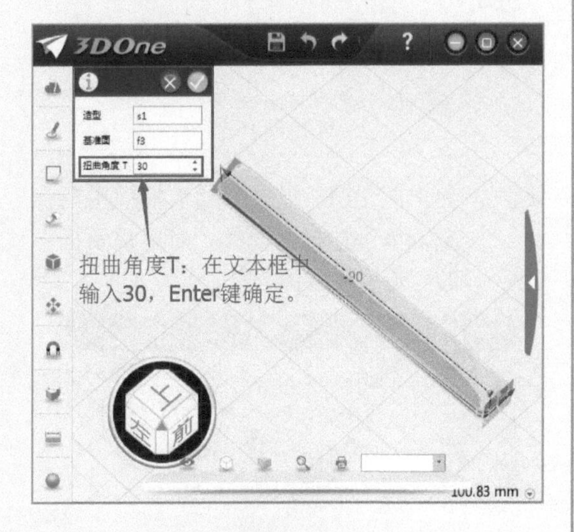

图 10-17

Step17 用鼠标左键单击数值进行修改，按<Enter>键确定，扭曲长度为“–40”，如图 10-18 所示。

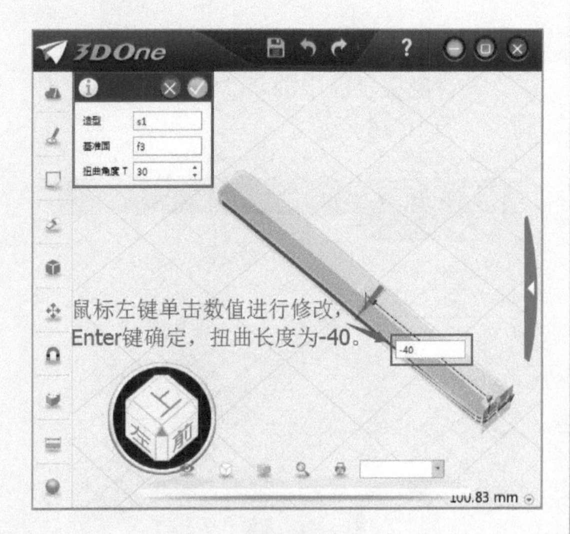

图 10-18

Step18 用鼠标左键单击提示框“✓”按钮，六面体一侧“扭曲”完毕，如图 10-19 所示。

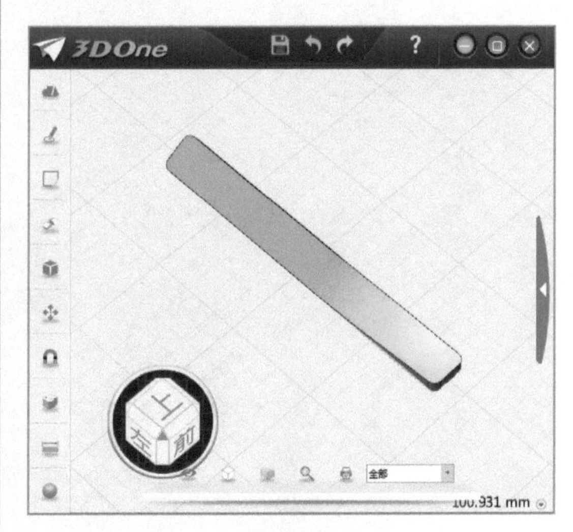

图 10-19

Step19 继续选择“扭曲”命令，对六面体的另一端进行“扭曲”操作，“基准面”选择六面体另一端的圆角顶面，“扭曲角度”为“30”，如图 10-20 所示。

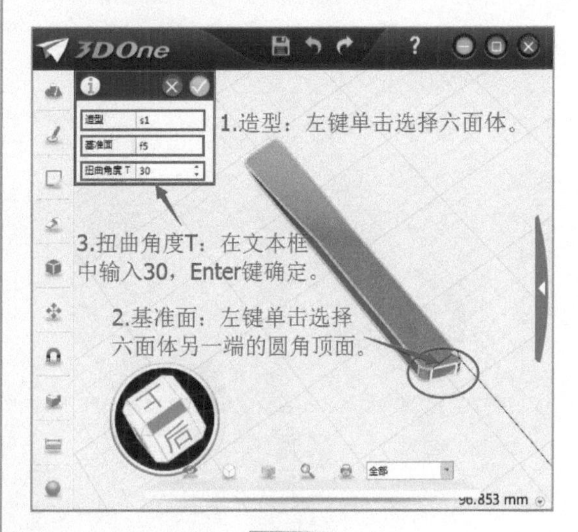

图 10-20

Step20 将六面体的扭曲长度值修改为“–40”，按 <Enter> 键确定，如图 10-21 所示。

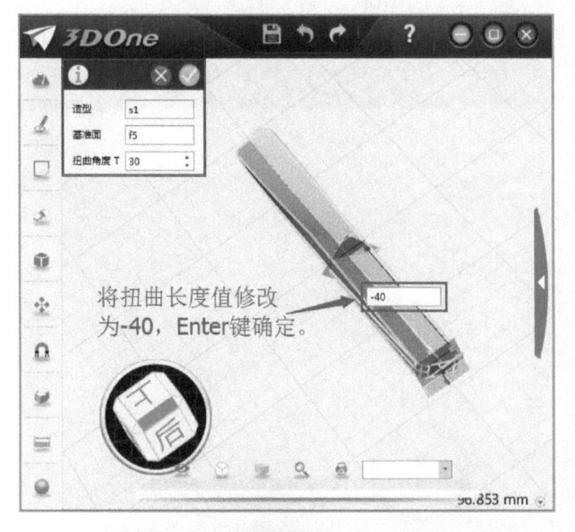

图 10-21

Step21 用鼠标左键单击提示框“✓”按钮，六面体“扭曲”操作完毕，如图 10-22 所示。

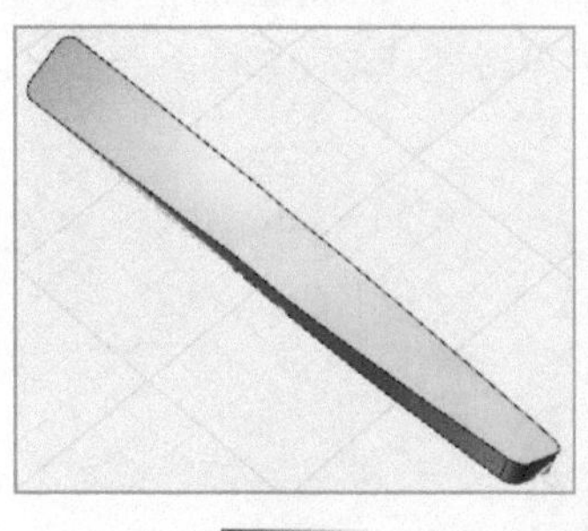

图 10-22

Step22 用鼠标左键选择菜单栏中“基本实体”→“圆柱体”工具，如图 10-23 所示。

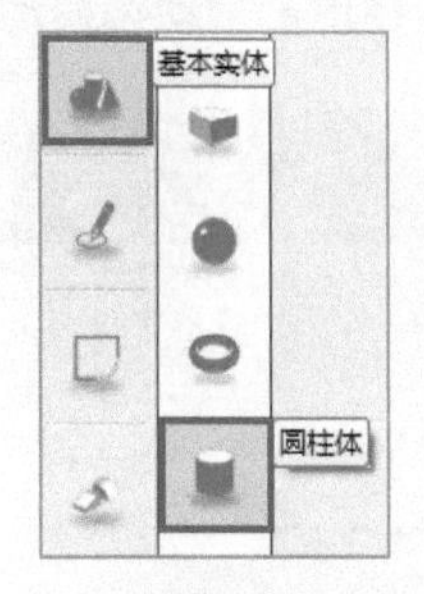

图 10-23

Step23 用鼠标左键在网格任意位置上单击一下，确定圆柱体的中心位置，如图 10-24 所示。

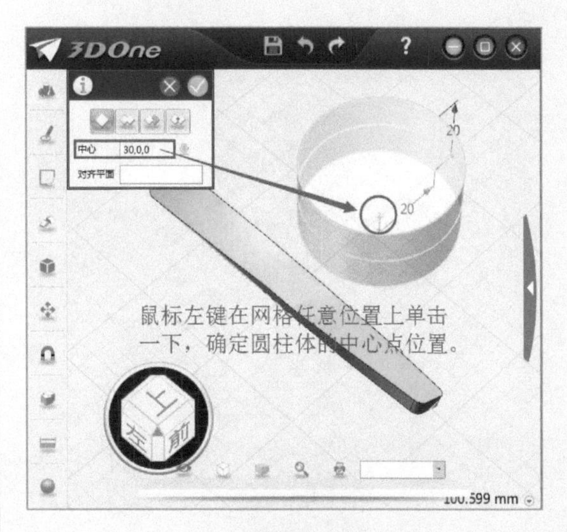

图 10-24

Step24 用鼠标左键单击数值进行修改，按 <Enter> 键确定，圆柱体的高为“10”，半径值为“2”，如图 10-25 所示。

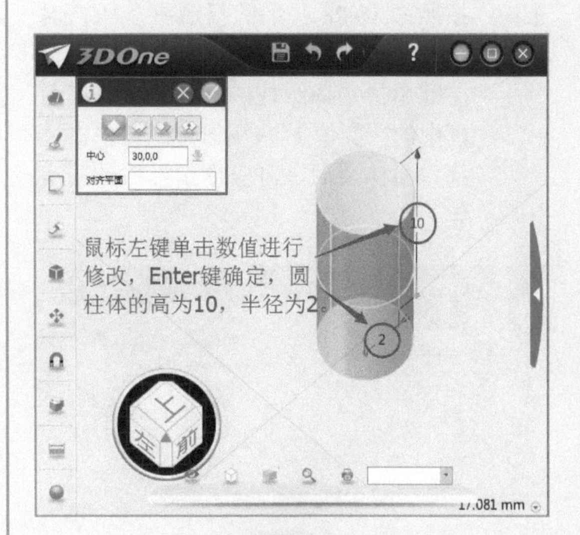

图 10-25

Step25 用鼠标左键单击提示框“✓”按钮，圆柱体创建完毕，如图 10-26 所示。

Step26 用鼠标左键单击选择菜单栏中的“自动吸附”命令，如图 10-27 所示。

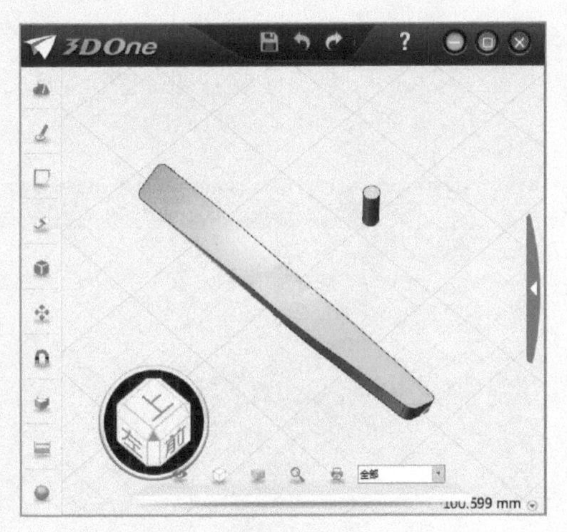

图 10-26

图 10-27

Step27 按照图 10-28 所示的提示框步骤，对模型进行“自动吸附”操作，用鼠标左键单击选择圆柱体表面，对应提示框中的“实体 1”；用鼠标左键单击选择六面体表面，对应提示框中的“实体 2”。

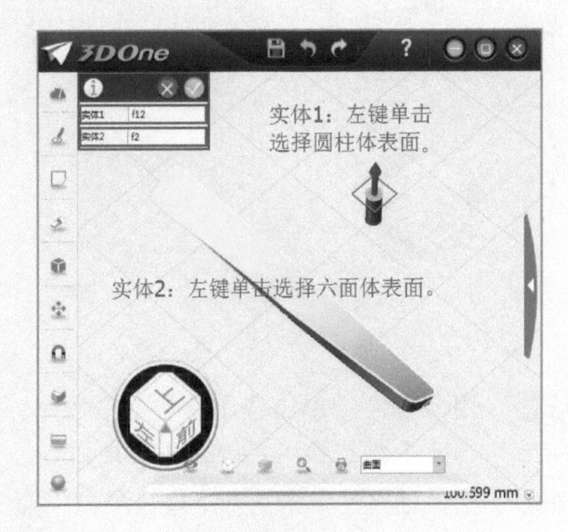

图 10-28

Step28 用鼠标左键单击提示框“✓”按钮，圆柱体则自动居中吸附在六面体表面上，如图 10-29 所示。

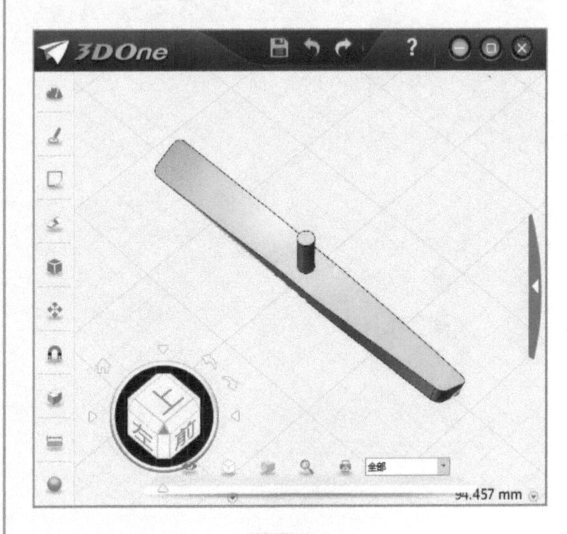

图 10-29

Step29 用鼠标左键单击选中圆柱体，弹出图 10-30 所示的 Minibar 窗口，用鼠标左键单击“移动”命令。

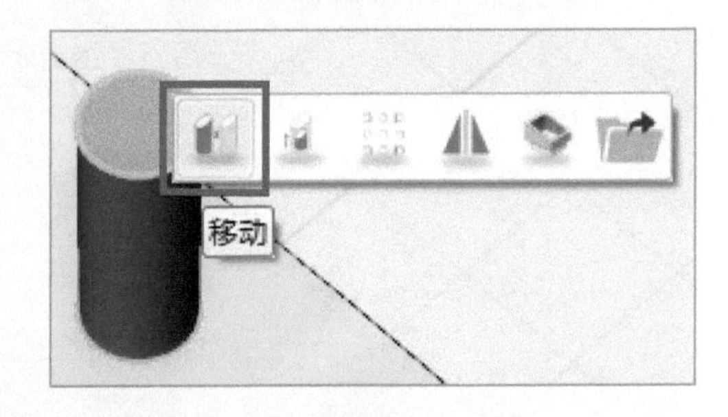

图 10-30

Step30 弹出图 10-31 所示的移动提示框，用鼠标左键单击“动态移动”命令。

图 10-31

Step31 将光标移动放置在圆柱体坐标轴的“Z”轴线上，如图 10-32 所示。

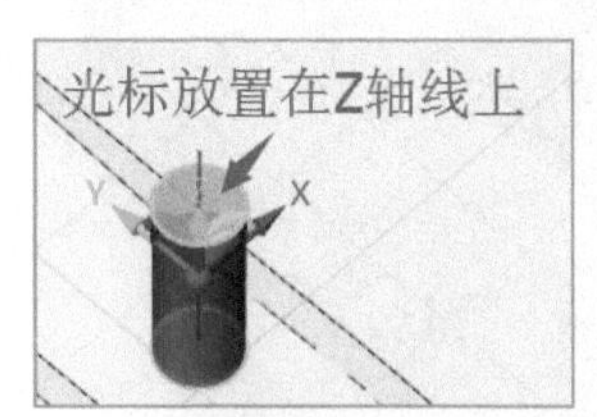

图 10-32

Step32 按住鼠标左键，沿“Z”轴方向移动鼠标，待出现移动数值后，松开鼠标左键，如图 10-33 所示。

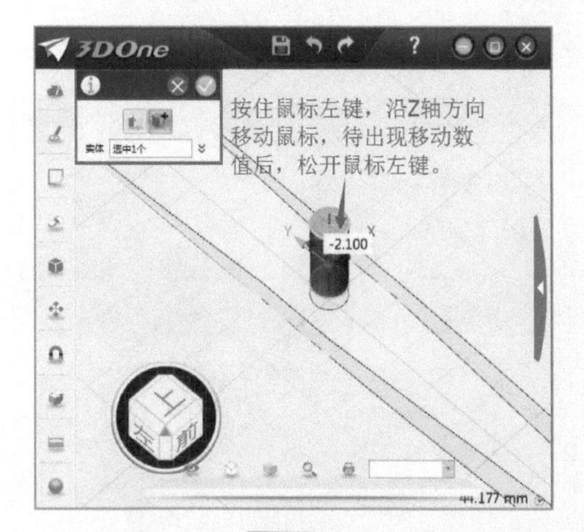

图 10-33

Step33 将移动数值修改为“–5”，按 <Enter> 键确定，如图 10-34 所示。

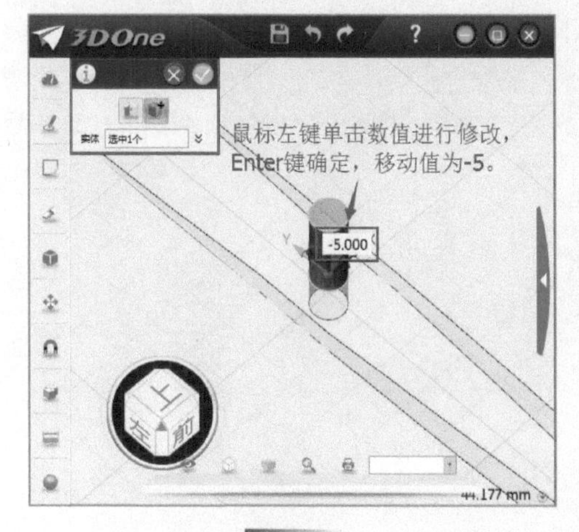

图 10-34

Step34 用鼠标左键单击提示框“✓”按钮，圆柱体“移动”操作完毕，如图 10-35 所示。

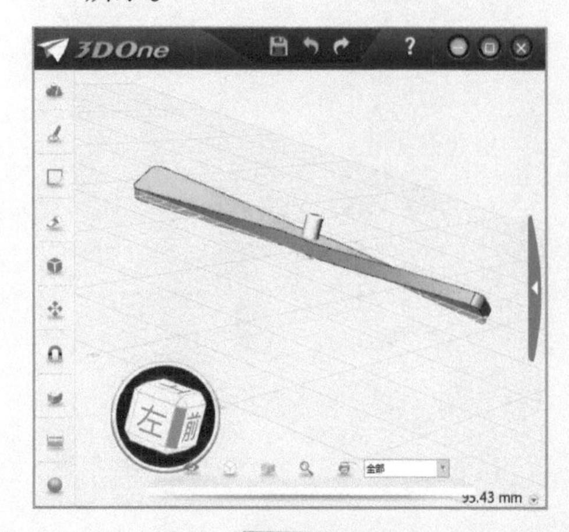

图 10-35

Step35 用鼠标左键单击选择菜单栏中的“组合编辑”命令，如图 10-36 所示。

图 10-36

Step36 按照图 10-37 所示的提示框步骤，对圆柱体和六面体进行“组合编辑”操作。

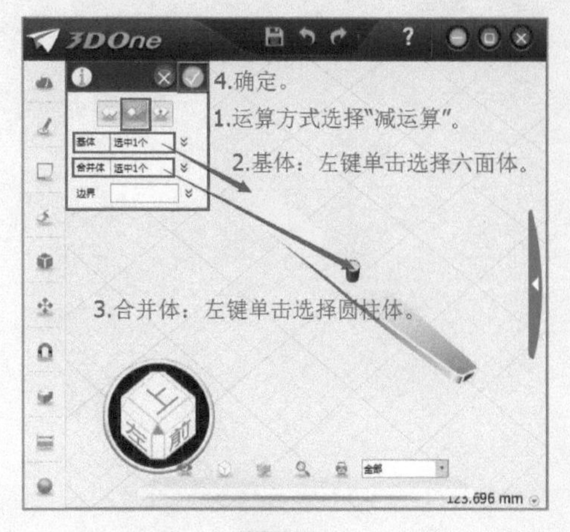

图 10-37

Step37 用鼠标左键单击提示框“✓”按钮，竹蜻蜓模型制作完毕，如图 10-38 所示。

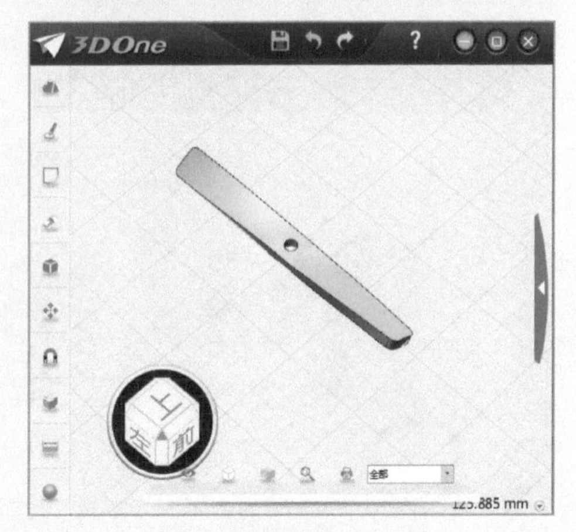

图 10-38

具体操作步骤请扫描下方二维码观看视频。

数字陈列区

□ 竹蜻蜓模型制作完毕，我将竹蜻蜓模型摆放到打印平台上。

□ 我通过使用“旋转”命令，将竹蜻蜓沿“Y”轴旋转 90°，让竹蜻蜓竖着打印。

□ 打印机的各项参数“设置”可参考图 10-39。

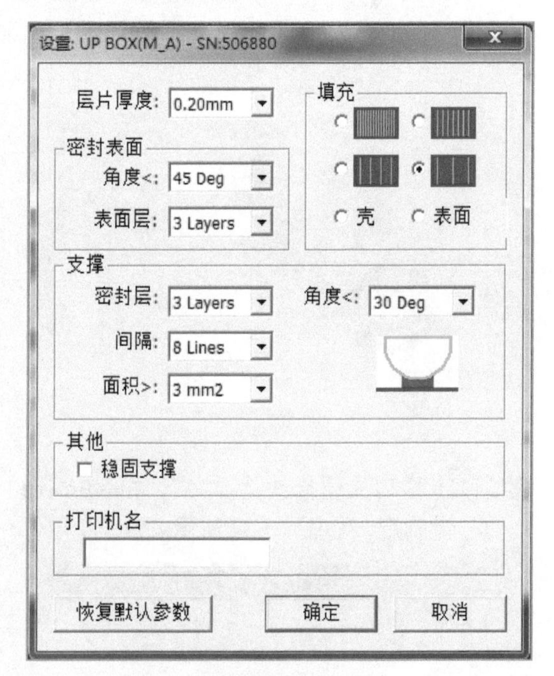

图 10-39

□ 开始打印竹蜻蜓吧！

创意设计区

□ 让我自己设计一个更有特点的竹蜻蜓吧！

□ 我设计的竹蜻蜓是由：

这几部分组成的！

□ 我设计的竹蜻蜓的特点是：

爱创展示区

□ 我是________小组的________。

□ 我想利用竹蜻蜓的飞行原理来制作：

□ 我们组设计竹蜻蜓最有特色的作者是：

□ 我们评选的理由是：

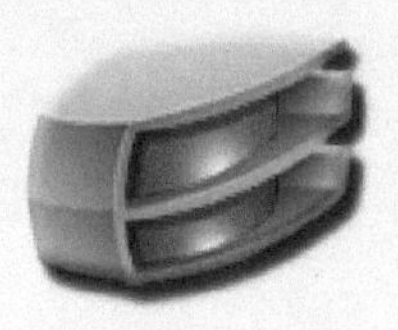

自我评价

□请同学们结合自己在课堂上的表现，填写下列表格进行自我评价。

自主测评表	
评分项目	评分等级
竹蜻蜓的制作能力	☆☆☆☆☆
圆角、抽壳、扭曲	☆☆☆☆☆
自动吸附、组合编辑	☆☆☆☆☆
竹蜻蜓的创新设计	☆☆☆☆☆
认真完成课堂任务	☆☆☆☆☆
积极参与团队讨论	☆☆☆☆☆
对竹蜻蜓的兴趣	☆☆☆☆☆
	☆☆☆☆☆
	☆☆☆☆☆
	☆☆☆☆☆
	☆☆☆☆☆
	☆☆☆☆☆
	☆☆☆☆☆
	☆☆☆☆☆
	☆☆☆☆☆

能力拓展

□请同学们自己动手，利用简单的材料制作出能飞的竹蜻蜓?

□请同学们揣摩竹蜻蜓的飞行原理，对竹蜻蜓进行再度创新!

第十一节 轻便剥橙器

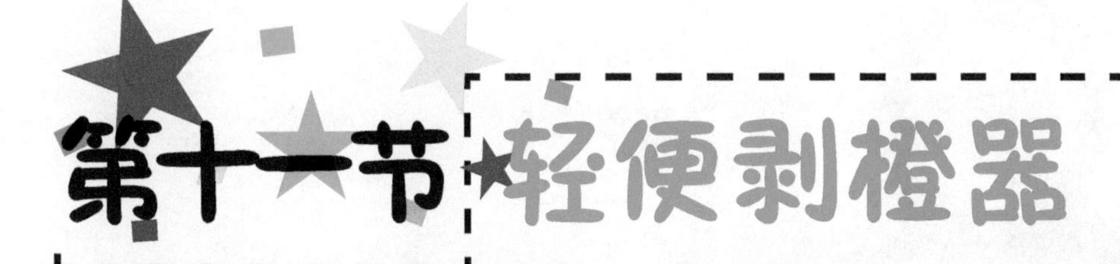

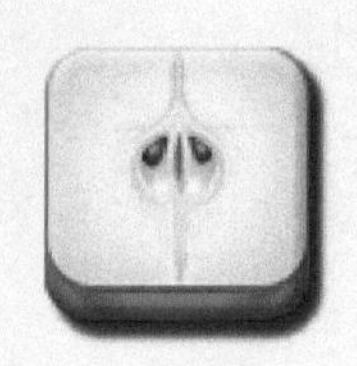

生活小创意

□ 我们今天选出的组长是：

□ 让我猜一猜，图 11-1 中的小工具有什么特殊作用呢？

图 11-1

□ 通过观察图片，我猜想它的功能是：

□ 让我来观看一段视频简介吧！

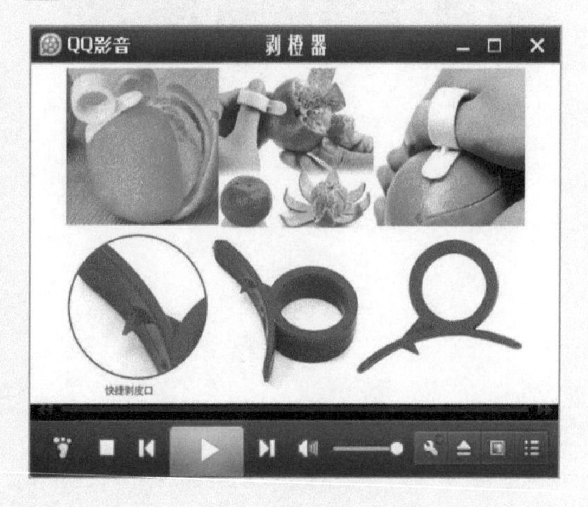

注：扫描下方二维码可直接观看视频。

□ 看完视频后，我知道这个小工具每部分的作用是：

我是设计师

□ 剥橙器的制作步骤：

Step01 用鼠标左键双击打开 3DOne 软件，如图 11-2 所示。

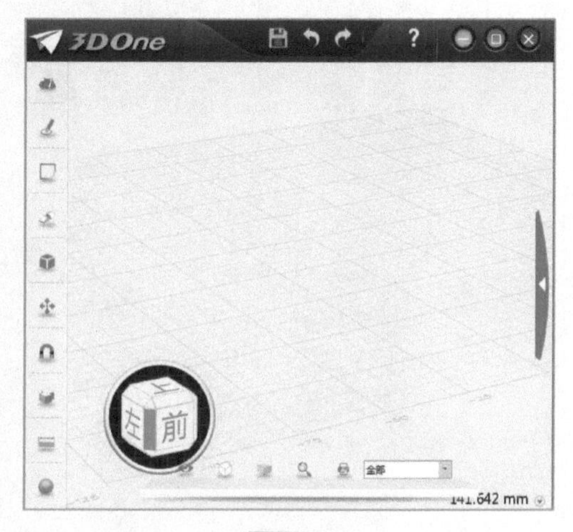

图 11-2

Step02 用鼠标左键选择菜单栏中“草图绘制”→“直线”工具，如图 11-3 所示。

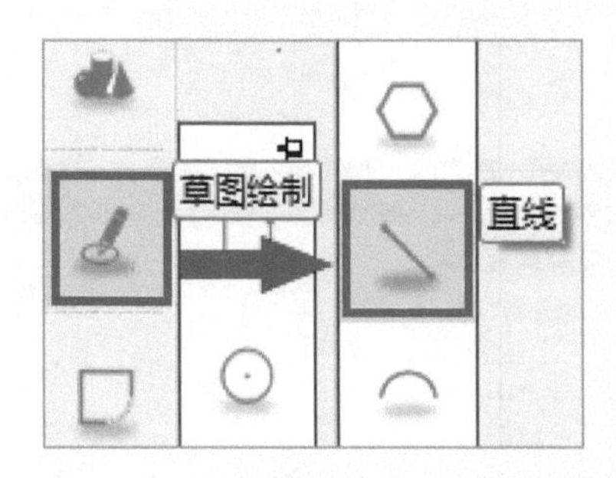

图 11-3

Step03 用鼠标左键在网格任意位置上单击一下，确定以网格为平面参考，如图 11-4 所示。

图 11-4

Step04 用鼠标左键单击“查看视图”→“自动对齐视图”图标，如图 11-5 所示。

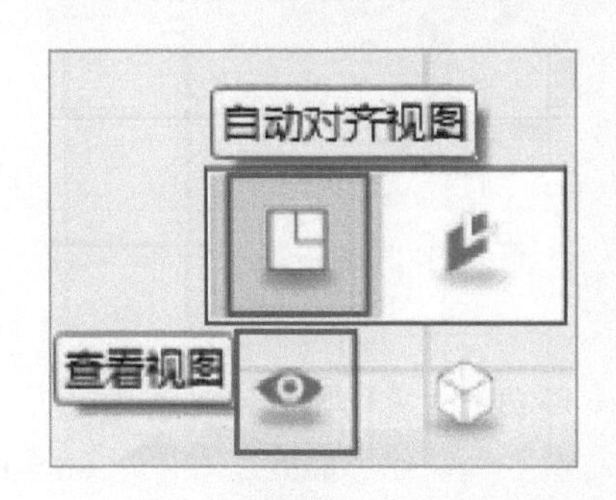

图 11-5

Step05 软件的操作界面则自动对齐为当前平面视图，如图 11-6 所示。

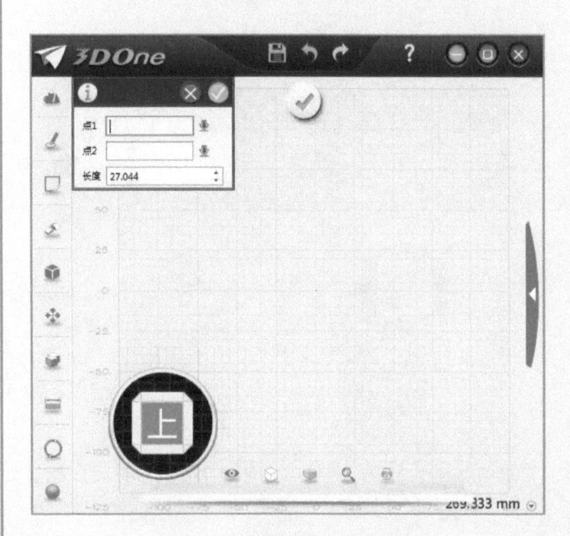

图 11-6

Step06 在网格上单击鼠标左键，确定水平直线两个端点在网格上的所在位置，如图 11-7 所示。

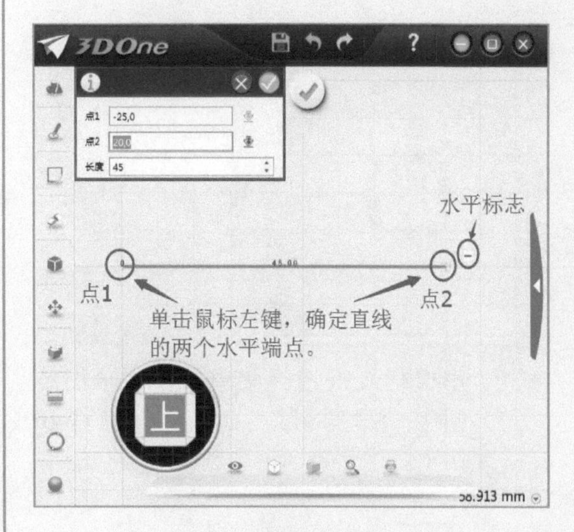

图 11-7

Step07 单击鼠标左键，将提示框中水平直线的长度值修改为“70”，按 <Enter> 键确定，如图 11-8 所示。

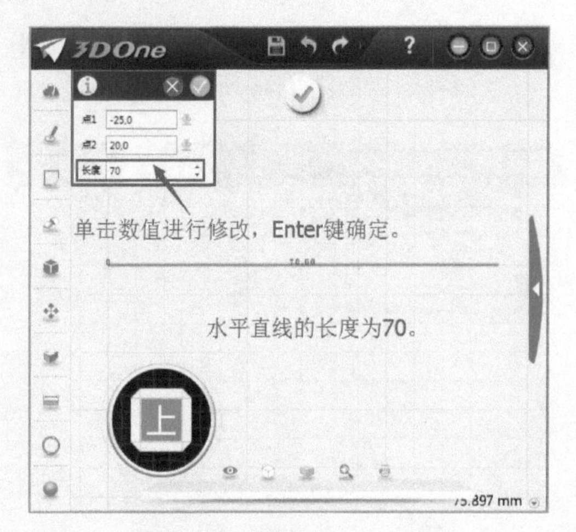

图 11-8

Step08 用鼠标左键单击提示框“✓”按钮，长度为“70”的水平直线绘制完毕，如图 11-9 所示。

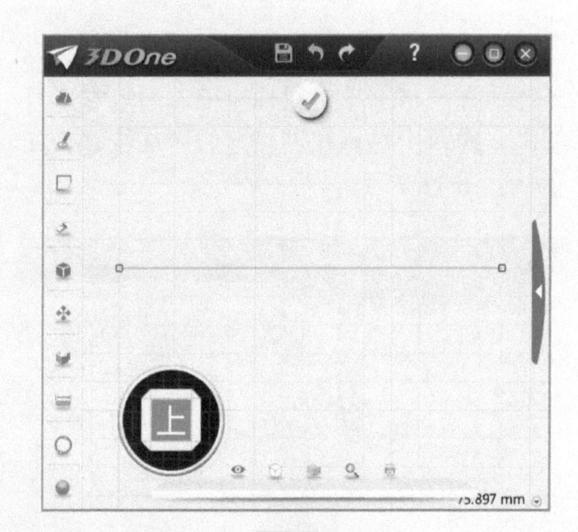

图 11-9

Step09 用鼠标左键选择菜单栏中“草图绘制”→“圆弧”工具，如图 11-10 所示。

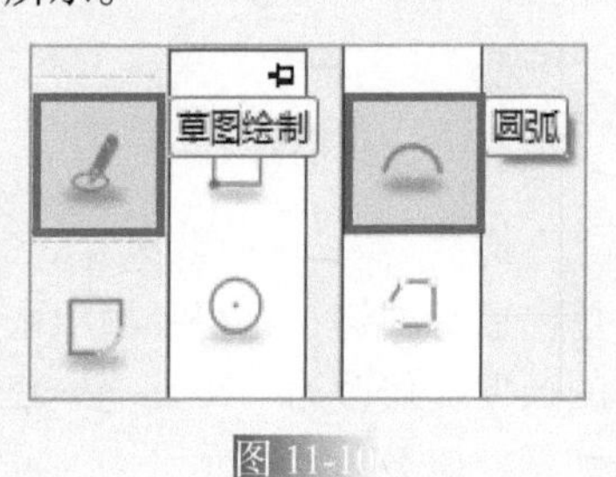

图 11-10

Step10 按照图 11-11 所示的提示框步骤绘制圆弧，圆弧的点 1、点 2 位置即为直线的点 1、点 2，圆弧的开口方向向下，半径值为“65”。

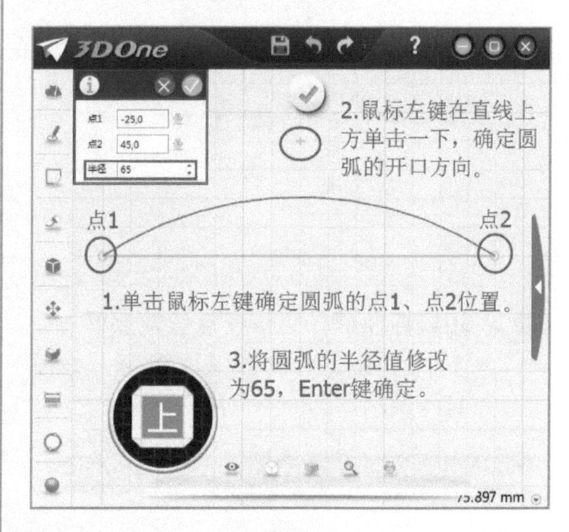

图 11-11

Step11 用鼠标左键单击提示框“✓”按钮，圆弧绘制完毕，如图 11-12 所示。

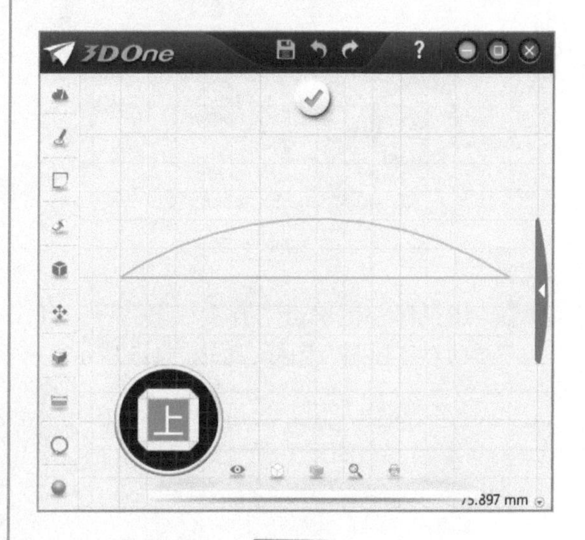

图 11-12

Step12 用鼠标左键选择菜单栏中“草图编辑”→“偏移曲线”命令，如图 11-13 所示。

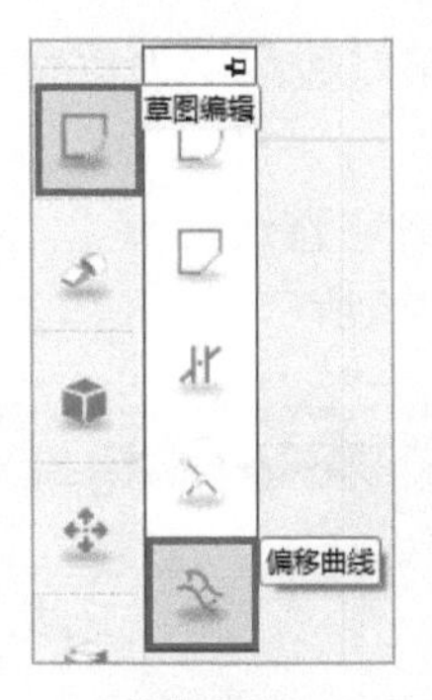

图 11-13

Step13 按照图 11-14 所示的提示框步骤，对圆弧进行“偏移”操作，在提示框中输入偏移值“3”，按 <Enter> 键确定。

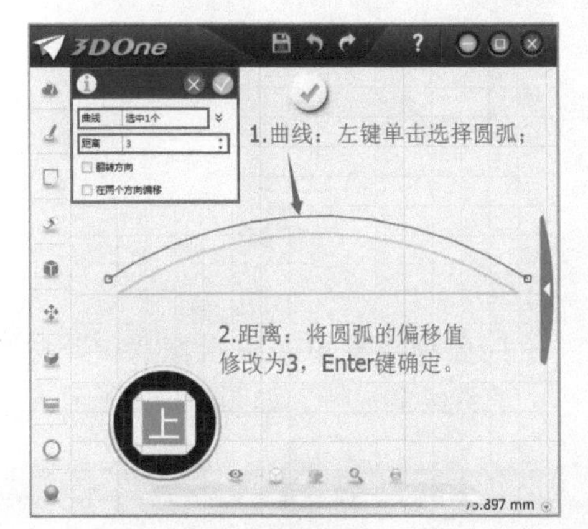

图 11-14

Step14 用鼠标左键单击提示框“✓”按钮，弧线“偏移”操作完毕，如图 11-15 所示。

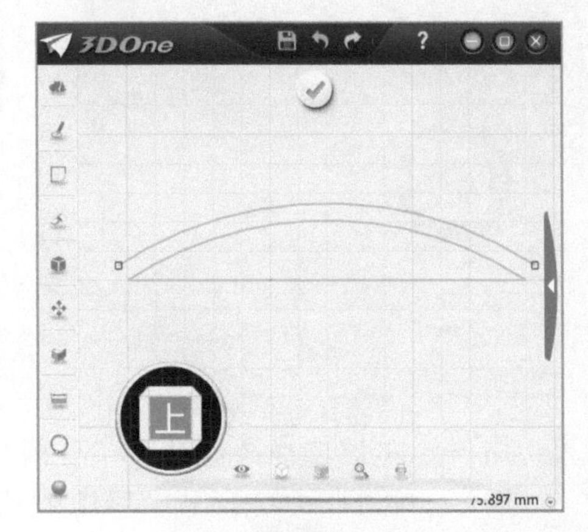

图 11-15

Step15 选择“圆弧”工具，将两条弧线左侧的端点连接起来，圆弧的点 1、点 2 分别为两条弧线左侧的两个端点，圆弧的开口方向向右，圆弧半径值为“1.5”，如图 11-16 所示。

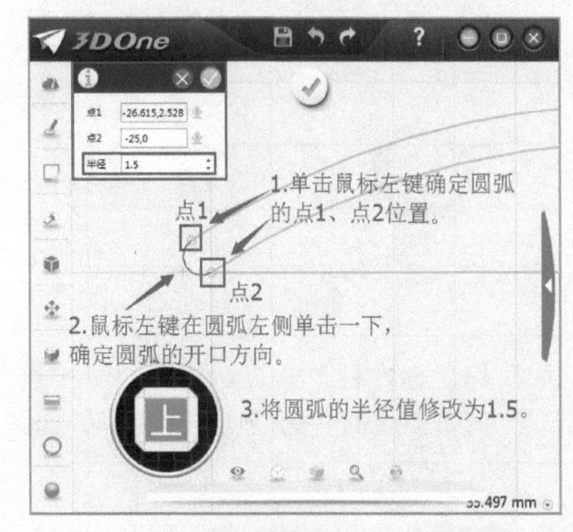

图 11-16

Step16 用鼠标左键单击提示框“✓”按钮，两条弧线的左侧端点连接完毕，如图 11-17 所示。

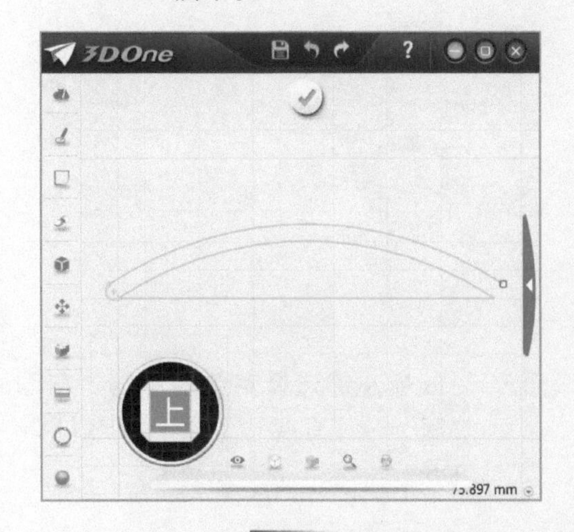

图 11-17

Step17 继续选择“圆弧”工具，连接两条弧线右侧的两个端点，点 1、点 2 分别为两条弧线右侧的两个端点，圆弧的开口方向向左，半径值为“1.5”，如图 11-18 所示。

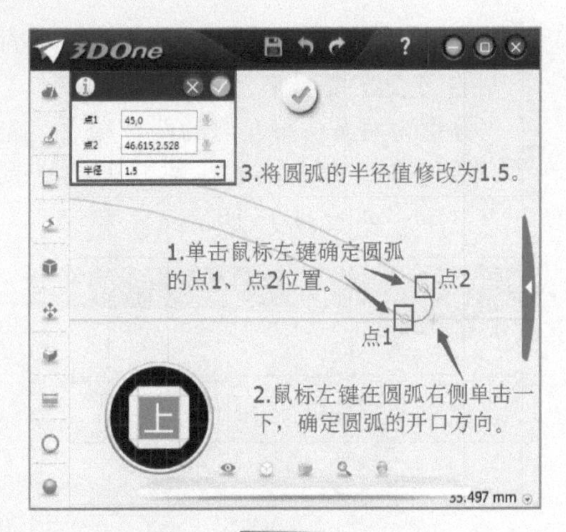

图 11-18

Step18 用鼠标左键单击提示框“✓”按钮，两条弧线的右侧端点连接完毕，如图 11-19 所示。

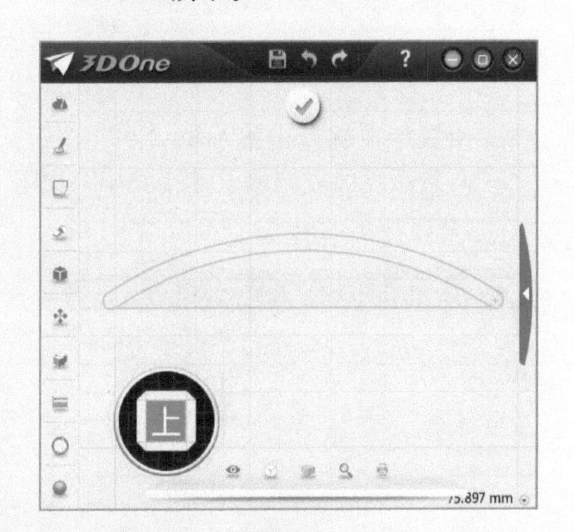

图 11-19

Step19 用鼠标左键选择菜单栏中的“草图绘制”→“直线”工具，如图 11-20 所示。

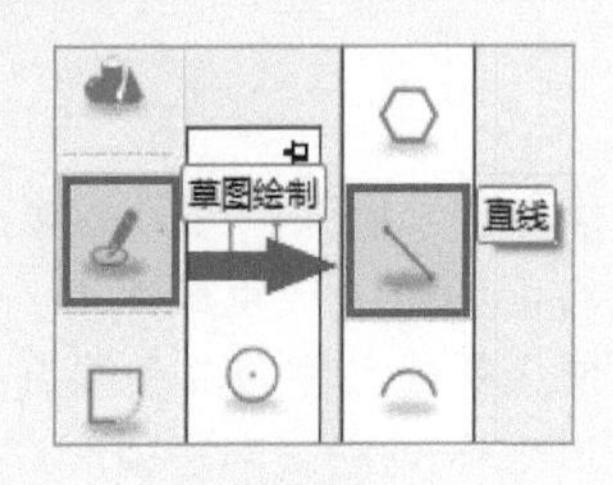

图 11-20

Step20 在水平直线的中点位置，向上绘制一条长度为“22.5”的直线，单击鼠标左键确定直线的点 1、点 2 位置，如图 11-21 所示。

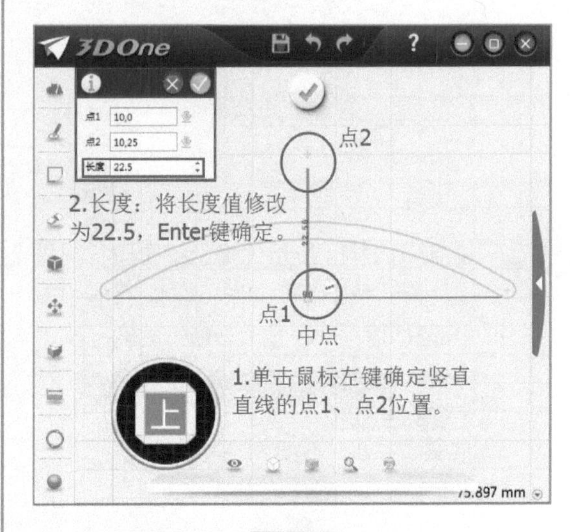

图 11-21

Step21 用鼠标左键单击提示框“✓”按钮，直线绘制完毕，如图 11-22 所示。

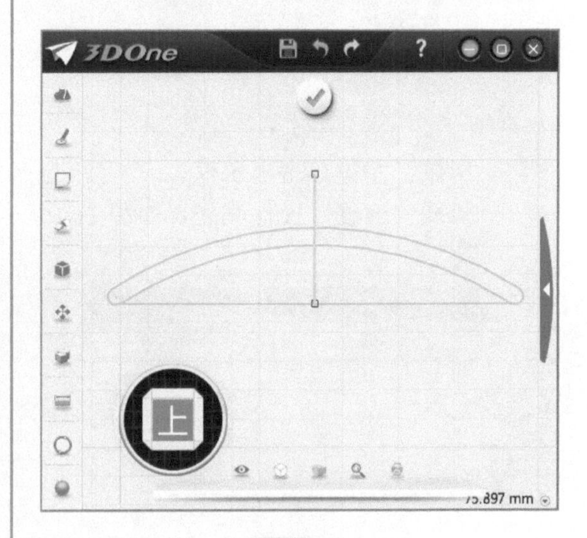

图 11-22

Step22 用鼠标左键选择菜单栏中“草图绘制”→“圆形”工具，如图 11-23 所示。

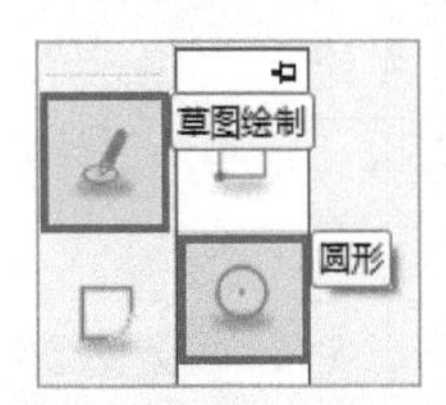

图 11-23

Step23 以长度为“22.5”的竖直直线的顶部端点为圆心，绘制一个半径为“10.5”的圆，绘制步骤如图 11-24 所示。

图 11-24

Step24 用鼠标左键单击提示框“✓”按钮，圆形绘制完毕，如图 11-25 所示。

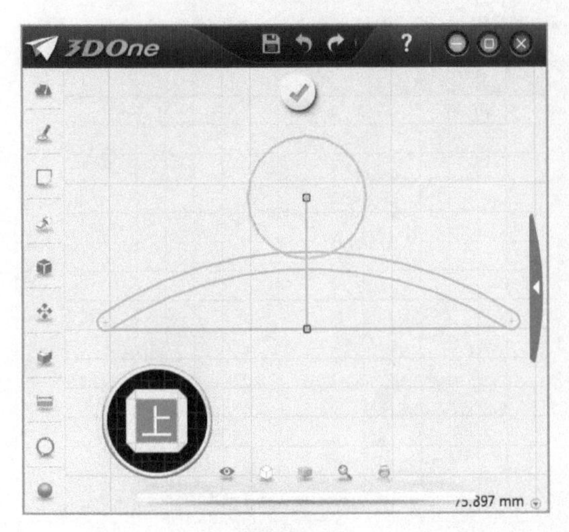

图 11-25

Step25 选择“草图编辑”→“偏移曲线”工具，对圆形进行“偏移”操作，在提示框中输入偏移距离“3”，按 <Enter> 键确定，如图 11-26 所示。

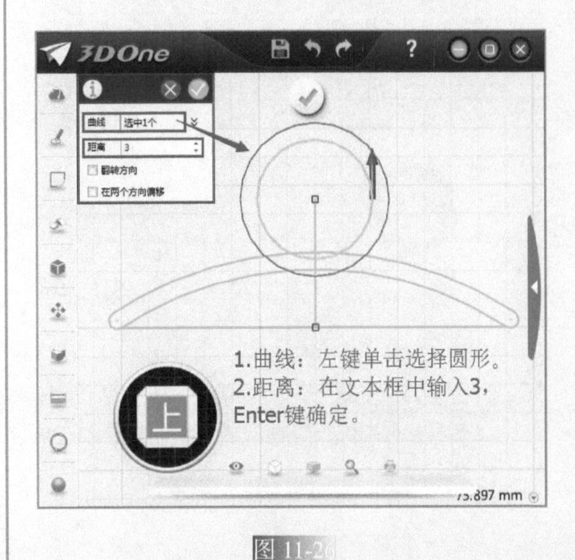

图 11-26

Step26 用鼠标左键单击提示框“✓”按钮，圆形“偏移”操作完毕，如图 11-27 所示。

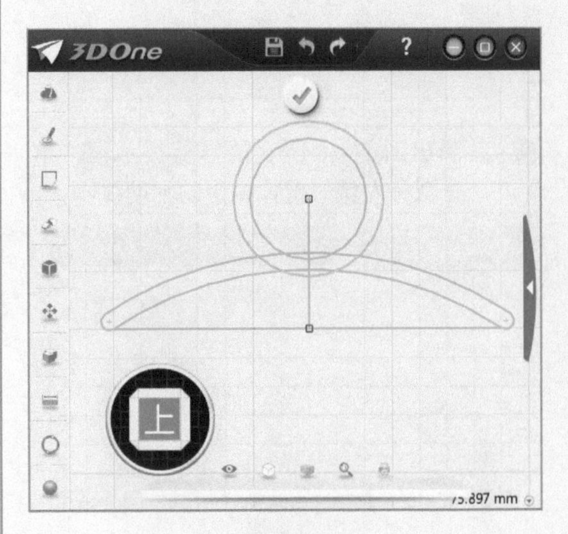

图 11-27

Step27 用鼠标左键框选选中两条辅助直线，按 <Delete> 键删除，如图 11-28 所示。

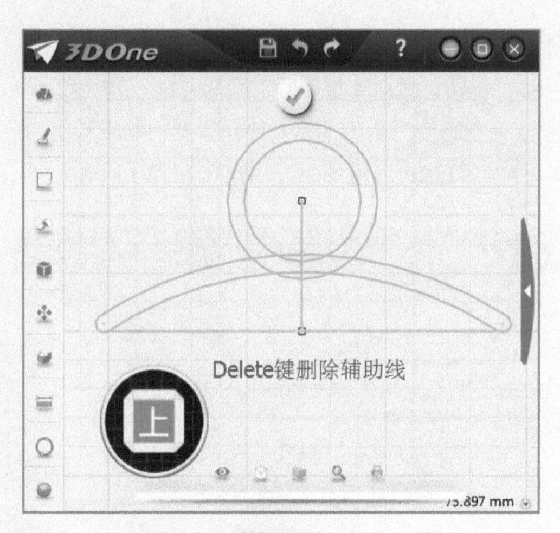

图 11-28

Step28 用鼠标左键选择菜单栏中“草图编辑”→“单击修剪”命令，如图 11-29 所示。

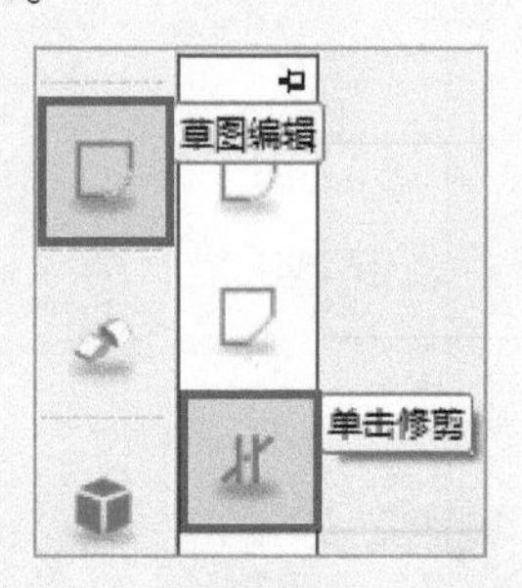

图 11-29

Step29 弹出图 11-30 所示的修剪提示框，单击鼠标左键修剪掉多余的辅助线。

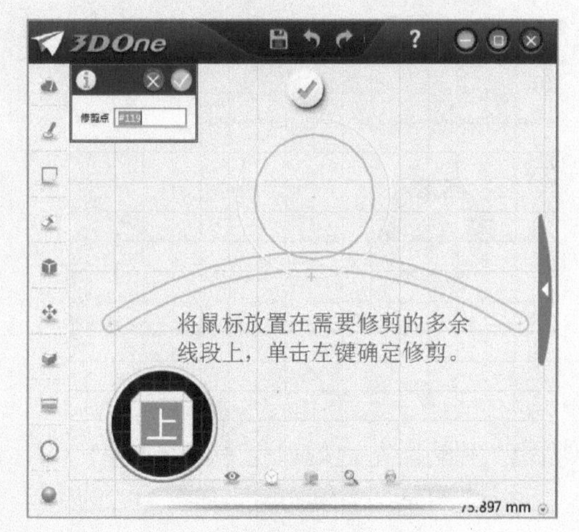

图 11-30

Step30 用鼠标左键单击提示框“✓”按钮，多余线段“修剪”完毕，如图 11-31 所示。

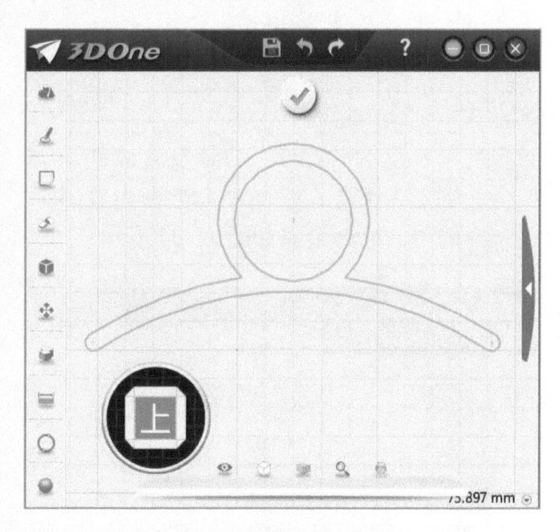

图 11-31

Step31 用鼠标左键选择菜单栏中“草图编辑”→“圆角”命令，如图 11-32 所示。

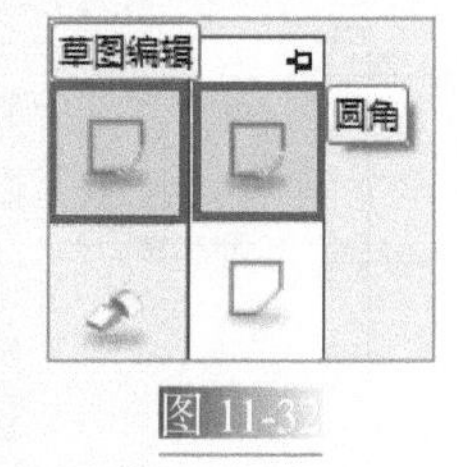

图 11-32

Step32 按照图 11-33 所示的提示框步骤进行“圆角”操作，圆角半径为“4”。

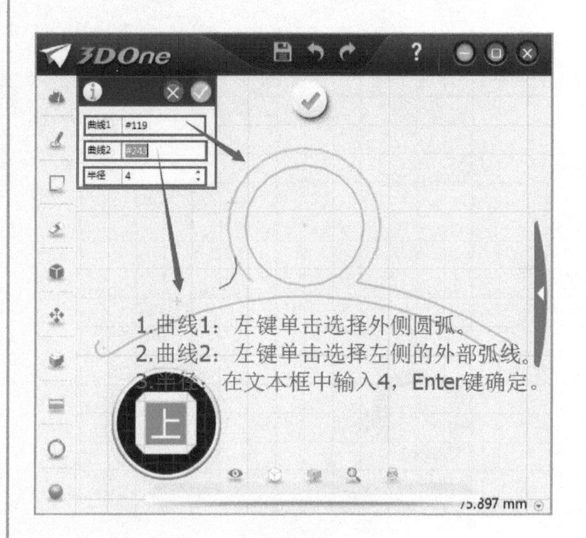

图 11-33

Step33 用鼠标左键单击提示框“✓”按钮，左侧“圆角”操作完毕，如图 11-34 所示。

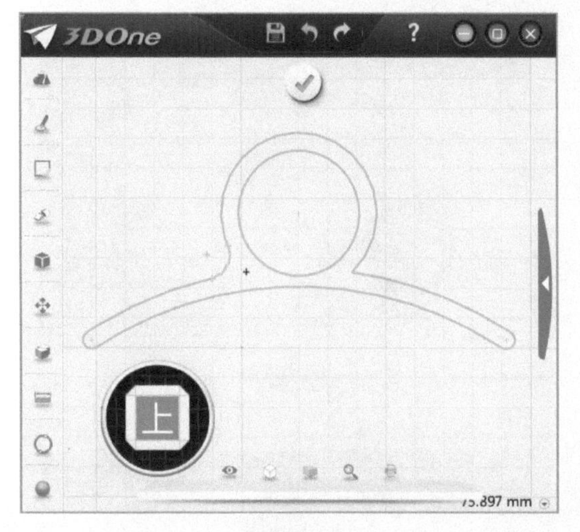

图 11-34

Step34 继续单击“圆角”命令，对草图右侧进行“圆角”操作，“曲线 1”选择外侧圆弧，“曲线 2”选择右侧的外部弧线，圆角半径值为“4”，如图 11-35 所示。

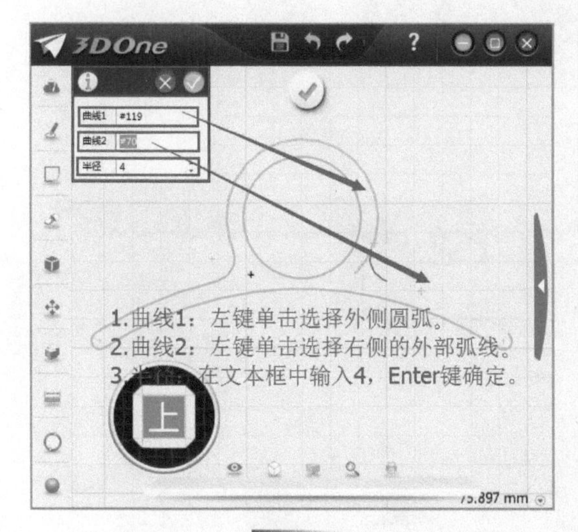

图 11-35

Step35 用鼠标左键单击提示框“✓”按钮，右侧“圆角”操作完毕，如图 11-36 所示。

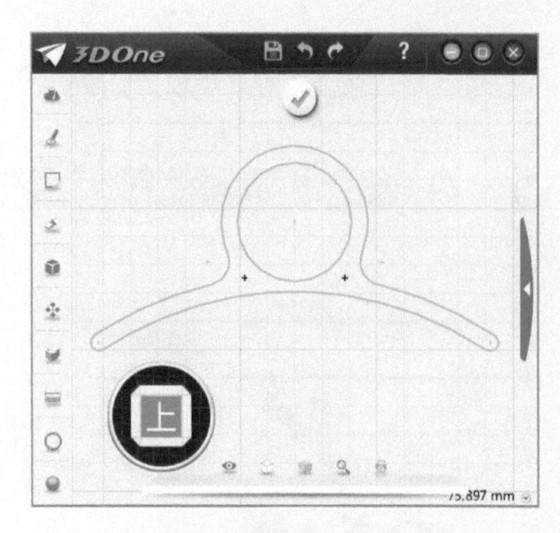

图 11-36

Step36 用鼠标左键选择菜单栏中“特殊造型”→“拉伸”工具，如图 11-37 所示。

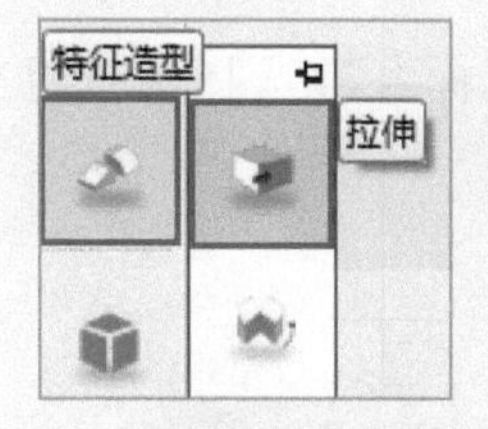

图 11-37

Step37 按照图 11-38 所示的提示框步骤对剥橙器草图进行“拉伸”操作，拉伸类型选择“对称”，拉伸值为“3”。

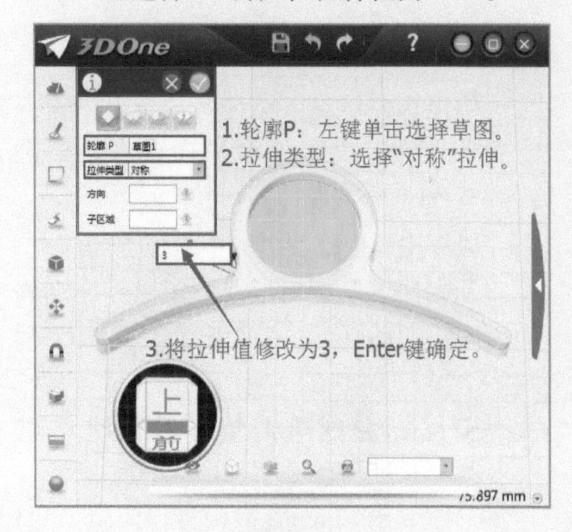

图 11-38

Step38 用鼠标左键单击提示框“✓”按钮，剥橙器“拉伸”操作完毕，如图 11-39 所示。

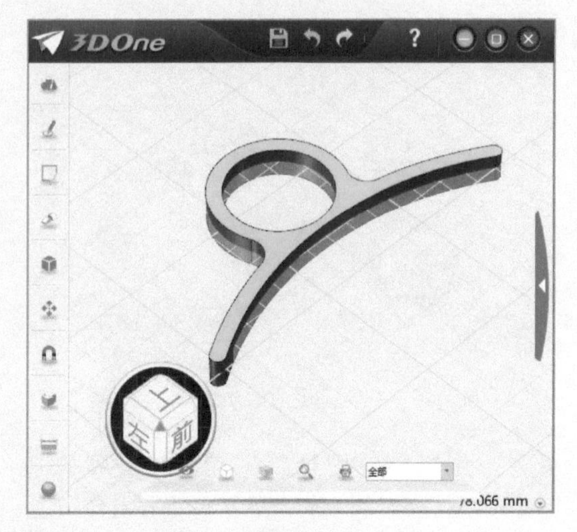

图 11-39

Step39 用鼠标左键选择菜单栏中“草图绘制”→“矩形”工具，如图 11-40 所示。

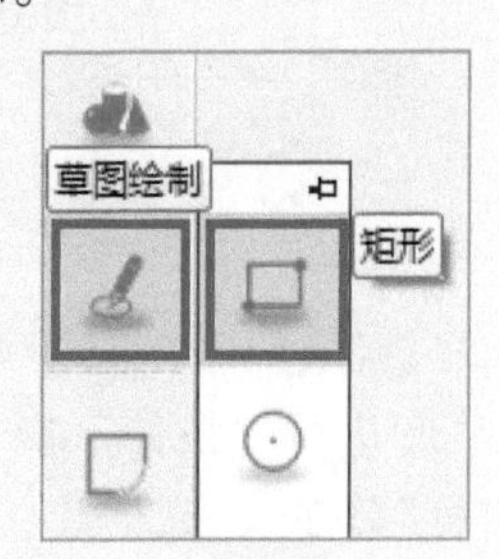

图 11-40

Step40 用鼠标左键在网格任意位置上单击一下，确定以网格为平面参考，如图 11-41 所示。

Step41 以剥橙器底部圆弧的中点位置为起点，开始向左绘制矩形，单击鼠标左键确定矩形的点 1、点 2 位置，如图 11-42 所示。

Step42 用鼠标左键单击矩形数值进行修改，长度值输入“–20”，宽度值输入“–7”，按 <Enter> 键确定，如图 11-43 所示。

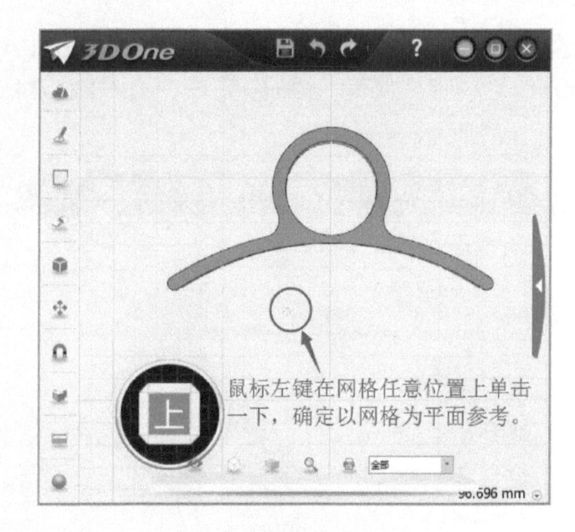

图 11-41

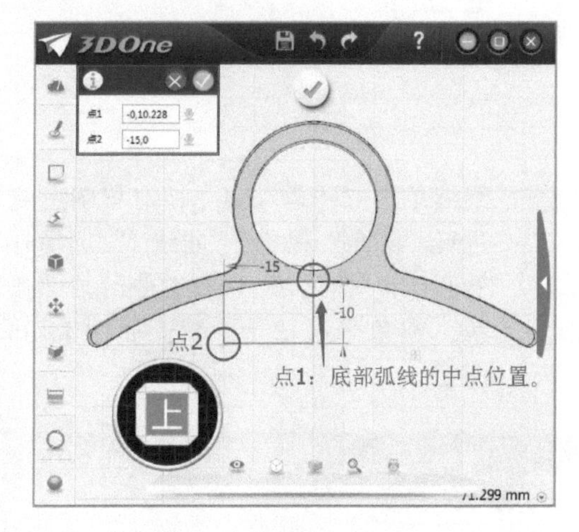

图 11-42

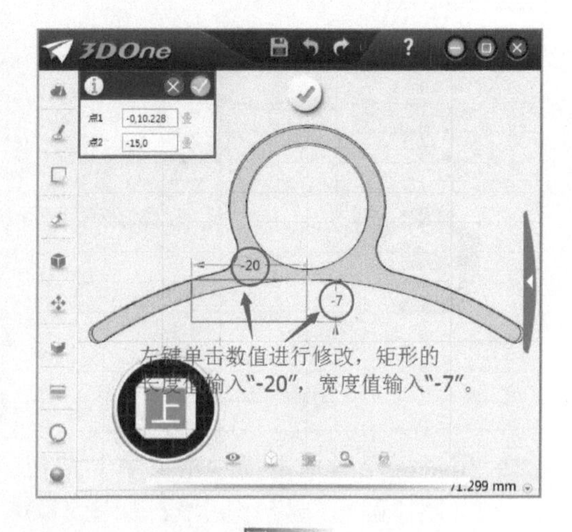

图 11-43

Step43 用鼠标左键单击提示框“✓”按钮，矩形草图绘制完毕，如图 11-44 所示。

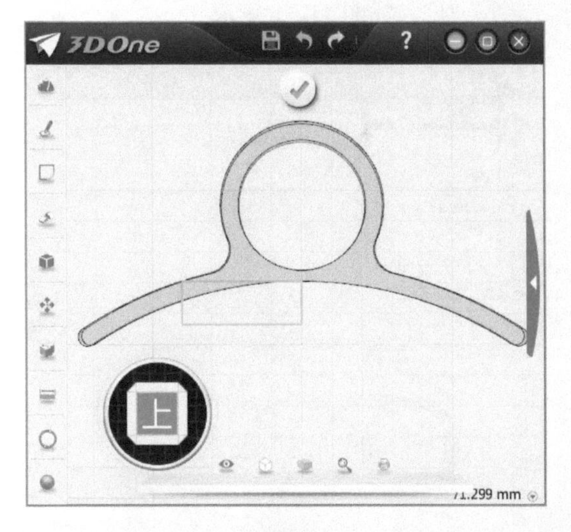

图 11-44

Step44 用鼠标左键选择菜单栏中“草图绘制”→“直线”工具，以矩形与圆弧的交界点为端点，绘制图 11-45 所示的两条辅助线，两条辅助线的交点为矩形的边线中点。

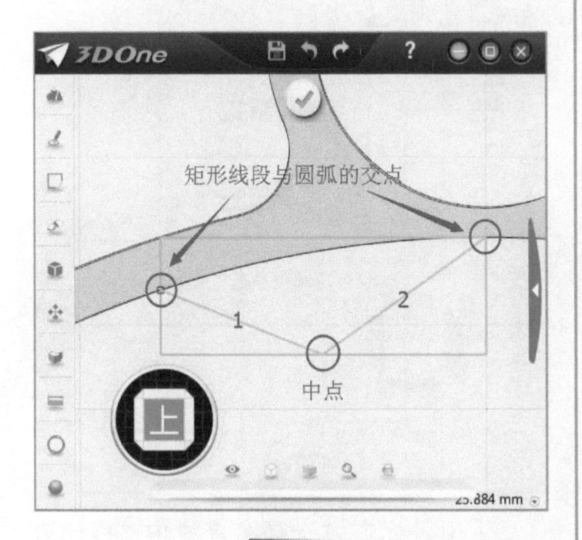

图 11-45

Step45 用鼠标左键选择菜单栏中“草图绘制”→“参考几何体”工具，如图 11-46 所示。

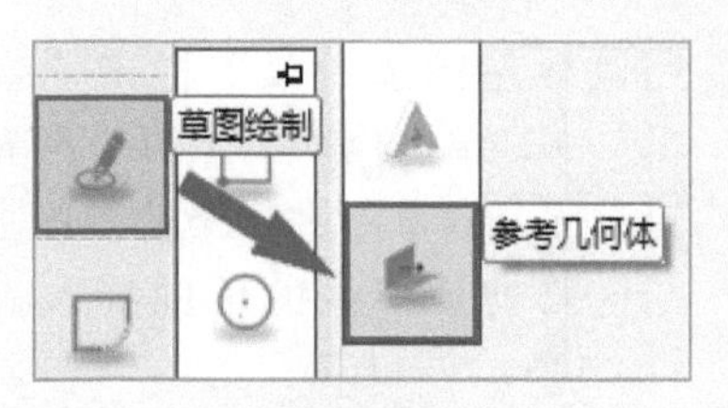

图 11-46

Step46 弹出图 11-47 所示的提示框，用鼠标左键单击选中剥橙器的底部弧线（单击一次即可）。

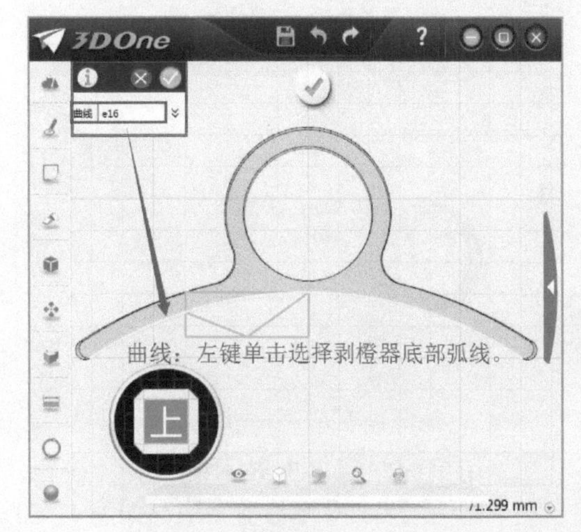

图 11-47

Step47 用鼠标左键单击提示框“✓”按钮，剥橙器底部弧线复制完毕，如图 11-48 所示。

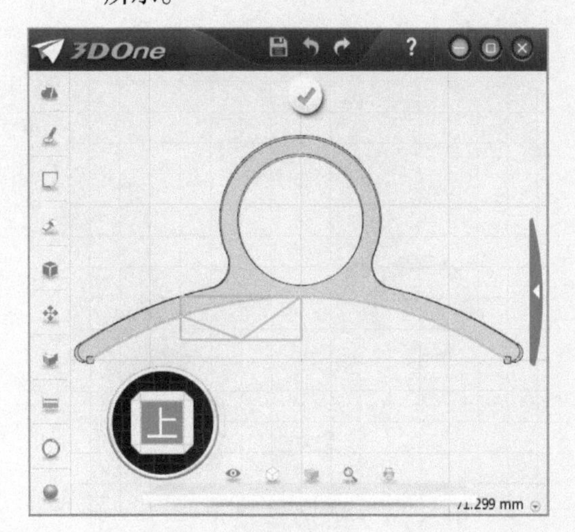

图 11-48

Step48 用鼠标左键选择菜单栏中“草图编辑”→“单击修剪”工具，对剥橙器刀刃部分的草图进行修剪，单击鼠标左键修剪掉多余的辅助线段，如图11-49所示。

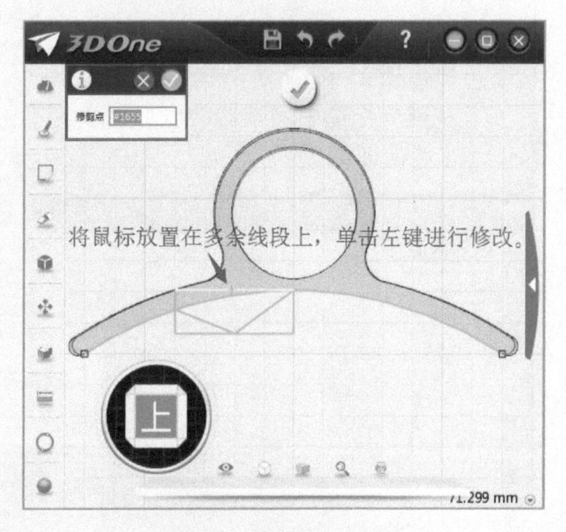

图 11-49

Step49 用鼠标左键单击提示框“✓”按钮，剥橙器刀刃草图修剪完毕，如图11-50所示。

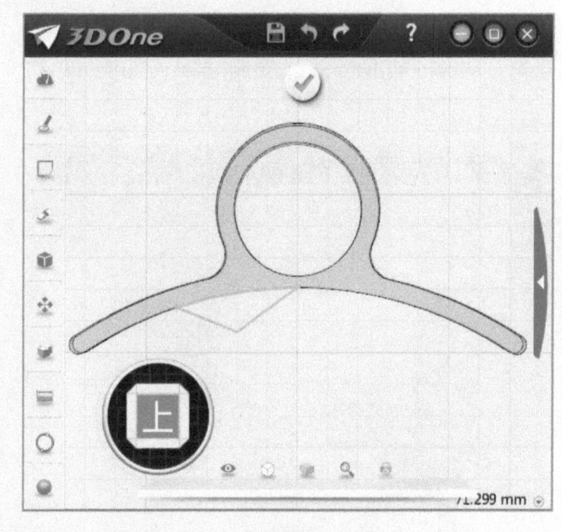

图 11-50

Step50 用鼠标左键选择菜单栏中“特殊造型”→“拉伸”工具，对剥橙器刀刃部分的草图进行“对称”拉伸操作，运算方式选择“加运算”，拉伸值为“1”，如图11-51所示。

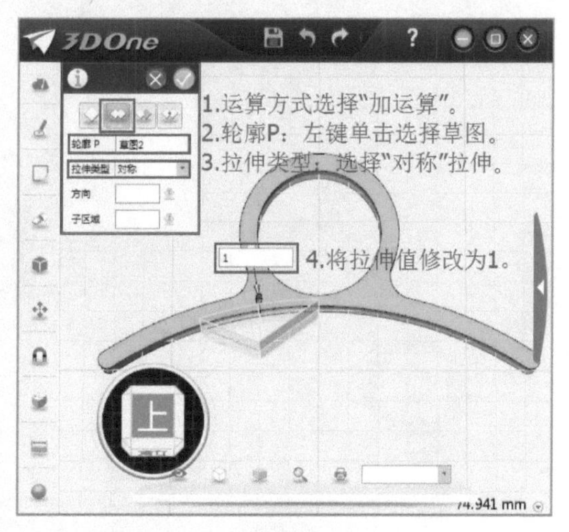

图 11-51

Step51 用鼠标左键单击提示框“✓”按钮，剥橙器刀刃部分的“拉伸”操作完毕，如图11-52所示。

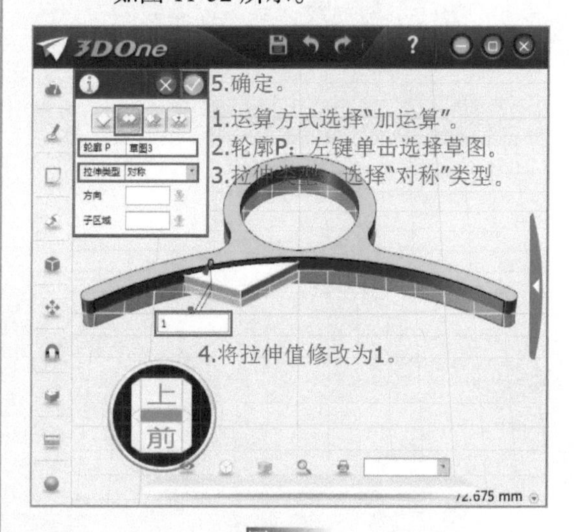

图 11-52

Step52 用鼠标左键选择菜单栏中“特征造型”→“倒角”工具，如图11-53所示。

Step53 弹出图11-54所示的提示框，单击鼠标左键选择剥橙器的两条边线，对剥橙器的边缘部分进行“倒角”操作。

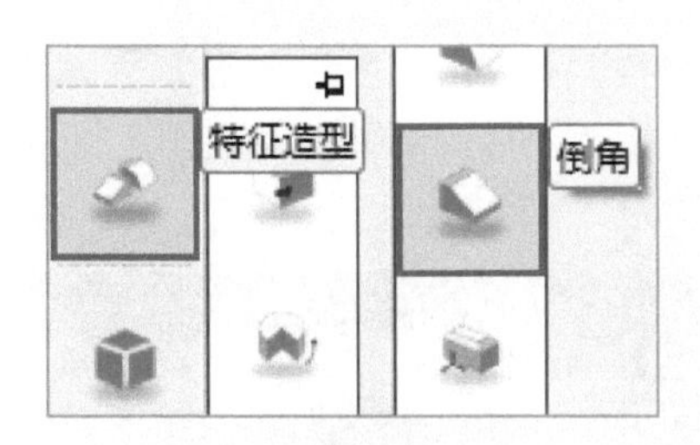

图 11-53

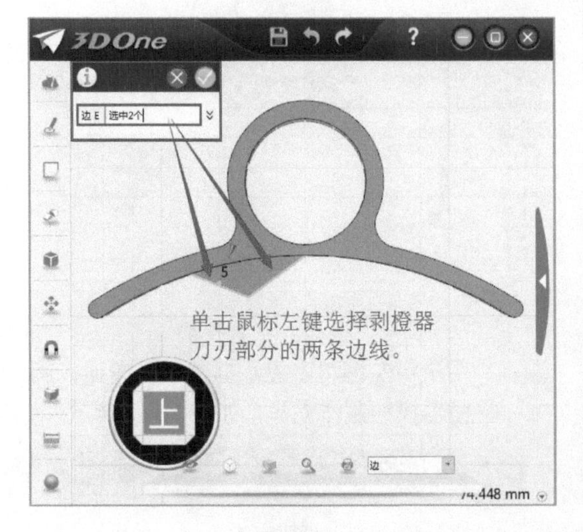

图 11-54

Step54 用鼠标左键单击数值进行修改，按 <Enter> 键确定，倒角值为“1”，如图 11-55 所示。

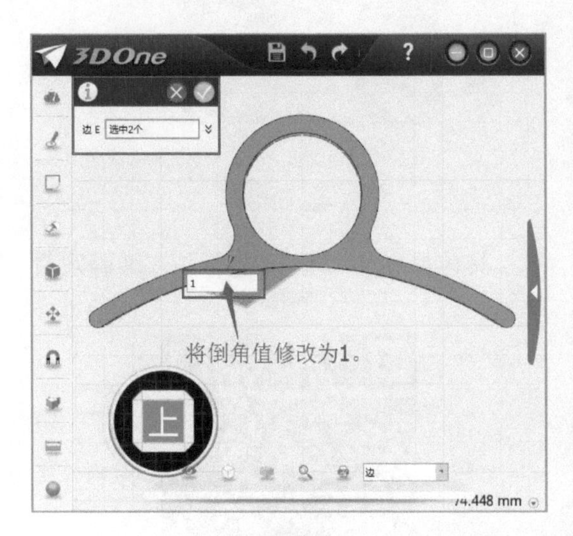

图 11-55

Step55 用鼠标左键单击提示框“✓”按钮，剥橙器的边线“倒角”操作完毕，如图 11-56 所示。

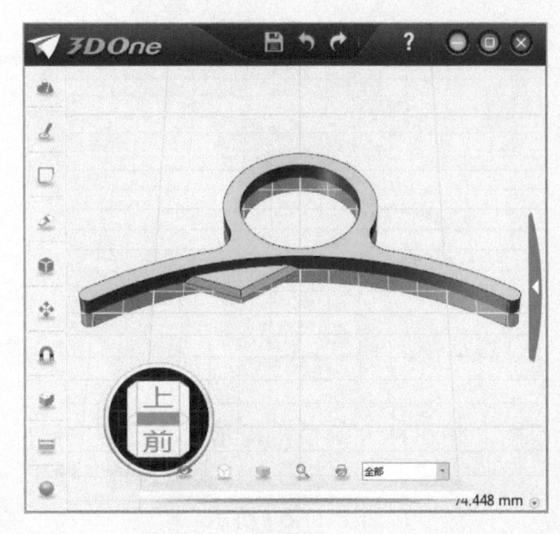

图 11-56

Step56 继续单击“倒角”命令，对剥橙器刀刃部分的另外两条边线进行“倒角”操作，倒角值为“1”，如图 11-57 所示。

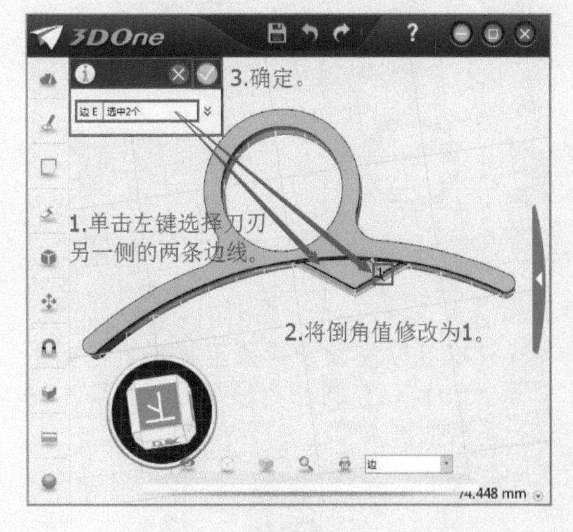

图 11-57

Step57 继续单击“倒角”命令，对剥橙器边缘的四条边线进行二次“倒角”操作，倒角值为“1”，如图 11-58 所示。

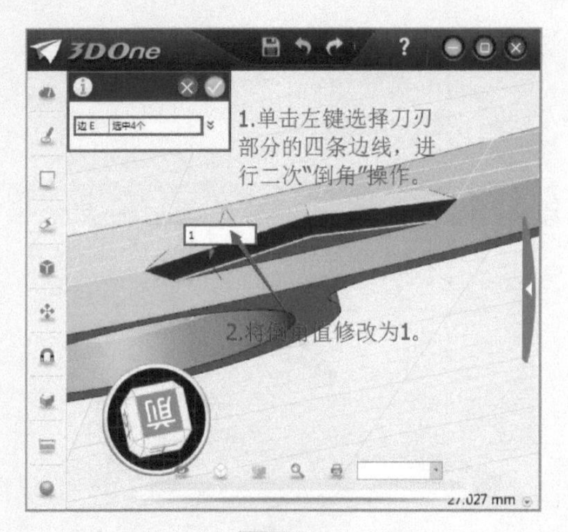

图 11-58

Step58 用鼠标左键单击提示框"✓"按钮，剥橙器刀刃部分的二次"倒角"操作完毕，如图 11-59 所示。

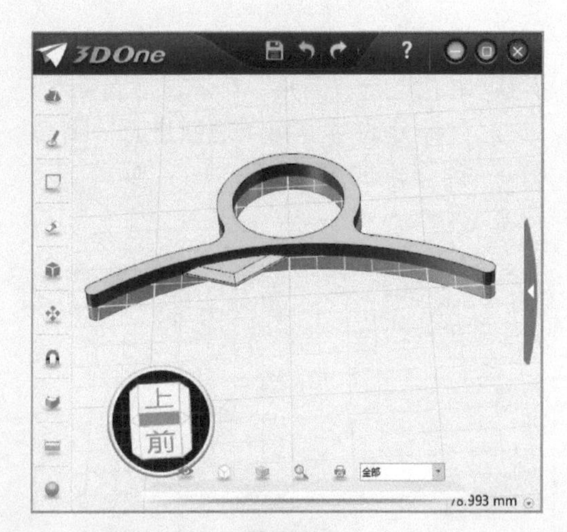

图 11-59

Step59 用鼠标左键选择菜单栏中"特征造型"→"圆角"工具，如图 11-60 所示。

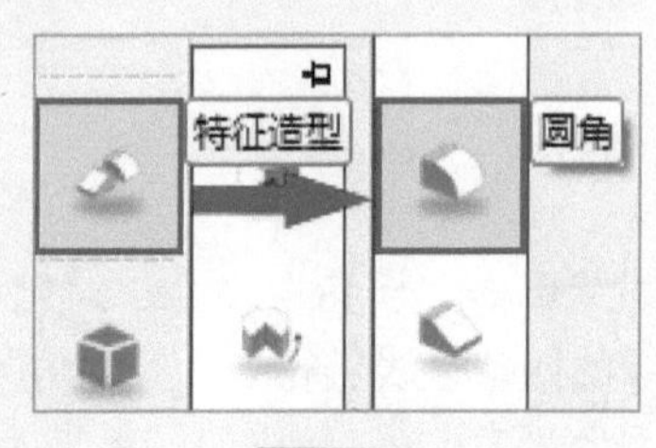

图 11-60

Step60 按照图 11-61 所示的提示框步骤对剥橙器进行"圆角"操作，圆角值为"1.5"。

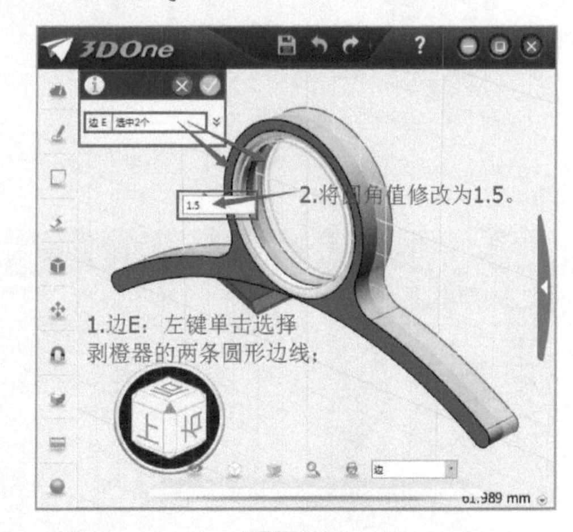

图 11-61

Step61 用鼠标左键单击提示框"✓"按钮，剥橙器模型制作完毕，如图 11-62 所示。

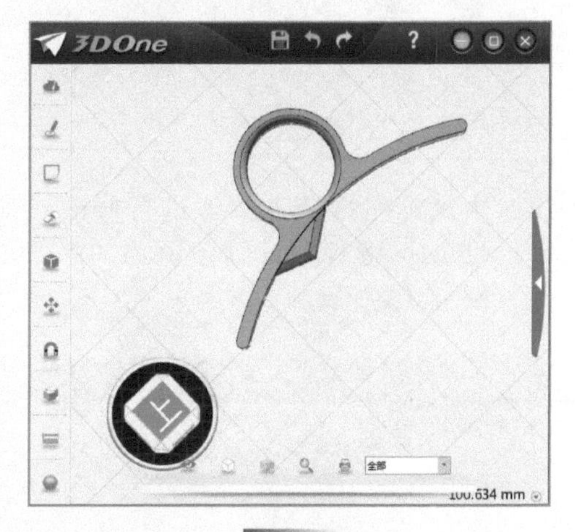

图 11-62

具体操作步骤请扫描下方二维码观看视频。

创意与生活

□ 剥橙器模型制作完毕，我将剥橙器模型摆放到打印平台上。

□ 打印机的各项参数“设置”可参考图 11-63。

设置: UP BOX(M_A) - SN:506880

层片厚度: 0.20mm

填充

密封表面

角度<: 45 Deg

表面层: 3 Layers

壳　表面

支撑

密封层: 3 Layers　角度<: 30 Deg

间隔: 8 Lines

面积>: 3 mm2

其他

稳固支撑

打印机名

恢复默认参数　确定　取消

图 11-63

□ 开始打印剥橙器吧！

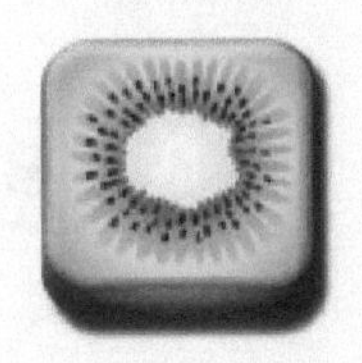

生活启示录

□ 让我自己来设计一个有特色的水果削皮器吧！

□ 我设计的水果削皮器特点是：

□ 我会在软件中，将自己设计的削皮器模型制作出来！

□ 比比看，我们组设计最有特色的水果削皮器是：

创意无极限

□ 我曾见过类似的创意生活小工具有：

创意生活小工具		
名称	用途	理由

□ 我发现，生活中的创意小工具还有：

□ 这是我自己设计的创意小工具：

创意阶梯展

□ 我认为我们组最有创意的设计作品是：

□ 我认为这个作品的设计特点是：

□ 选出本组发言机会相对较少的同学作为代表，上台给大家进行优秀作品展示。

大家好，我是＿＿＿＿＿＿小组的＿＿＿＿＿＿。

我们组选出的最佳创意作品是：

＿＿＿＿＿＿＿＿＿＿＿＿＿＿＿＿＿＿＿＿

它的设计作者是：＿＿＿＿＿＿

这个最佳作品的设计特点是：

＿＿＿＿＿＿＿＿＿＿＿＿＿＿＿＿＿＿＿＿

＿＿＿＿＿＿＿＿＿＿＿＿＿＿＿＿＿＿＿＿

＿＿＿＿＿＿＿＿＿＿＿＿＿＿＿＿＿＿＿＿

＿＿＿＿＿＿＿＿＿＿＿＿＿＿＿＿＿＿＿＿

我们组的其他成员还设计了：

姓名	作品	用途

谢谢大家！

自我评价

□请同学们结合自己在课堂上的表现，填写下列表格进行自我评价。

自主测评表	
评分项目	评分等级
剥橙器的制作能力	☆☆☆☆☆
偏移曲线、单击修剪	☆☆☆☆☆
对称拉伸、倒角	☆☆☆☆☆
参考几何体、圆角	☆☆☆☆☆
削皮器的创新设计	☆☆☆☆☆
认真完成课堂任务	☆☆☆☆☆
积极参与团队讨论	☆☆☆☆☆
对削皮器的兴趣	☆☆☆☆☆
	☆☆☆☆☆
	☆☆☆☆☆
	☆☆☆☆☆
	☆☆☆☆☆
	☆☆☆☆☆
	☆☆☆☆☆
	☆☆☆☆☆

能力拓展

□ 请同学们结合所学知识点，制作出下图所展示的苹果切片器。

第十二节 LED 相框

阶梯问答录

□ 我们今天选出的组长是：

____

□ 让我来尝试分析图 12-1 中的 LED 相框都有哪些特点？

图 12-

□ 通过分析图片，我发现 LED 相框的特点是：

____

____

____

____

小小工程师

□ 浮雕照片的制作步骤：

Step01 用鼠标左键双击打开 3DOne 软件，如图 12-2 所示。

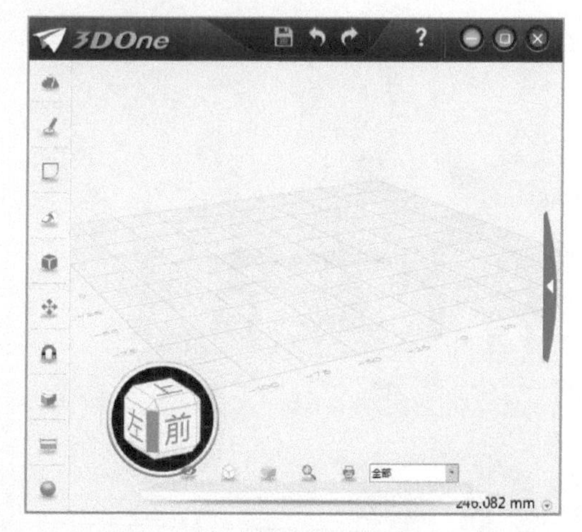

图 12-

Step02 用鼠标左键选择菜单栏中“草图绘制”→“矩形”工具，以网格为平面参考，绘制一个尺寸为 52mm × 2 mm 的矩形，如图 12-3 所示。

图 12-

Step03 用鼠标左键单击提示框“✓”按钮，矩形ABCD绘制完毕，如图12-4所示。

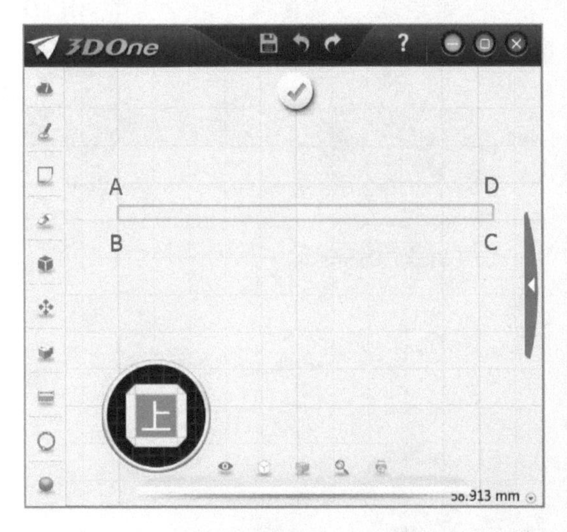

图 12-4

Step04 用鼠标左键选择菜单栏中“草图编辑”→“曲线偏移”工具，对矩形ABCD的边AB进行“偏移”操作，偏移方向向右，偏移值为“1”，如图12-5所示。

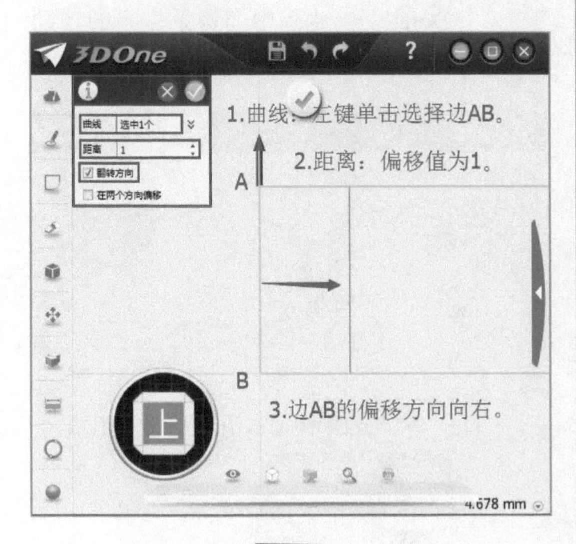

图 12-5

Step05 用鼠标左键单击提示框“✓”按钮，对矩形ABCD的边AB的“偏移”操作完毕，如图12-6所示。

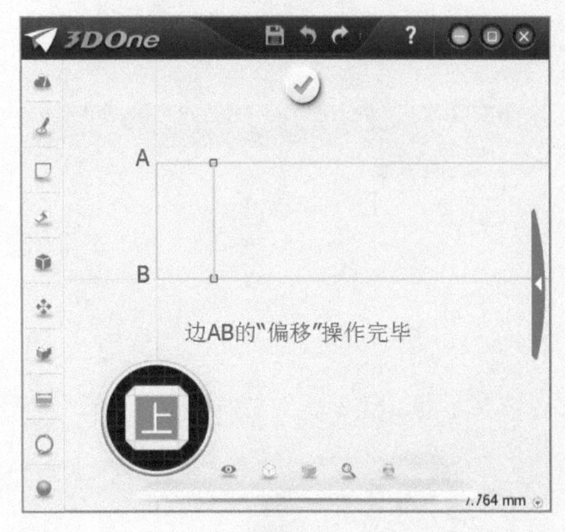

图 12-6

Step06 用鼠标左键选择菜单栏中“草图绘制”→“直线”工具，绘制辅助线，如图12-7所示。

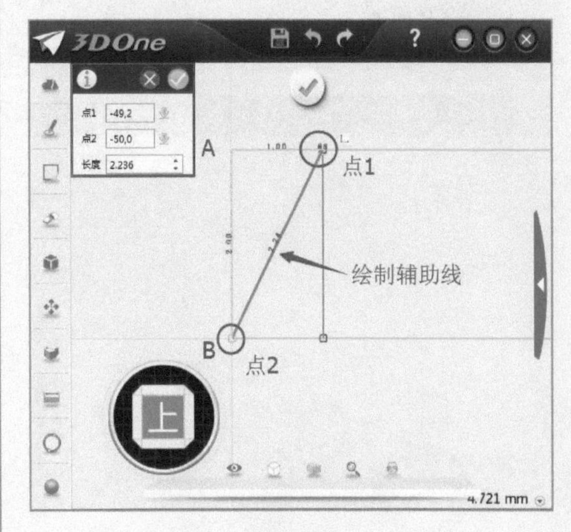

图 12-7

Step07 用鼠标左键单击提示框“✓”按钮，辅助线绘制完毕，单击“草图编辑”→“单击修剪”命令，单击左键修剪掉多余的辅助线，如图 12-8 所示。

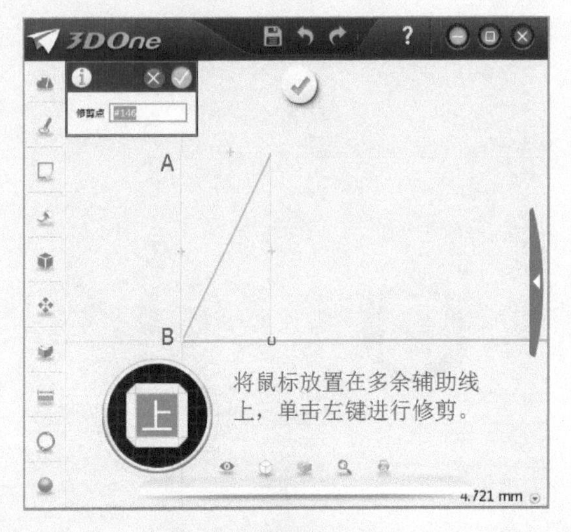

图 12-8

Step08 用鼠标左键单击提示框“✓”按钮，草图的多余辅助线修剪完毕，如图 12-9 所示。

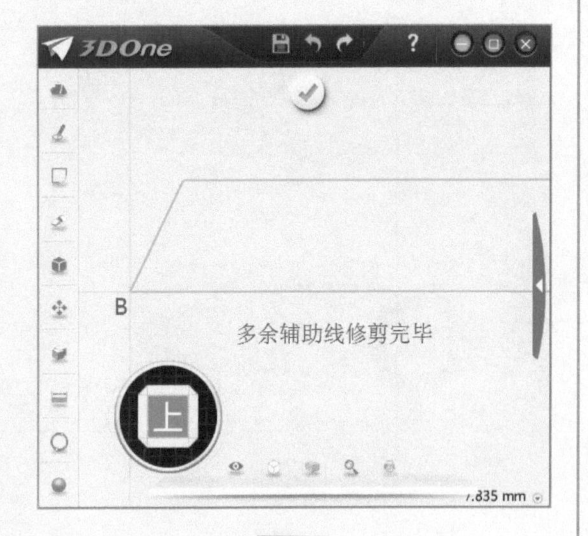

图 12-9

Step09 用鼠标左键选择菜单栏中“基本编辑”→“镜像”工具，对草图进行“镜像”操作，“实体”选择草图的 4 条边线，“镜像线”选择矩形 ABCD 的边 CD，如图 12-10 所示。

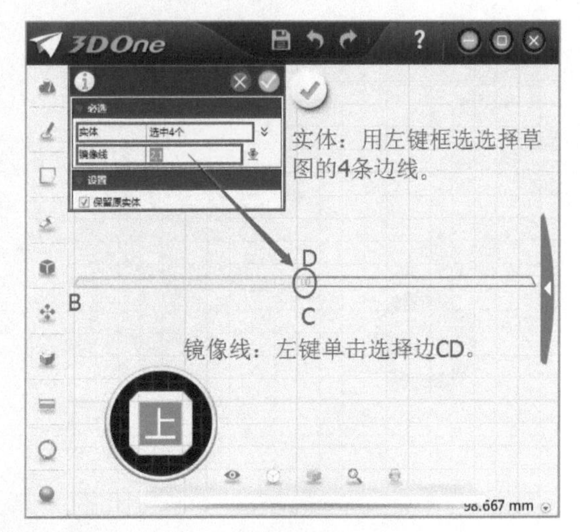

图 12-10

Step10 用鼠标左键单击提示框“✓”按钮，草图的“镜像”操作完毕，按<Delete>键删除中间两条多余的辅助线，如图 12-11 所示。

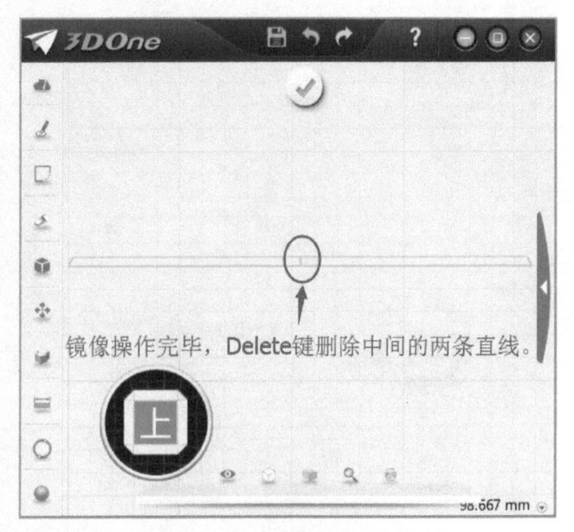

图 12-11

Step11 草图绘制完毕，用鼠标左键选择菜单栏中“特殊造型”→“拉伸”工具，对草图进行“拉伸”操作，拉伸值为“158”，如图 12-12 所示。

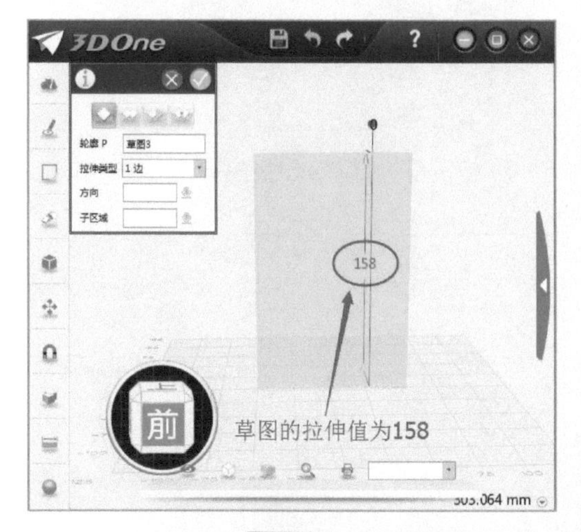

图 12-12

Step12 用鼠标左键单击视图导航器中的“后”，操作界面则自动对齐为当前平面视图，如图 12-13 所示。

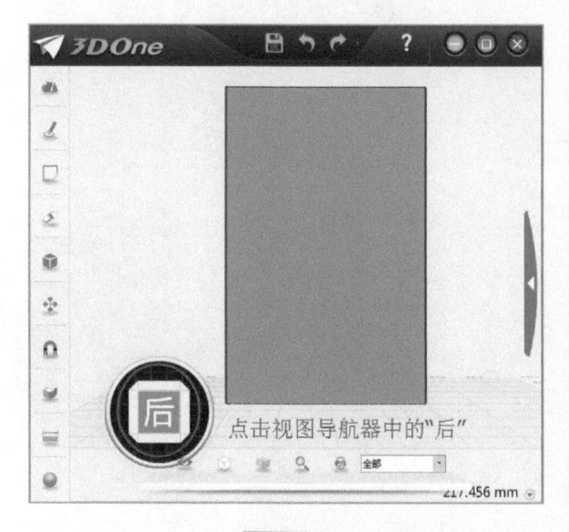

图 12-13

Step13 用鼠标左键选择菜单栏中“特殊功能”→“浮雕”工具，按照图 12-14 所示的提示框步骤对模型进行“浮雕”操作。

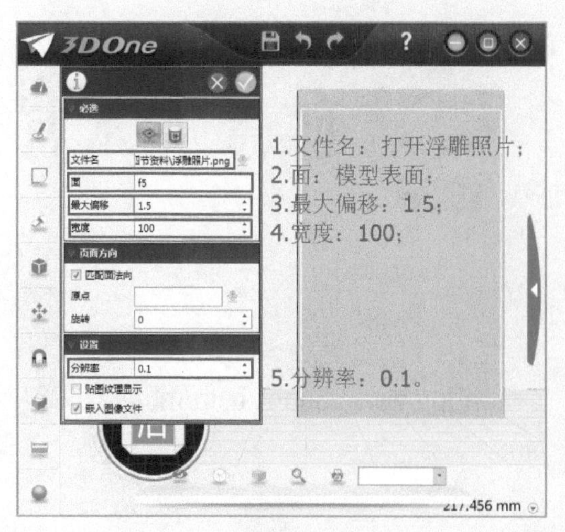

图 12-14

Step14 用鼠标左键单击提示框“✓”按钮，“浮雕”照片制作完毕，如图 12-15 所示。

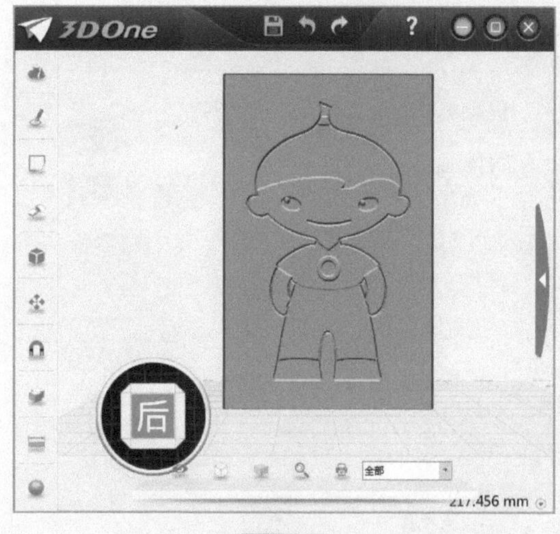

图 12-15

具体操作步骤请扫描下方二维码观看视频。

创意大本营

□ 我会在3DOne社区中下载相框模型，LED相框模型的下载地址如下：http://www.i3done.com/model/76971.html

□ 浮雕照片制作完毕，我将相框模型和浮雕照片都摆放到打印平台上。

□ 打印机的各项参数“设置”可参考图12-16：

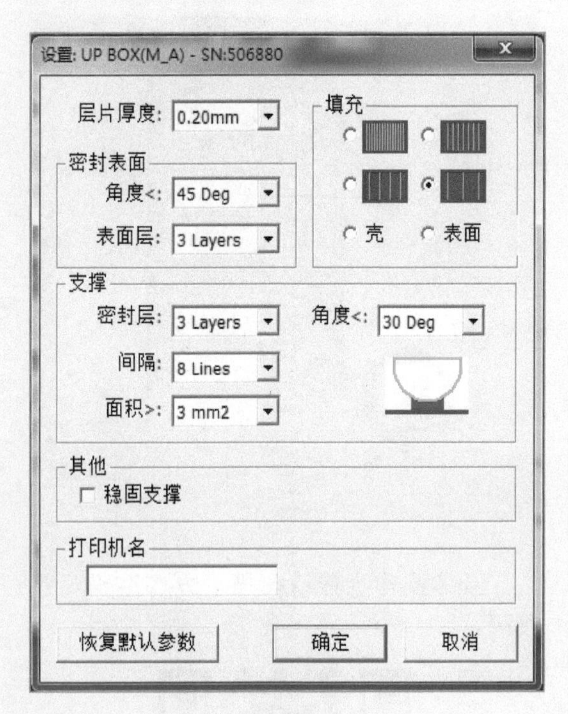

图12-16

□ 开始打印相框和浮雕照片吧！

创意梦飞扬

□ 让我来尝试设计一个更有特色的相框吧！

□ 我设计相框的特点是：

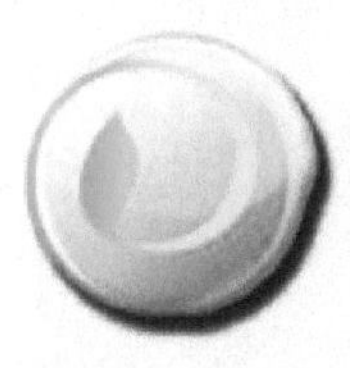

思维创意展

□ 我认为我们组设计最有特色的相框是：

□ 我认为这个作品的设计特点是：

□ 我们组选出的发言人是：

□ 请发言人为大家进行展示。

大家好，我是＿＿＿＿＿小组的＿＿＿＿＿。

我们组选出的最佳创意作品是：＿＿＿＿＿＿＿＿＿＿

它的设计作者是：＿＿＿＿＿

这个作品的设计特点是：

我想利用LED灯片还可以制作：

谢谢大家！

巧手创意DIY

□LED 相框的组装步骤：

Step01 相框、相框支架和浮雕照片全部打印完毕，如图 12-17 所示。

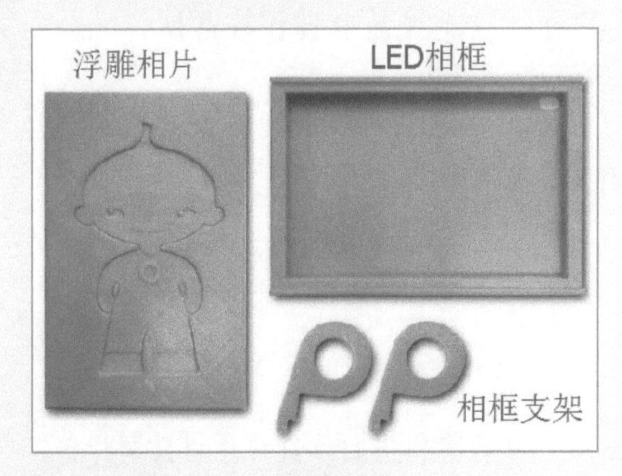

图 12-17

Step02 准备好装饰相框需要用到的 LED 灯带、移动电源、USB 连接线，如图 12-18 所示。

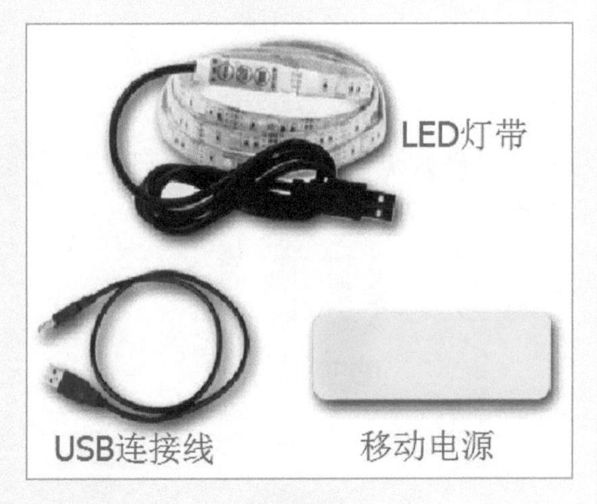

图 12-18

Step03 使 LED 灯带的起始位置对准相框后壳上的预留口，如图 12-19 所示。

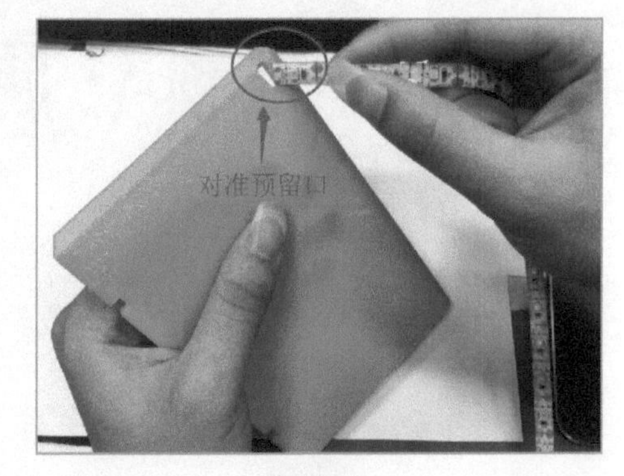

图 12-19

Step04 将 LED 灯带从预留口中穿过去，直到 LED 灯带与连接线的交界点为止，如图 12-20 所示。

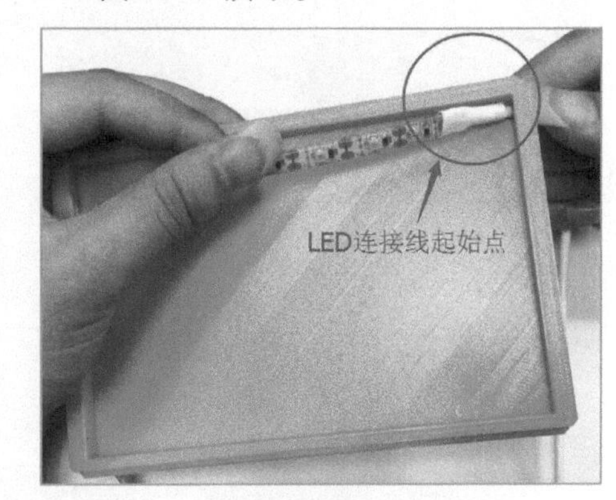

图 12-20

Step05 将 LED 灯带自带的胶纸撕开，如图 12-21 所示。

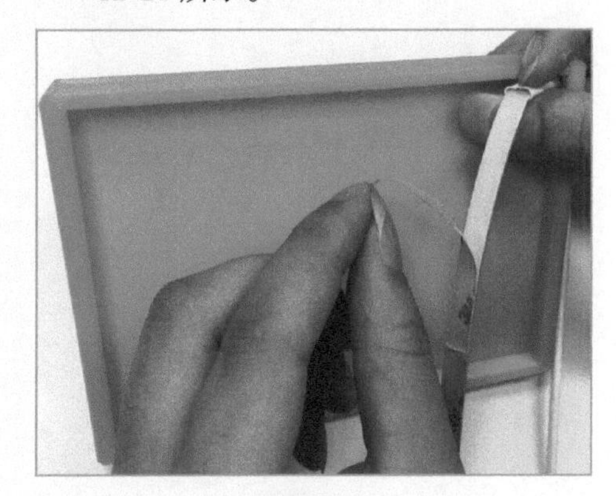

图 12-21

Step06 从预留口处沿着相框内侧边缘四周粘贴 LED 灯带，如图 12-22 所示。

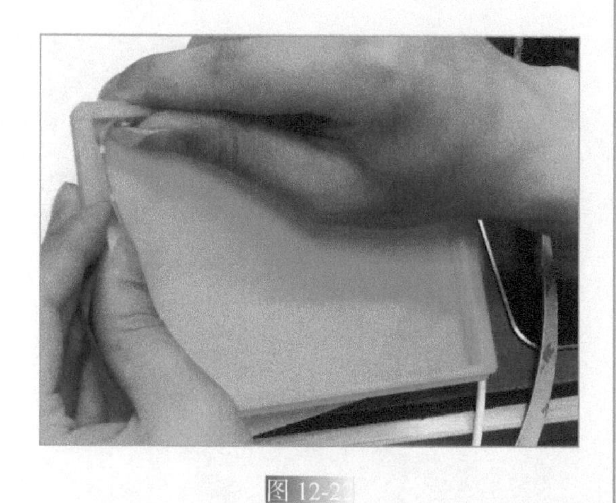

图 12-22

Step07 相框一侧的 LED 灯带粘贴完毕后，继续粘贴相连的下一个侧面，如图 12-23 所示。

图 12-23

Step08 将 LED 灯带沿相框的内侧四周粘贴完毕，如图 12-24 所示。

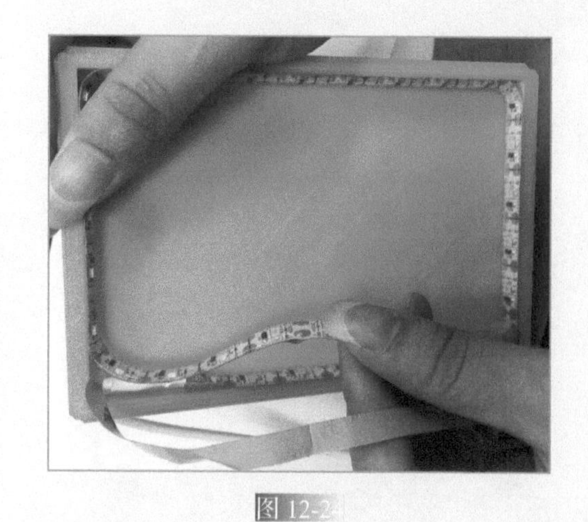

图 12-24

Step09 注意将尾部的 LED 灯带与预留口处的连接线对齐，如图 12-25 所示。

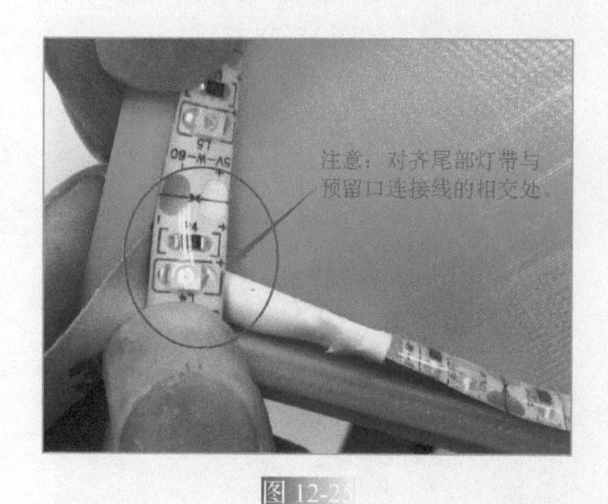

图 12-25

Step10 尾部灯带对齐粘贴完毕后，用剪刀剪去多余的 LED 灯带，如图 12-26 所示。

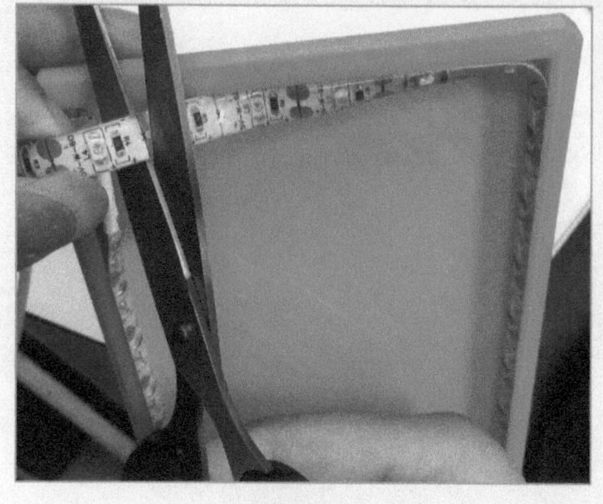

图 12-26

Step11 相框内侧四周的 LED 灯带全部粘贴完毕，如图 12-27 所示。

图 12-27

Step12 将浮雕照片从相框边缘的拼接口中插入相框，如图 12-28 所示。

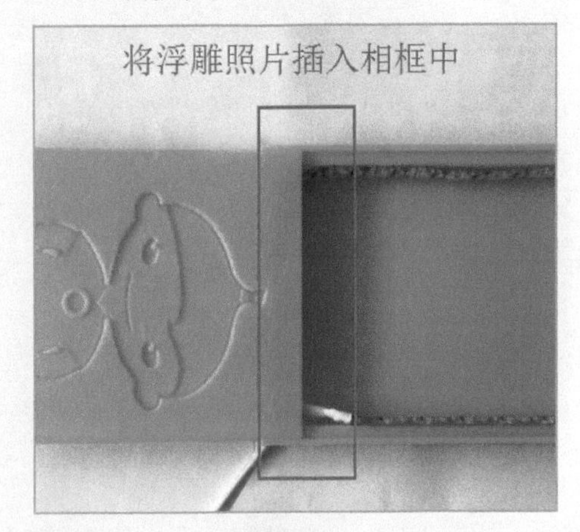

图 12-28

Step13 浮雕照片安装完毕，如图 12-29 所示。

图 12-29

Step14 根据照片选择相框支架的按照方向，如图 12-30 所示。

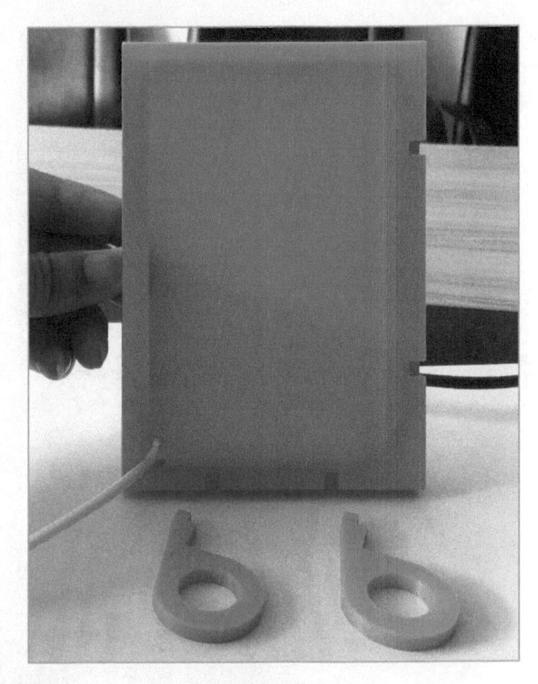

图 12-30

Step15 将支架分别对准相框底部接口，两个支架安装完毕，如图 12-31 所示。

图 12-31

Step16 LED 相框全部组装完毕，如图 12-32 所示。

图 12-32

Step17 将 LED 灯带另一头的 USB 插口连接上移动电源，如图 12-33 所示。

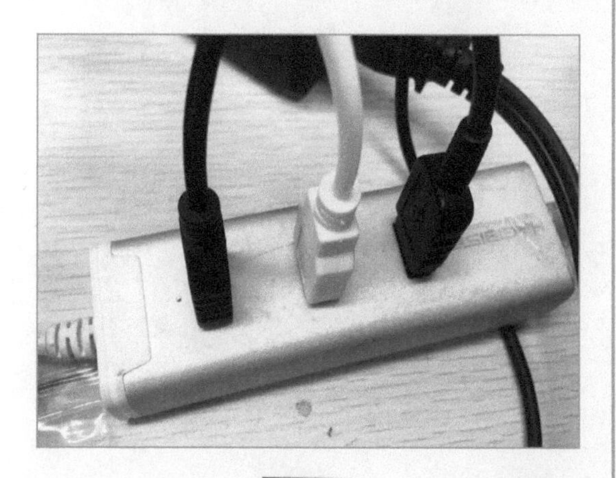

图 12-33

Step18 将 LED 相框连上电源，进行测试，如图 12-34 所示。

图 12-34

具体操作步骤请扫描下方二维码观看视频。

自我评价

□请同学们结合自己在课堂上的表现，填写下列表格进行自我评价。

自主测评表	
评分项目	评分等级
LED 相框的制作能力	☆☆☆☆☆
偏移曲线、单击修剪	☆☆☆☆☆
镜像、浮雕	☆☆☆☆☆
LED 相框的组装能力	☆☆☆☆☆
LED 相框的创新设计	☆☆☆☆☆
认真完成课堂任务	☆☆☆☆☆
积极参与团队讨论	☆☆☆☆☆
对 LED 相框的兴趣	☆☆☆☆☆
	☆☆☆☆☆
	☆☆☆☆☆
	☆☆☆☆☆
	☆☆☆☆☆
	☆☆☆☆☆
	☆☆☆☆☆
	☆☆☆☆☆

能力拓展

□请同学们将自己设计的 LED 相框打印好后组装起来！